向为创建中国卫星导航事业

并使之立于世界最前列而做出卓越贡献的北斗功臣们

致以深深的敬意!

"十三五"国家重点出版物

出版规划项目

卫星导航工程技术丛书

主　编　杨元喜
副主编　蔚保国

卫星导航数字多波束测量系统

Digital Multi-Beam Measurement System for Satellite Navigation

蔚保国　尹继凯　郝青茹　著

国防工业出版社

·北京·

内 容 简 介

本书源于北斗创新工程,是作者多年来科研探索和工程实践积累的成果,系统介绍了数字多波束测量系统的理论、方法和在卫星导航系统星座测控管理中的应用。全书分为9章,在介绍航天测控领域发展现状和技术特点的基础上,从数字多波束阵列信号处理的基本概念、理论方法入手,系统阐述了卫星导航数字多波束精密伪距测量工程应用技术,分别从系统总体、发射、接收、标校、测试、场站布局及环境控制的角度,描述卫星导航数字多波束测量系统构成、原理及技术实现途径,最后对数字多波束测量技术的工程应用和未来发展进行了说明和展望。

本书可供从事卫星导航、航天测控、雷达、通信等领域工作的工程技术人员和相关专业的高校师生阅读参考。

图书在版编目(CIP)数据

卫星导航数字多波束测量系统 / 蔚保国,尹继凯,
郝青茹著. —北京:国防工业出版社,2021.3
  (卫星导航工程技术丛书)
 ISBN 978 – 7 – 118 – 12191 – 9

Ⅰ. ①卫… Ⅱ. ①蔚… ②尹… ③郝… Ⅲ. ①卫星导航 – 全球定位系统 – 数字多波束阵 – 测量系统 Ⅳ.
①P228.4

中国版本图书馆 CIP 数据核字(2020)第 161211 号

※

国防工业出版社出版发行
(北京市海淀区紫竹院南路23号 邮政编码100048)
天津嘉恒印务有限公司印刷
新华书店经售
*
开本 710×1000 1/16 插页 8 印张 17¾ 字数 332 千字
2021 年 3 月第 1 版第 1 次印刷 印数 1—2000 册 定价 128.00 元

(本书如有印装错误,我社负责调换)

国防书店:(010)88540777   书店传真:(010)88540776
发行业务:(010)88540717   发行传真:(010)88540762

孙家栋院士为本套丛书致辞

探索中国北斗自主创新之路
凝练卫星导航工程技术之果

当今世界,卫星导航系统覆盖全球,应用服务广泛渗透,科技影响如日中天。

我国卫星导航事业从北斗一号工程开始到北斗三号工程,已经走过了二十六个春秋。在长达四分之一世纪的艰辛发展历程中,北斗卫星导航系统从无到有,从小到大,从弱到强,从区域到全球,从单一星座到高中轨混合星座,从RDSS到RNSS,从定位授时到位置报告,从差分增强到精密单点定位,从星地站间组网到星间链路组网,不断演进和升级,形成了包括卫星导航及其增强系统的研究规划、研制生产、测试运行及产业化应用的综合体系,培养造就了一支高水平、高素质的专业人才队伍,为我国卫星导航事业的蓬勃发展奠定了坚实基础。

如今北斗已开启全球时代,打造"天上好用,地上用好"的自主卫星导航系统任务已初步实现,我国卫星导航事业也已跻身于国际先进水平,领域专家们认为有必要对以往的工作进行回顾和总结,将积累的工程技术、管理成果进行系统的梳理、凝练和提高,以利再战,同时也有必要充分利用前期积累的成果指导工程研制、系统应用和人才培养,因此决定撰写一套卫星导航工程技术丛书,为国家导航事业,也为参与者留下宝贵的知识财富和经验积淀。

在各位北斗专家及国防工业出版社的共同努力下,历经八年时间,这套导航丛书终于得以顺利出版。这是一件十分可喜可贺的大事! 丛书展示了从北斗二号到北斗三号的历史性跨越,体系完整,理论与工程实践相结合,突出北斗卫星导航自主创新精神,注意与国际先进技术融合与接轨,展现了"中国的北斗,世界的北斗,一流的北斗"之大气!每一本书都是作者亲身工作成果的凝练和升华,相信能够为相关领域的发展和人才培养做出贡献。

"只要你管这件事,就要认认真真负责到底。"这是中国航天界的习惯,也是本套丛书作者的特点。我与丛书作者多有相识与共事,深知他们在北斗卫星导航科研和工程实践中取得了巨大成就,并积累了丰富经验。现在他们又在百忙之中牺牲休息时间来著书立说,继续弘扬"自主创新、开放融合、万众一心、追求卓越"的北斗精神,力争在学术出版界再现北斗的光辉形象,为北斗事业的后续发展鼎力相助,为导航技术的代代相传添砖加瓦。为他们喝彩!更由衷地感谢他们的巨大付出!由这些科研骨干潜心写成的著作,内蓄十足的含金量!我相信这套丛书一定具有鲜明的中国北斗特色,一定经得起时间的考验。

我一辈子都在航天战线工作,虽然已年逾九旬,但仍愿为北斗卫星导航事业的发展而思考和实践。人才培养是我国科技发展第一要事,令人欣慰的是,这套丛书非常及时地全面总结了中国北斗卫星导航的工程经验、理论方法、技术成果,可谓承前启后,必将有助于我国卫星导航系统的推广应用以及人才培养。我推荐从事这方面工作的科研人员以及在校师生都能读好这套丛书,它一定能给你启发和帮助,有助于你的进步与成长,从而为我国全球北斗卫星导航事业又好又快发展做出更多更大的贡献。

2020 年 8 月

期待 卫星导航工程技术丛书

助力中国北斗系统发展

周承芝

于 2019 年第十届中国卫星导航年会期间题词。

卫星导航工程技术丛书
编写委员会

主　　　编　杨元喜

副　主　编　蔚保国

委　　　员（按姓氏笔画排序）

尹继凯　朱衍波　伍蔡伦　刘　利

刘天雄　李　隽　杨　慧　宋小勇

张小红　陈金平　陈建云　陈韬鸣

金双根　赵文军　姜　毅　袁　洪

袁运斌　徐彦田　黄文德　谢　军

蔡志武

丛 书 序

宇宙浩瀚、海洋无际、大漠无垠、丛林层密、山峦叠嶂,这就是我们生活的空间,这就是我们探索的远方。我在何处? 我之去向? 这是我们每天都必须面对的问题。从原始人巡游狩猎、航行海洋,到近代人周游世界、遨游太空,无一不需要定位和导航。

正如《北斗赋》所描述,乘舟而惑,不知东西,见斗则寤矣。又戒之,瀚海识途,昼则观日,夜则观星矣。我们的祖先不仅为后人指明了"昼观日,夜观星"的天文导航法,而且还发明了"司南"或"指南针"定向法。我们为祖先的聪颖智慧而自豪,但是又不得不面临新的定位、导航与授时(PNT)需求。信息化社会、智能化建设、智慧城市、数字地球、物联网、大数据等,无一不需要统一时间、空间信息的支持。为顺应新的需求,"卫星导航"应运而生。

卫星导航始于美国子午仪系统,成形于美国的全球定位系统(GPS)和俄罗斯的全球卫星导航系统(GLONASS),发展于中国的北斗卫星导航系统(BDS)(简称"北斗系统")和欧盟的伽利略卫星导航系统(简称"Galileo 系统"),补充于印度及日本的区域卫星导航系统。卫星导航系统是时间、空间信息服务的基础设施,是国防建设和国家经济建设的基础设施,也是政治大国、经济强国、科技强国的基本象征。

中国的北斗系统不仅是我国 PNT 体系的重要基础设施,也是国家经济、科技与社会发展的重要标志,是改革开放的重要成果之一。北斗系统不仅"标新""立异",而且"特色"鲜明。标新于设计(混合星座、信号调制、云平台运控、星间链路、全球报文通信等),立异于功能(一体化星基增强、嵌入式精密单点定位、嵌入式全球搜救等服务),特色于应用(报文通信、精密位置服务等)。标新立异和特色服务是北斗系统的立身之本,也是北斗系统推广应用的基础。

2020 年 6 月 23 日,北斗系统最后一颗卫星发射升空,标志着中国北斗全球卫星导航系统卫星组网完成;2020 年 7 月 31 日,北斗系统正式向全球用户开通服务,标志着中国北斗全球卫星导航系统进入运行维护阶段。为了全面反映中国北斗系统建设成果,同时也为了推进北斗系统的广泛应用,我们紧跟北斗工程的成功进展,组织北斗系统建设的部分技术骨干,撰写了卫星导航工程技术丛书,系统地描述北斗系统的最新发展、创新设计和特色应用成果。丛书共26个分册,分别介绍如下:

卫星导航定位遵循几何交会原理,但又涉及无线电信号传输的大气物理特性以及卫星动力学效应。《卫星导航定位原理》全面阐述卫星导航定位的基本概念和基本原理,侧重卫星导航概念描述和理论论述,包括北斗系统的卫星无线电测定业务(RDSS)原理、卫星无线电导航业务(RNSS)原理、北斗三频信号最优组合、精密定轨与时间同步、精密定位模型和自主导航理论与算法等。其中北斗三频信号最优组合、自适应卫星轨道测定、自主定轨理论与方法、自适应导航定位等均是作者团队近年来的研究成果。此外,该书第一次较详细地描述了"综合PNT"、"微PNT"和"弹性PNT"基本框架,这些都有望成为未来PNT的主要发展方向。

北斗系统由空间段、地面运行控制系统和用户段三部分构成,其中空间段的组网卫星是系统建设最关键的核心组成部分。《北斗导航卫星》描述我国北斗导航卫星研制历程及其取得的成果,论述导航卫星环境和任务要求、导航卫星总体设计、导航卫星平台、卫星有效载荷和星间链路等内容,并对未来卫星导航系统和关键技术的发展进行展望,特色的载荷、特色的功能设计、特色的组网,成就了特色的北斗导航卫星星座。

卫星导航信号的连续可用是卫星导航系统的根本要求。《北斗导航卫星可靠性工程》描述北斗导航卫星在工程研制中的系列可靠性研究成果和经验。围绕高可靠性、高可用性,论述导航卫星及星座的可靠性定性定量要求、可靠性设计、可靠性建模与分析等,侧重描述可靠性指标论证和分解、星座及卫星可用性设计、中断及可用性分析、可靠性试验、可靠性专项实施等内容。围绕导航卫星批量研制,分析可靠性工作的特殊性,介绍工艺可靠性、过程故障模式及其影响、贮存可靠性、备份星论证等批产可靠性保证技术内容。

卫星导航系统的运行与服务需要精密的时间同步和高精度的卫星轨道支持。《卫星导航时间同步与精密定轨》侧重描述北斗导航卫星高精度时间同步与精密定轨相关理论与方法,包括:相对论框架下时间比对基本原理、星地/站间各种时间比对技术及误差分析、高精度钟差预报方法、常规状态下导航卫星轨道精密测定与预报等;围绕北斗系统独有的技术体制和运行服务特点,详细论述星地无线电双向时间比对、地球静止轨道/倾斜地球同步轨道/中圆地球轨道(GEO/IGSO/MEO)混合星座精密定轨及轨道快速恢复、基于星间链路的时间同步与精密定轨、多源数据系统性偏差综合解算等前沿技术与方法；同时，从系统信息生成者角度，给出用户使用北斗卫星导航电文的具体建议。

北斗卫星发射与早期轨道段测控、长期运行段卫星及星座高效测控是北斗卫星发射组网、补网，系统连续、稳定、可靠运行与服务的核心要素之一。《导航星座测控管理系统》详细描述北斗系统的卫星/星座测控管理总体设计、系列关键技术及其解决途径，如测控系统总体设计、地面测控网总体设计、基于轨道参数偏置的 MEO 和 IGSO 卫星摄动补偿方法、MEO 卫星轨道构型重构控制评价指标体系及优化方案、分布式数据中心设计方法、数据一体化存储与多级共享自动迁移设计等。

波束测量是卫星测控的重要创新技术。《卫星导航数字多波束测量系统》阐述数字波束形成与扩频测量传输深度融合机理，梳理数字多波束多星测量技术体制的最新成果，包括全分散式数字多波束测量装备体系架构、单站系统对多星的高效测量管理技术、数字波束时延概念、数字多波束时延综合处理方法、收发链路波束时延误差控制、数字波束时延在线精确标校管理等，描述复杂星座时空测量的地面基准确定、恒相位中心多波束动态优化算法、多波束相位中心恒定解决方案、数字波束合成条件下高精度星地链路测量、数字多波束测量系统性能测试方法等。

工程测试是北斗系统建设与应用的重要环节。《卫星导航系统工程测试技术》结合我国北斗三号工程建设中的重大测试、联试及试验，成体系地介绍卫星导航系统工程的测试评估技术，既包括卫星导航工程的卫星、地面运行控制、应用三大组成部分的测试技术及系统间大型测试与试验，也包括工程测试中的组织管理、基础理论和时延测量等关键技术。其中星地对接试验、卫星在轨测试技术、地面运行控制系统测试等内容都是我国北斗三号工程建设的实践成果。

卫星之间的星间链路体系是北斗三号卫星导航系统的重要标志之一，为北斗系统的全球服务奠定了坚实基础，也为构建未来天基信息网络提供了技术支撑。《卫星导航系统星间链路测量与通信原理》介绍卫星导航系统星间链路测量通信概念、理论与方法，论述星间链路在星历预报、卫星之间数据传输、动态无线组网、卫星导航系统性能提升等方面的重要作用，反映了我国全球卫星导航系统星间链路测量通信技术的最新成果。

自主导航技术是保证北斗地面系统应对突发灾难事件、可靠维持系统常规服务性能的重要手段。《北斗导航卫星自主导航原理与方法》详细介绍了自主导航的基本理论、星座自主定轨与时间同步技术、卫星自主完好性监测技术等自主导航关键技术及解决方法。内容既有理论分析,也有仿真和实测数据验证。其中在自主时空基准维持、自主定轨与时间同步算法设计等方面的研究成果,反映了北斗自主导航理论和工程应用方面的新进展。

卫星导航"完好性"是安全导航定位的核心指标之一。《卫星导航系统完好性原理与方法》全面阐述系统基本完好性监测、接收机自主完好性监测、星基增强系统完好性监测、地基增强系统完好性监测、卫星自主完好性监测等原理和方法,重点介绍相应的系统方案设计、监测处理方法、算法原理、完好性性能保证等内容,详细描述我国北斗系统完好性设计与实现技术,如基于地面运行控制系统的基本完好性的监测体系、顾及卫星自主完好性的监测体系、系统基本完好性和用户端有机结合的监测体系、完好性性能测试评估方法等。

时间是卫星导航的基础,也是卫星导航服务的重要内容。《时间基准与授时服务》从时间的概念形成开始:阐述从古代到现代人类关于时间的基本认识,时间频率的理论形成、技术发展、工程应用及未来前景等;介绍早期的牛顿绝对时空观、现代的爱因斯坦相对时空观及以霍金为代表的宇宙学时空观等;总结梳理各类时空观的内涵、特点、关系,重点分析相对论框架下的常用理论时标,并给出相互转换关系;重点阐述针对我国北斗系统的时间频率体系研究、体制设计、工程应用等关键问题,特别对时间频率与卫星导航系统地面、卫星、用户等各部分之间的密切关系进行了较深入的理论分析。

卫星导航系统本质上是一种高精度的时间频率测量系统,通过对时间信号的测量实现精密测距,进而实现高精度的定位、导航和授时服务。《卫星导航精密时间传递系统及应用》以卫星导航系统中的时间为切入点,全面系统地阐述卫星导航系统中的高精度时间传递技术,包括卫星导航授时技术、星地时间传递技术、卫星双向时间传递技术、光纤时间频率传递技术、卫星共视时间传递技术,以及时间传递技术在多个领域中的应用案例。

空间导航信号是连接导航卫星、地面运行控制系统和用户之间的纽带,其质量的好坏直接关系到全球卫星导航系统(GNSS)的定位、测速和授时性能。《GNSS空间信号质量监测评估》从卫星导航系统地面运行控制和测试角度出发,介绍导航信号生成、空间传播、接收处理等环节的数学模型,并从时域、频域、测量域、调制域和相关域监测评估等方面,系统描述工程实现算法,分析实测数据,重点阐述低失真接收、交替采样、信号重构与监测评估等关键技术,最后对空间信号质量监测评估系统体系结构、工作原理、工作模式等进行论述,同时对空间信号质量监测评估应用实践进行总结。

北斗系统地面运行控制系统建设与维护是一项极其复杂的工程。地面运行控制系统的仿真测试与模拟训练是北斗系统建设的重要支撑。《卫星导航地面运行控制系统仿真测试与模拟训练技术》详细阐述地面运行控制系统主要业务的仿真测试理论与方法,系统分析全球主要卫星导航系统地面控制段的功能组成及特点,描述地面控制段一整套仿真测试理论和方法,包括卫星导航数学建模与仿真方法、仿真模型的有效性验证方法、虚-实结合的仿真测试方法、面向协议测试的通用接口仿真方法、复杂仿真系统的开放式体系架构设计方法等。最后分析了地面运行控制系统操作人员岗前培训对训练环境和训练设备的需求,提出利用仿真系统支持地面操作人员岗前培训的技术和具体实施方法。

卫星导航信号严重受制于地球空间电离层延迟的影响,利用该影响可实现电离层变化的精细监测,进而提升卫星导航电离层延迟修正效果。《卫星导航电离层建模与应用》结合北斗系统建设和应用需求,重点论述了北斗系统广播电离层延迟及区域增强电离层延迟改正模型、码偏差处理方法及电离层模型精化与电离层变化监测等内容,主要包括北斗全球广播电离层时延改正模型、北斗全球卫星导航差分码偏差处理方法、面向我国低纬地区的北斗区域增强电离层延迟修正模型、卫星导航全球广播电离层模型改进、卫星导航全球与区域电离层延迟精确建模、卫星导航电离层层析反演及扰动探测方法、卫星导航定位电离层时延修正的典型方法等,体系化地阐述和总结了北斗系统电离层建模的理论、方法与应用成果及特色。

卫星导航终端是卫星导航系统服务的端点,也是体现系统服务性能的重要载体,所以卫星导航终端本身必须具备良好的性能。《卫星导航终端测试系统原理与应用》详细介绍并分析卫星导航终端测试系统的分类和实现原理,包括卫星导航终端的室内测试、室外测试、抗干扰测试等系统的构成和实现方法以及我国第一个大型室外导航终端测试环境的设计技术,并详述各种测试系统的工程实践技术,形成卫星导航终端测试系统理论研究和工程应用的较完整体系。

卫星导航系统 PNT 服务的精度、完好性、连续性、可用性是系统的关键指标,而卫星导航系统必然存在卫星轨道误差、钟差以及信号大气传播误差,需要增强系统来提高服务精度和完好性等关键指标。卫星导航增强系统是有效削弱大多数系统误差的重要手段。《卫星导航增强系统原理与应用》根据国际民航组织有关全球卫星导航系统服务的标准和操作规范,详细阐述了卫星导航系统的星基增强系统、地基增强系统、空基增强系统以及差分系统和低轨移动卫星导航增强系统的原理与应用。

与卫星导航增强系统原理相似,实时动态(RTK)定位也采用差分定位原理削弱各类系统误差的影响。《GNSS 网络 RTK 技术原理与工程应用》侧重介绍网络 RTK 技术原理和工作模式。结合北斗系统发展应用,详细分析网络 RTK 定位模型和各类误差特性以及处理方法、基于基准站的大气延迟和整周模糊度估计与北斗三频模糊度快速固定算法等,论述空间相关误差区域建模原理、基准站双差模糊度转换为非差模糊度相关技术途径以及基准站双差和非差一体化定位方法,综合介绍网络 RTK 技术在测绘、精准农业、变形监测等方面的应用。

GNSS 精密单点定位(PPP)技术是在卫星导航增强原理和 RTK 原理的基础上发展起来的精密定位技术,PPP 方法一经提出即得到同行的极大关注。《GNSS 精密单点定位理论方法及其应用》是国内第一本全面系统论述 GNSS 精密单点定位理论、模型、技术方法和应用的学术专著。该书从非差观测方程出发,推导并建立 BDS/GNSS 单频、双频、三频及多频 PPP 的函数模型和随机模型,详细讨论非差观测数据预处理及各类误差处理策略、缩短 PPP 收敛时间的系列创新模型和技术,介绍 PPP 质量控制与质量评估方法、PPP 整周模糊度解算理论和方法,包括基于原始观测模型的北斗三频载波相位小数偏差的分离、估计和外推问题,以及利用连续运行参考站网增强 PPP 的概念和方法,阐述实时精密单点定位的关键技术和典型应用。

GNSS 信号到达地表产生多路径延迟,是 GNSS 导航定位的主要误差源之一,反过来可以估计地表介质特征,即 GNSS 反射测量。《GNSS 反射测量原理与应用》详细、全面地介绍全球卫星导航系统反射测量原理、方法及应用,包括 GNSS 反射信号特征、多路径反射测量、干涉模式技术、多普勒时延图、空基 GNSS 反射测量理论、海洋遥感、水文遥感、植被遥感和冰川遥感等,其中利用 BDS/GNSS 反射测量估计海平面变化、海面风场、有效波高、积雪变化、土壤湿度、冻土变化和植被生长量等内容都是作者的最新研究成果。

伪卫星定位系统是卫星导航系统的重要补充和增强手段。《GNSS 伪卫星定位系统原理与应用》首先系统总结国际上伪卫星定位系统发展的历程,进而系统描述北斗伪卫星导航系统的应用需求和相关理论方法,涵盖信号传输与多路径效应、测量误差模型等多个方面,系统描述 GNSS 伪卫星定位系统(中国伽利略测试场测试型伪卫星)、自组网伪卫星系统(Locata 伪卫星和转发式伪卫星)、GNSS 伪卫星增强系统(闭环同步伪卫星和非同步伪卫星)等体系结构、组网与高精度时间同步技术、测量与定位方法等,系统总结 GNSS 伪卫星在各个领域的成功应用案例,包括测绘、工业控制、军事导航和 GNSS 测试试验等,充分体现出 GNSS 伪卫星的"高精度、高完好性、高连续性和高可用性"的应用特性和应用趋势。

GNSS 存在易受干扰和欺骗的缺点,但若与惯性导航系统(INS)组合,则能发挥两者的优势,提高导航系统的综合性能。《高精度 GNSS/INS 组合定位及测姿技术》系统描述北斗卫星导航/惯性导航相结合的组合定位基础理论、关键技术以及工程实践,重点阐述不同方式组合定位的基本原理、误差建模、关键技术以及工程实践等,并将组合定位与高精度定位相互融合,依托移动测绘车组合定位系统进行典型设计,然后详细介绍组合定位系统的多种应用。

未来 PNT 应用需求逐渐呈现出多样化的特征,单一导航源在可用性、连续性和稳健性方面通常不能全面满足需求,多源信息融合能够实现不同导航源的优势互补,提升 PNT 服务的连续性和可靠性。《多源融合导航技术及其演进》系统分析现有主要导航手段的特点、多源融合导航终端的总体构架、多源导航信息时空基准统一方法、导航源质量评估与故障检测方法、多源融合导航场景感知技术、多源融合数据处理方法等,依托车辆的室内外无缝定位应用进行典型设计,探讨多源融合导航技术未来发展趋势,以及多源融合导航在 PNT 体系中的作用和地位等。

卫星导航系统是典型的军民两用系统,一定程度上改变了人类的生产、生活和斗争方式。《卫星导航系统典型应用》从定位服务、位置报告、导航服务、授时服务和军事应用 5 个维度系统阐述卫星导航系统的应用范例。"天上好用,地上用好",北斗卫星导航系统只有服务于国计民生,才能产生价值。

海洋定位、导航、授时、报文通信以及搜救是北斗系统对海事应用的重要特色贡献。《北斗卫星导航系统海事应用》梳理分析国际海事组织、国际电信联盟、国际海事无线电技术委员会等相关国际组织发布的 GNSS 在海事领域应用的相关技术标准,详细阐述全球海上遇险与安全系统、船舶自动识别系统、船舶动态监控系统、船舶远程识别与跟踪系统以及海事增强系统等的工作原理及在海事导航领域的具体应用。

将卫星导航技术应用于民用航空,并满足飞行安全性对导航完好性的严格要求,其核心是卫星导航增强技术。未来的全球卫星导航系统将呈现多个星座共同运行的局面,每个星座均向民航用户提供至少 2 个频率的导航信号。双频多星座卫星导航增强技术已经成为国际民航下一代航空运输系统的核心技术。《民用航空卫星导航增强新技术与应用》系统阐述多星座卫星导航系统的运行概念、先进接收机自主完好性监测技术、双频多星座星基增强技术、双频多星座地基增强技术和实时精密定位技术等的原理和方法,介绍双频多星座卫星导航系统在民航领域应用的关键技术、算法实现和应用实施等。

本丛书全面反映了我国北斗系统建设工程的主要成就,包括导航定位原理,工程实现技术,卫星平台和各类载荷技术,信号传输与处理理论及技术,用户定位、导航、授时处理技术等。各分册:虽有侧重,但又相互衔接;虽自成体系,又避免大量重复。整套丛书力求理论严密、方法实用,工程建设内容力求系统,应用领域力求全面,适合从事卫星导航工程建设、科研与教学人员学习参考,同时也为从事北斗系统应用研究和开发的广大科技人员提供技术借鉴,从而为建成更加完善的北斗综合 PNT 体系做出贡献。

最后,让我们从中国科技发展史的角度,来评价编撰和出版本丛书的深远意义,那就是:将中国卫星导航事业发展的重要的里程碑式的阶段永远地铭刻在历史的丰碑上!

2020 年 8 月

航天卫星是极其重要的国家空间资源,也是国家安全战略的重要组成部分。随着我国航天事业的快速发展,在轨卫星数量、大型星座、编队卫星群大幅增加。大量卫星及星座的协同运行,要求地面具备单站同时多目标高精度测量与数据传输能力。传统的多天线多星测量体制存在多星测量同步性能低、管理调度复杂、连续跟踪可靠性差、多天线间电磁干扰、场地占用面积大、可扩展性弱等诸多问题,由此带来困扰我国航天卫星领域的单站多星测量难题。数字多波束测量技术是相控阵天线、数字信号处理、扩频伪距测量相结合的一种技术,具有相控阵天线波束灵活捷变电子扫描、数字信号处理稳定性好、伪码测量精度高等特点,是目前综合电子信息领域的研究热点,已成为新一代大型复杂星座高精度测量的主流体制。

本书是国内第一部有关航天卫星测控领域数字多波束测量系统的专著,其应用价值体现在如下 3 个方面。①精密测量与时间同步:数字多波束测量系统可应用于星地/星间精密测量与时间比对,可同时在多点形成相互连通的观测网络,实现星座之间的高精度时间同步和信息传输。②监测评估星座性能:数字多波束测量系统可应用于导航星座信号性能的监测评估,可同时开展对多颗卫星的监测,能够极大提升地面多星监测服务能力。③航天多星测控管理:数字多波束测量系统可应用于航天星座测控管理,打造新一代全空域多目标体制的测控系统,实现单站多星测控,全面提升我国应对航天复杂星座的测控能力。

本书共 9 章,针对航天卫星领域复杂导航星座测控的应用需求背景,结合作者多年来的科研积累和工程实践经验,系统介绍了数字多波束技术应用于卫星导航精密测量领域的基本概念、理论方法、系统设计、工程实现、测试评估等,并描绘了该技术的未来发展。

第 1 章绪论,从航天工程多目标测量管理入手,概述航天卫星领域面临的多星测控问题以及星地精密测量与时间同步等核心任务,介绍导航星座测量管理中应用的相关技术,进而分析描述数字多波束测量的基本概念、面临的问题和工程技术特点。

第 2 章数字波束阵列基本理论,介绍数字波束阵列定义及主要性能、数字波束形成基本原理、主要的数字波束形成算法、数字多波束优化控制方法及多波束跟踪测角技术等内容。

第 3 章卫星导航数字多波束测量总体技术,介绍数字多波束测量系统的基本原理,从数字多波束测量系统的体系结构入手,分析时空基准建立与维持、多波束测量信号的发射、精密伪距测量、设备时延管理、系统监控与数据处理等内容。

第 4 章数字多波束发射系统技术,介绍数字多波束发射系统模型与信号生成方法、发射通道时延调整方法、发射系统组成和网络设计、发射链路设计等内容。

第 5 章数字多波束接收系统技术,介绍接收数字波束形成、误差模型和控制方法、接收多波束链路设计、接收多波束测量系统设计等内容。

第 6 章数字多波束测量系统标校技术,介绍数字多波束系统标校设计原则,数字多波束收发通道一致性、阵列天线相位中心和系统零值的标校技术等内容。

第 7 章数字多波束系统测试技术,介绍数字多波束测量系统的测试指标体系、测试体系、测试评估原理、测试方法及步骤等内容。

第 8 章结构场站布局与环境控制技术,介绍数字多波束测量系统结构场站设计原则,场站布局设计,环境精确控制设计,维护、维修高效便捷设计等内容。

第 9 章工程应用与未来展望,介绍数字多波束测量技术在航天测控、星座测量等领域的应用前景,以及未来先进数字波束技术发展等内容。

本书由蔚保国、尹继凯、郝青茹合著。蔚保国负责对全书架构进行设计,主要完成绪论、基础理论、系统总体、标校、未来发展等内容编写;尹继凯主要完成发射、接收等内容编写;郝青茹主要完成测试、场站结构等内容编写。蔚保国最后对全书内容及文字表达进行了统稿、校正和润色。

本书在编写过程中得到了范广伟、翟江鹏、魏亮、戎强、王跃、申建华、陈沛林、肖遥、刘天豪、郝菁等人的大力支持,其中:范广伟参与了全书汇总整理以及基础理论内容编写,并做了相关仿真计算;翟江鹏、魏亮、戎强、王跃等参与了发射、接收、标校等内容编写;申建华、陈沛林提供了有关收发天线和信道的设计材料;肖遥参与了基础理论和测试内容的编写;刘天豪和郝菁在图表、缩略语、参考文献整理方面提供了帮助。在此一并表示诚挚的谢意! 同时感谢国防工业出版社、中国电子科技集团公司第五十四研究所卫星导航系统与装备技术国家重点实验室为本书撰写提供的大力支持! 衷心感谢杨元喜院士的总体指导和王京涛、王晓光、熊思华三位编辑的热情帮助!

最后特别感谢家属们在本书写作过程中给予的全面理解、支持、保障和无私的奉献!

由于作者水平有限,书中难免存在疏漏和错误,恳请广大读者批评指正。

作者
2020 年 8 月

目 录

第1章 绪 论

研究发展新一代大型复杂星座高精度测量体制,建设高精度多目标星地测量与数传系统,是我国航天卫星领域快速发展的迫切需求,其科学意义和工程应用价值重大[1]。

北斗卫星导航系统是我国迄今为止自主建设的最大、最复杂的星座系统,星座的测控管理和星地时间同步是航天测控领域的关键难题。基于数字多波束技术实现多星测控管理是一种创新的系统体制,这种全新的多星测控管理方法可有效克服传统多天线多星测控方法的缺点,利用收发天线阵列同时产生的不同收发波束分别完成对不同卫星的测控管理,可大幅降低地面测控站的数量以及单站设备对场站面积的保障需求,显著提高系统的多目标管理能力、星地测量精度、设备可靠性和系统运行维护的经济性[2]。

故此,本书旨在对现代卫星导航复杂星座数字多波束测量系统展开探究,对其基本理论方法、系统工程关键技术、测试评估技术等进行全面论述,分析其技术特点和未来的发展趋势,总结复杂星座高精度测量的理论方法和工程技术成果,推动领域科技进步。本章从航天工程多目标测量入手,逐步拓展到卫星导航星座的测量与管理,并全面综述数字多波束测量这一新型系统体制在航天测控与卫星导航领域面临的主要问题和具有的工程技术特点。

1.1 航天工程多目标测量管理

航天测控系统是指利用地面设施对航天器的运动状态进行监控,完成跟踪测轨、遥测信号接收处理、遥控信号发送、高精度测速测距等任务的综合电子系统[3]。航天测控管理系统是为卫星、火箭、载人航天器的发射和运行提供服务的重要基础设施,能够监控和设置航天器工作参数和运行状态,对航天器运行状况进行长期管理,具备实时灵活监视、测控过程自动化、测控管理一体化等特点[4]。航天工程多目标测量管理是指地面和空间测控设施同时对多个航天器实施跟踪测量、精密定轨测姿、星地通信、监视控制等,其实现包括两个方面:多目标测控技术、航天测控网。前者侧重于如何从单站角度实现多目标测控,后者侧重于如何从组网角度实现多目标测控。航天工程多目标测量管理是应对复杂航天器管理的必要条件,对未来航天事业发展具有十分重要的意义。

1.1.1　多目标测控

多目标测控是指地基测控站同时对多个空间目标进行测量、控制与管理,主要目的是解决因多星同时过站、同时要求测控支持导致的测控资源不足的问题。如何经济、科学、合理地实现地面测控资源分配,提高测控资源使用效率,充分发挥测控资源投资效益,最大限度地满足各类卫星任务的需要,是一个迫切需要研究解决的重大问题[5]。目前应用较多的多目标测控系统包括地基多目标测控系统和天基多目标测控网系统。

1)地基多目标测控系统

地基多目标测控系统根据参与测控的地面站布局又可以分为单站多目标测控和多站多目标测控。前者依靠单站设备能力,后者依靠多站系统协同能力来实现多目标测控。

单站多目标测控是指单站同时完成针对多颗卫星的遥控遥测和测速测距等任务。基于单站实现多星同时测控管理的模式,分为单波束内的多目标同时测控和多波束同时测控两种。单波束内的多目标同时测控采用"宽波束天线 + 码分多址(CDMA)"体制;多波束同时测控采用"数字多波束天线 + CDMA"体制。"空分多址(SDMA) + CDMA"融合体制可较好解决多目标测控跟踪问题[3]。

多站多目标测控基于"多站分布、集中管理、分时控制"模式,依靠区域多站布置分时或同时实施对航天器的测控管理[3],同时尽量提高航天器的自主能力,减少对地面多星测控管理的依赖。但在很多情况下,就某一测控站而言,相邻两颗卫星过境时间间隔很短,或者对于星座系统,相邻卫星星间距离相对较小,从而造成多颗卫星同时出现在一个测控站作用空域内要求同时测控的现象,这就要求单站必须具有多星测控管理能力。

地基多目标测控系统的测控资源包括固定站、车载站、境外测控站与海基站测量船等,地基测控系统具有如下特点[6]:

(1)在现有测控体制下,地基测控资源可以对高中低轨等各类卫星进行测控,陆上移动站可以作为陆上固定站的补充和备份,也可以按预定计划到指定地点,以实施一些关键弧段的测控,提高测控覆盖率,海上测量船也是在某些情况下在特殊地点布站测控。显然,针对不同的卫星和测控需求,陆上移动站和海上测量船的位置对测控效果有直接的影响。

(2)受地球曲率的限制,卫星通过地基测控站的时间很短,即使在全球范围内布站,地面测控网对卫星轨道测控覆盖率也不足,存在对中、低轨航天器的轨道测控覆盖率低的问题。

(3)现有的地面测控系统中的测量船,不仅可以满足卫星发射段和返回段的测控通信支持需求,还可在载人航天后续任务中作为交会对接测控通信的基础,满足交会对接试验。

针对地基测控系统上述主要特点,中继星测控以其独特性能对多目标测控手段进行了拓展,在很大程度上弥补了地基测控的不足,使整个测控网的测控能力得到了极大的增强。

2）天基多目标测控系统

在轨卫星的不断增多和各类卫星的不同测控特点,使得完全通过地面测控资源进行测控越来越显示出其局限性,随着中继星的投入使用,迫切需要对天基及地基两类测控资源进行联合调度,更好地整合测控资源[6]。

国内的天基测控资源主要是指中继星,具有如下特点[6]:

（1）增加对中、低轨道卫星的轨道覆盖率。适合中低轨卫星的长期运行管理,可保证对航天器的连续测量、控制、监视和通信。

（2）增强同时多目标测控能力。中继星相控阵天线可形成多个独立的前向波束,同时提供多条返回链路。

（3）尚不能应用于卫星的发射早期轨道段测控,地球静止轨道卫星的转移轨道段和准同步轨道段测控,卫星再入、着陆段的测控,小卫星测控等。同时,不同时期发射的卫星技术水平不同,使得有些卫星不具备被中继星测控的条件。

上述天地基测控资源的测控特点表明,多星测控的发展趋势是在建立中继星系统、优化地基测控站布局基础上,逐步由地基测控向天基为主、天地协同的一体化测控发展。卫星的发射段和返回段、中高轨卫星和小卫星的长期管理以地基设备为主;中低轨航天器的长期管理则以天基系统为主、地基设备为辅。

未来海量小卫星组网以及大量的卫星星座运行,需要在同一时间,对多颗同类型卫星进行管理,它们之间较单星运行相比,更多地强调协调性和依赖性,同时卫星间特征的相似性为单个卫星故障的检验提供了更多信息,因此需要在现有多星测控的基础上,针对这些特点,提升多目标测控服务的能力,着重开展编队卫星管理,充分挖掘多目标服务的优势[7]。

3）多目标测控主要技术体制比较

多目标测控的主要技术体制包括多天线、共反射面多馈源、相控阵、数字多波束等四类技术体制。各类技术体制在工程上均有应用,视不同场合对象与应用需求而定。

多天线技术,是指单地面站或多地面站采用多部天线完成多目标同时测控的技术。多天线技术的优点是技术体制成熟,每部天线对应一个空间目标,多天线系统通过测控管理调度实现多目标的跟踪测量和控制。缺点是随着空间管理目标日益增多,单站需要布置大量跟踪天线,成为"天线农场",场地受限、相互遮挡和电磁兼容问题突出,难以适应发展。

共反射面多馈源多波束天线技术的原理是将一条抛物线绕着一个轴旋转,形成一个旋转抛物面,焦点旋转后就形成一个焦环,将多个馈源布置在焦环上就可形成多波束。每一个馈源对应一个波束,不同馈源可以工作在不同的频段,通过增加副反射面或者在馈源口面增加透镜,可以进行天线口面相位矫正,实现高效率照射。该类天线的优点是一部大型发射面天线就可实现多波束,条件是在焦环上只要馈源能摆放开,就可实现与馈源数量相同数量的波束,且每个波束可以进行独立的跟踪;该天线最多可与几十颗卫星通信,天线占地少,设备集中,操作维护方便。缺点是该类天线只适合跟踪静止同步轨道弧段卫星,且每波束跟踪范围有限,不能对大椭圆轨道卫星和低轨卫星进行跟踪。

相控阵即相位补偿(或延时补偿)天线阵列。其工作原理是对按一定规律排列的阵列阵元信号均加以适当的移相(或延时)以获得阵列合成波束的偏转,同时对多组阵列信号进行指定的幅相加权处理,即可获得空间指向多波束。该天线系统的优点是不必用机械转动天线阵列就可在所要观察的空间范围内实现波束的电扫描,非常方便快捷,缺点是形成多波束需要在射频上进行大量合分路组合以及构建射频幅相加权网络,成本高且精度和灵活性受限。

数字多波束系统是指采用数字形成技术实现多波束,即数字相控阵,其原理同相控阵一样。从数学角度看,当系统等效为线性时不变系统时,射频上进行的幅相加权处理可等效到基带上进行,这样在数字域进行幅相加权处理就可实现比射频处理更精准更灵活的波束合成控制。而且数字多波束系统易与扩频测控系统一体化融合,实现作用空域内任意波束加载任意信息,不同波束跟踪不同卫星进行连续稳定测量和数据传输。

1.1.2 航天测控网

现代航天多目标测控系统不但要支持多种不同航天飞行器系统测控,还要实现多个目标的同时测控。由于地球曲率影响,以无线电微波传播为基础的测控系统,用一个地点的地面站不可能实现对航天器进行全航程观测,而需要用分布在不同地点的多个地面站"接力"连接才能完成测控任务。因此,通常以广域分布的航天测控网形式来支持完成航天器跟踪与测量、姿态轨道控制、时间标准统一及地面与空间航天器之间的通信等航天测控任务。

一个布局合理、功能完备、适应性强的航天测控网由测控中心、固定测控站、可移动测控站、测控通信系统等组成。航天测控网具有对运载火箭和航天器进行跟踪测量、遥测、遥控、数传等功能。工作内容主要包括:跟踪测量航天器,确定其运行轨道;接收处理航天器的遥测数据(含平台和有效载荷遥测、图像信息等),监视其工作状况;依据航天器工作状态和任务,控制航天器的姿态、运行轨道;接收和分发有效载荷数据;实时提供航天器的遥测信息、运行轨道和姿态等数据,接收故障仿真数据,并形成故障处理对策;与载人航天器上的航天员进行通信联络。航天测控网的主要技术指标包括测量精度、测控覆盖率、天地数据传输速率、多任务支持能力等。

1) 美国航天测控网

从空间多目标管理的航天测控系统建设上来说,美国已建成全球最大、目前也是最先进的航天测控网络,用于完成航天飞行器的测控和运行数据的采集,由美国航天局负责管理。其中用于地球轨道航天计划的航天跟踪和数据网与用于行星和月球探测的深空网是分别独立运行的,并通过地面的综合通信网来传递各种信息。20 世纪70 年代,美国将原有的卫星跟踪和数据采集网与载人航天网合并形成航天跟踪与数据网,完成航天飞机、科学探测与商业应用卫星的测控和数据采集,由设在戈达德航天中心的指挥控制中心进行控制。该系统在 1983 年后又增加了由新墨西哥州的白沙地球站和两颗地球同步轨道卫星组成的跟踪和数据中继卫星系统,完成对高、中、低轨卫星的连续跟踪与测量控制。用于行星和月球探测的深空网由设在加利福尼亚州的喷气推进实验室(JPL)的控制中心与分别设在南非的约翰内斯堡、澳大利亚的堪培拉和武麦拉、西班牙的马德里及美国加利福尼亚州的戈尔德斯敦的 5 个测控站组成。除了上述两个测控网络外,代表性的多目标测控网是美国空军卫星测控网(AFSCN),其为各种飞行器和卫星提供发射段和早期轨道段的测控,它的组成包括全球分布的两个控制中心和 22 个测控站,能够为国防部、军用、军民联合和民用卫星等提供 100 多颗卫星工作状态显示和工作模式控制。美国空军卫星测控网包括测控、通信、指令和控制三部分,目前在科罗拉多州斯普林斯、加利福尼亚州阳光峡谷、加利福尼亚州范登堡、新罕布什尔州新波士顿、格陵兰岛图勒、英格兰、关岛、印度洋迭戈加西亚岛和夏威夷瓦湖岛等地建有测控站。

2)俄罗斯航天测控网

俄罗斯航天测控网是在继承苏联航天测控网的基础上发展起来的,由航天控制中心、测控站、测控协调站、通信系统和时统系统组成。测控监测实验场均设在苏联境内,其中在拜科努尔地区建设了航天发射场,并在周围地区建设了 4 个航天测控站,卡拉干达、萨雷沙甘建设了靶场跟踪系统,巴尔瑙尔、叶尔塞斯克、乌兰乌德等测控站配合拜科努尔发射场对航天设备运行状态进行实时监控,红色村、朱萨雷、科尔帕舍沃、乌兰乌德、乌苏里斯克和堪察加-彼得罗巴甫洛夫斯克等 6 个测控站保障莫斯科航天指挥中心对入轨后的航天飞行器进行测控。苏联于 20 世纪 80 年代末开始建立名为"东方卫星数据中继网"的数据中继卫星式天基测控系统。1985 年 10 月发射了第一颗"波束"中继卫星。正在俄罗斯服役的"波束"中继卫星共 3 颗,分别定点于东经 95°、西经 160°和西经 16°,对近地轨道航天器的测控覆盖率可达 100%。此外,俄罗斯为了满足未来深空任务的需求,开发了新一代深空测控系统"木星"。该系统具有以下特点:①上下行链路采用 X 频段;②使用效率更高的编码技术提高链路性能;③提高了轨道测量数据的容量和精度;④提高了遥测和遥控数据速率。"木星"深空测控系统能与国外测控站兼容。

3)欧洲航天测控网

欧洲航天测控网相比美国建设较晚,它的航天测控网由核心网、加强网和协作网组成,归欧洲空间局(ESA)管理,并且为了解决地面基站低覆盖性问题,建设了空基卫星中继测控系统,为需要航天测控的军民应用提供支撑,包括澳大利亚西部珀斯附近的新诺舍地面站、西班牙马德里附近的塞布里洛斯地面站和巴西的地面站等。2016年12月,欧洲空间局部长级会议在瑞士卢塞恩召开,会议签署了4项决议,内容涉及欧洲空间局战略、预算和计划3个层面,为整个欧洲航天领域的未来发展指明了方向。

4)中国航天测控网

我国航天测控网发展经历了从无到有的过程,目前已完成探月工程一期、二期、三期、北斗导航卫星、各种科学体探测及商业应用卫星测量控制工作,保障了我国航天技术平稳健康发展。中国航天测控网组成包括发射中心、测控中心、固定地面监测站、机动测控站和航天测量船,具备特高频(UHF)、S频段、C频段的航天测控能力,高效保障了中国卫星发射试验任务,为导航卫星和载人航天工程的测控提供了支撑。随着载人航天的发展,我国航天测控网步入了新的发展阶段,目前对现有站网进行了扩充改造升级,在国外增设了卡拉奇、纳米比亚、马林迪三个测控站,增配了"远望"-4测控船等,使监测网测控能力有了质的提升。利用卫星通信系统、光纤传输、国家通信网、国际海事卫星通信系统及国际租用电路等多种通信手段,组成以北京卫星地球站、西安卫星地球站、酒泉卫星地球站为枢纽节点,北京中心、东风中心、西安中心为骨干节点,其他各测控站(船)为用户节点的网状测控网络,提供高速度、多方向、多业务、高质量测控服务。目前,中国测控系统采用标准化、规范化、统一化和灵活配置的建设思路,形成了高精度测量和中精度测控相结合的测控网络,网络中各种资源可实现综合利用、合理组合,并采用多种通信手段连接,提高了系统稳定性,并具备了与国际测控网络互联互通、资源共享的能力。

1.1.3 航天测控的发展趋势

从航天工程多目标测量技术发展现状可以看出,航天测控系统的发展从单一分散的测控模式向系统化、集成化、综合化和对抗化的方向发展,目前的数字多波束多目标航天测控体制也不是航天测控技术发展的终点。单从数字多波束测控体制上来说,探索高精密的测轨、定轨和轨道预报技术,高灵敏度的发射接收技术,大容量多信号的数据通信技术,深空探测的时延补偿技术,提升数字多波束的抗扰抗毁能力都是下一步需要着手解决的问题。未来开展认知航天测控系统的研究,设计基于认知体系的航天测控架构是航天测控技术的重要发展方向。

目前,美国、欧盟和日本都在发展新一代跟踪与数据中继卫星系统,数据传输码速率越来越高,通信频段正朝着Ka频段和光学频段发展。新一代的跟踪与数据中继卫星由于可以大幅提高数据传输码速率的优势从而在美国、欧盟和日本得到大力发展,并且采用的通信频段也越来越高,达到了Ka频段甚至光学频段。随着新一代测控卫星陆续投入使用和性能提升,天基测控网将成为未来航天测控的重要发展方向。国内也在逐步开展探月、火星探测工程,这些深空探测工程需要航天多目标探测系统具备更大的空间覆盖范围、更深的空间探测距离,能够实现更多目标的同时测控和更为复杂的测控任务,需要的数据传输速率也更高。因此,需要测控网络也不断发展,从地基空基向天地一体化网络的方向发展,实现可提供各种测控功能的大测控体系。

未来航天活动是人类拓展生存空间的主要途径,它为航天测控发展带来了新的机遇和挑战。根据我国航天发展规划,全球通信、导航定位、环境监测等领域将发射大量卫星,这对测控系统发展提出了更高更新的要求,主要体现在以下几个方面:

(1)更高的轨道精度。未来为了对地观测卫星达到更高的观测精度和更好的观测效果,需要提升卫星自身的轨道测量和定位精度,同时,深空探测飞行器对轨道测量和位置精度的要求更高。

(2)更高的数据传输速率。为对地观测卫星提供更高的性能需要测控网具备更高的数据传输速率和通信速率。

(3)更多的测控目标和更复杂的测控任务。随着航天技术的发展,卫星应用领域不断扩展,大规模星座的涌现使得卫星在轨数量激增。除传统单颗卫星的测控任务外,对多星的同时测控支持、多星及星座在轨运行管理等需求增加了航天测控网的负担和操作复杂性。

(4)更远的测控距离。未来向更远的深空探测方向发展将成为趋势。因此,超远距离的时延测量、探测灵敏度提升和数据传输速率提升将成为解决更远距离探测的先决条件,需要研究更先进的技术体制和技术方法,提升测控系统的通信能力、测控灵敏度和精度。

(5)更低的探索成本。航天技术向更远的深空发展需要航天测控的网络规模越来越大,建设费用及网络的维护费用都非常庞大,因此,如何在实现更高测控性能的同时降低航天测控任务的成本,成为国际航天界需要解决的一个重要任务。

1.2 导航星座的测量与管理

卫星导航系统是目前功能最为复杂、精度要求最高及规模最大的航天卫星星座系统,它的星座测控管理具有不同于一般常规航天测控的显著特点。由于卫星导航系统需要全天候24小时不间断地提供导航服务,无论是维持星座提供高精度定位授时服务,还是消除导航卫星故障引起的导航卫星服务中断或导航星座系统完好性、连续性和可用性等核心指标下降,均需加强导航星座的在轨测量与管理,保持高精度测量性能,减少单星不可用时间,提高星座整体服务性能,已成为卫星导航系统运行控制的重要工作[8-10]。

1.2.1 星座运控的基本任务

导航星座运控指通过地面OCS(运行控制系统,简称"运控系统")完成星座组网与维持、星地时间同步、星座精密定轨、信号传播时延校正、导航信号完好性检测与预报、导航电文上行测控等工作。

星地时间同步的目的是准确获取卫星钟差参数,钟差参数是每个卫星导航信号参数时标与导航系统基准时间之差,通常这个差值为一个固定的系统差。该误差通过卫星广播参数向用户提供,从而降低由于伪距定位原理带来的定位误差。但是由于卫星数量多,轨道高度也不同,一个导航星座的全部时间同步不可能由一个地面同步站完成,因此,实现星地时间同步需要解决站间时间同步问题。星地时间同步的方法很多,主要的有双向伪距时间同步方法[11]、星地激光双向同步方法[12]、倒定位法[13]、伪距及雷达测距法[14]等。站间时间同步的可行手段有卫星双向时间传递[15]、卫星双向共视和地球静止轨道(GEO)卫星双向共视[16]。

导航星座精密定轨[17]的目的是通过地面运控站对卫星的长周期观测实现卫星精密轨道的确定,通过对信号伪距和载波相位等卫星参数的长期精密测量拟合精密轨道,在卫星发生轨道机动时,可通过轨道修复的方法削弱卫星轨道对定位精度的影响。轨道确定方法主要采用动力学法,卫星运动方程求解采用数值法,状态估计采用批处理和序贯法,通过周期拟合可获得满意的轨道精度。

信号传播时延校正[18]是指通过对卫星发射信号的接收监测来校正对流层和电离层的传播时延,它是由卫星到地面所经过不同的大气层的电子含量不同导致对电磁波不同的折射率,从而造成传播路径上的时延变化,影响伪距测量精度,进一步对卫星的轨道确定、时间同步和用户定位和测速均造成影响。信号传播时延校正有单频用户的电离层模型校正和区域电离层网格校正两种形式。

地面运控系统的完好性监测依赖地面运控系统和完好性监测站网对信号伪距误差的观测,通过观测真实的伪距误差与轨道预报精度比较,来确认卫星导航信号是否存在问题。空间导航信号的误差由卫星钟差、轨道偏差、传播误差和卫星载荷异常引起的畸变构成,完好性监测预报就是采用有效的监测手段发现卫星导航信号的偏差[19]。监测的技术包括时域、频域、相关域、调制域和测量域的信号质量监测方法。

导航电文上行注入[20]指通过地面站将电文信息发射给相应导航卫星。通常采用高可用多星连续跟踪上注体制,提供大功率上行信号实现快变和慢变电文信息的及时注入。

1.2.2　国际卫星导航系统运控发展概况

1)美国卫星导航地面运控系统

全球定位系统(GPS)的地面运控网主要由 1 个主控站、1 个备份站、6 个监测站和 4 个注入站组成,布局合理地分布在全球不同位置。GPS 地面系统可以看作是整个 GPS 的"大脑"。伴随着 GPS 卫星的不断升级换代,目前的地面运控系统已经无法满足目前在轨的 GPS Ⅱ卫星的能力需求,而且下一代的 GPS Ⅲ卫星要求地面系统具备更高的能力。从 2010 年开始,美国授权雷声公司研制下一代运控系统(OCX),它能够满足 GPS Ⅱ卫星和 GPS Ⅲ卫星的测控需求,使地面运控系统实现现代化,并在设计过程中考虑了未来升级发展的需求,系统更为灵活。同时,为了使 GPS 对网络攻击具备更强的对抗能力,OCX 采用了美国国防部 8500.2"深度防御"(DoDI8500.2

"Defense in Depth")信息保障标准以及一系列专有网络安全技术,提升了 GPS 的网络对抗能力。该系统的设计达到或超越了美国军方和政府的网络安全标准,是目前最先进和安全的地面运控系统。采用的新型 M 军码信号,相对传统的 C/A 码、P/Y 码提升了导航对抗能力,且定位精度和灵敏度更高,预留了升级扩展的接口,能够实现与未来的军民信号的兼容。

GPS OCX 的建设可分为三个阶段,即 Block 0、Block 1 和 Block 2。第一阶段系统已于 2017 年正式向美军交付,并为 2018 年发射的 GPS Ⅲ 现代化卫星提供了测控服务。第二阶段系统和第三阶段系统都于 2021 年交付,交付后可实现对各种卫星及其信号进行全球管理,提升了现代化接收机的全球部署能力,为军事应用提供更好的导航对抗能力。第三阶段系统主要是为了增加对 L1C 新信号和现代化军用 M 码信号的全球测控能力。

GPS OCX Block 0(也称作发射和在轨检查系统)是完全具备网络安全保护能力的卫星地面系统。由计算硬件、任务应用软件和运行中心工作站组成,支撑了首颗发射入轨的 GPS Ⅲ 卫星的初始在轨测试,具备对传统 GPS 信号和新体制信号进行并行管理的能力,且具备新体制 L1C 和 M 码信号的管理能力。

2017 年 10 月 3 日,GPS OCX Block 0 与 GPS Ⅲ 在链路校验时首次进行了"交互"。2017 年 11 月 2 日,政府和业界完成了工厂任务准备测试,通过率达 97.7%。此次测试验证了卫星与 GPS OCX Block 0 从模拟发射到早期轨道的指控交互能力。

由于 GPS OCX 研制计划频繁延期,影响到了美国空军的 GPS Ⅲ 卫星发射任务,为了使新卫星能够正常运行和在轨测试,在 2016 年和 2017 年美国空军又分别与洛克希德·马丁公司签订了"GPS Ⅲ 应急运行"和"M 码早期应用"两项合同,从而对现有的 GPS 星座体系结构发展计划的运控系统进行升级,在 OCX Block 1 建成前作为备份系统保障 GPS 的正常运行。2019 年 5 月,洛克希德·马丁公司完成 GPS OCS 的升级工作,2020 年完成 M 码早期应用软件的开发工作。

2)俄罗斯卫星导航地面运控系统

俄罗斯全球卫星导航系统(GLONASS)的地面运控系统由系统控制中心、中央同步器、遥测遥控站和外场导航控制设备组成,系统控制中心和中央同步器建在了莫斯科,5 个遥测遥控站全部建在俄罗斯境内,还有 7 个监测站建在俄罗斯境外。系统控制中心负责地面监控资源的协调与维持,中央同步器负责 GLONASS 时间的维持,由遥测遥控站组成的监控网络,测量各颗卫星信号,计算轨道参数,并向卫星发送控制信息和导航信息,管理和协调系统的运行状态。由于 GLONASS 的监测站全部位于俄罗斯境内,导致只有在北美以外的北半球监测站才能检测跟踪到卫星,影响卫星信号异常的及时发现,针对这一情况,GLONASS 在巴西、西班牙、印度尼西亚和澳大利亚等海外多国建立监测站的计划正在逐步开展。

3)欧洲卫星导航地面运控系统

欧洲卫星导航地面运控系统由伽利略控制中心、分布于全球的 29 个伽利略监测站、5个S频段上行测控站和10个C频段的上行测控站组成,通过数据中心和注入站与卫星之间实现数据交换。控制中心和监测站之间通过通信网络相连。地面运控部分提供与商业服务中心接口,提供各种商业增值服务以及与全球卫星搜救系统COSPAS-SARSAT地面部分一起提供搜救服务。Galileo系统作为一个民用导航系统可与美国GPS、俄罗斯GLONASS、中国北斗卫星导航系统实现多系统相互合作,可实现多系统联合接收机导航定位服务。

4）中国卫星导航地面运控发展情况

北斗卫星导航系统的地面运控系统组成主要包括主控站、注入站和监测站三部分,主控站和注入站都分布在境内,监测站已经实现了全球布站。主控站是地面运控系统的核心,通过高性能原子钟建立时间基准,维持卫星导航系统时间和空间基准坐标的统一;同时接收全球监测站的卫星导航监测数据,利用完成导航下行服务的各种电文参数处理和系统运行的监测控制,确保卫星在未来一定时间段内时间位置和完好性信息的正常,保障为用户提供导航定位服务的连续性和稳定性。注入站是卫星与地面运控系统之间的重要纽带,能够完成对卫星位置、钟差、完好性状态、空间路径传播误差修正模型(如电离层模型)等导航电文参数的注入,以及卫星各种控制指令信息的注入,以满足导航服务所需的各类业务信息。监测站主要完成对监测导航信号的接收及观测数据的采集,包括卫星的载波相位、多频伪距和多普勒信息,实现对卫星位置和钟差测定、电离层模型参数处理、广域差分与完好性信息处理等。北斗三号地面运控系统已全部建成,并提供全球导航定位服务。

5）其他国家的卫星导航地面运控系统

其他国家的卫星导航系统还有日本的准天顶卫星系统(QZSS)和印度区域卫星导航系统(IRNSS)。日本的准天顶导航系统由1个主控站、1个时间管理站、1个跟踪控制站和9个监测站组成,主要是为了解决GPS信号不能够覆盖到的地形复杂山区和高楼大厦林立的狭窄空间导航定位问题,使得GPS信号实现24h垂直全覆盖。印度区域卫星导航系统是一个由印度政府筹建中的试验卫星导航系统,它由2个导航控制中心、2个航天卫星控制中心、9个测控注入站、17个测距与完好性监测站、2个授时中心、4个码分多址测距站和1个激光测距站组成。

1.2.3 导航星座上行测控

导航星座的上行测控主要是为了解决地面站在恰当的时间段与天上的导航卫星建立通信,并对导航卫星上的导航电文进行更新。导航卫星的上行测控系统是接收地面基站注入信号的通道,实现对上行信号的接收、放大、变频、解调等功能,其性能的优劣将很大程度上影响卫星导航系统的上行功能。伴随着卫星导航系统的逐代发展,上行测控系统也跟随着在系统原理、工作模式、频率选择和技术体制方面进行变化,并且伴随着星间链路技术的兴起,注入方式上也呈现出新的发展趋势。

目前,为了实现全球服务,上行测控有三种实现形式:第一种是本国范围内大跨度全网覆盖;第二种是全球建站,但是该种方式需要国际合作,受国际政治环境影响较大,站址安全性较难控制,且经费投入较大,也很难满足站址的较好几何构型,受制约因素很多;第三种是通过星间链路转发,该方式可打破疆域跨度限制,实现站点本土化,消除境外布站的制约因素,在经费投入、管理控制、维护维修和系统安全方面具备很大的优势,可简化系统的备份策略,提升系统运行的稳定性和可靠性。

导航星座的上行测控可分为三个阶段:第一个阶段是观测数据的采集,该阶段数据的获取依靠监测站采集的导航卫星的实时运行数据;第二个阶段是导航电文生成,主控站根据监测站、注入站的观测数据在每个周期的固定时刻生成一次新的导航电文;第三个阶段是卫星导航电文的上行测控,通过与卫星导航系统建立星地和星间链路,尽快将主控站生成的导航电文发送给导航星座的指定导航卫星。

GPS的上行测控方案也随着卫星导航系统的逐步升级而逐步演变,例如在GPS Ⅱ阶段,为了实现全星座、全弧段、全时段的上行测控采取了全球建站的策略,但是频度也仅能实现一天一次。在 GPS Ⅲ阶段,受益于定向宽带星间链路和高速上行链路的发展,能够实现上注信息的快速配置和导航电文的频繁更新。GLONASS 目前同样采用全球建站的模式实现全弧段导航星座的上行测控,未来同样拟利用星间链路技术实现全弧段全时段导航电文上注和载荷的有效管理和控制。伽利略卫星导航系统选择了与 GPS Ⅲ 相同的 C 频段 5000 ~ 5010MHz 作为上行测控频段,同样采用全球建站的方式,充分考虑了对卫星冗余区域的覆盖,使得在大部分区域内一个卫星可同时被三个注入站观测到,并采用卷积码及 Viterbi 译码技术提升注入信号的稳定性。

上行数据注入和星上测距依托于上行测控信号完成,设计科学高效的上行测控信号对于卫星导航系统的运行管理控制具有重要意义。

为了维持精确的卫星星座时间基准,需要系统适时进行星地时间同步测量和计算,及时注入星钟修正数据,才能保障系统的服务精度。注入修正钟差的频度与星载原子钟稳定度水平相关,根据星载原子钟水平,地面段需要通过相应频度的星地时间同步测量和上行测控来维持导航星座的时间精度。随着星座规模的扩大,以及全球范围内实现统一服务精度的需求,使得全球卫星导航系统对地面上行测控数据量、注入频度的要求大为提高。

星地数传[21]是卫星导航系统的主要任务之一,是维持系统运行和保障系统精度的重要环节。上行测控导航信息的注入是卫星正常播发导航电文、保证导航服务的前提条件,星地时间同步测量是导航系统建立统一时间基准、完成系统各种导航参数测量的基础[22]。一旦上行测控出现故障,将会直接影响系统的正常运行,星地数传链路是卫星导航系统安全防护与保障系统高性能服务的关键节点。

1.2.4 导航星座下行接收

导航星座的下行接收是通过测量各导航卫星到达监测站的信号幅度、频率、伪距和载波相位等电信号参数为进一步信号分析处理和导航定位提供支撑。包括阵列天线的接收、信号的捕获、跟踪、解调和高精度的测距与参数测量。

天线接收是导航星座接收的第一步,天线的波束合成增益和性能直接影响后续的性能参数分析。射频前端将接收的信号经过放大、滤波和下变频后经过 A/D 采样变为数字基带信号,然后针对每颗卫星进行数字域的波束合成,实现同时多波束接收。

捕获的目的是通过对卫星信号的粗同步实现对导航星座的卫星号、载波频率、多普勒频移和到达接收机的初始相位的提取。传统的捕获策略包括时域线性搜索策略、并行频率搜索策略和并行码相位搜索策略,后来为了应对新体制信号的搜索,又逐步衍生出二进制相移键控(BPSK)-like 搜索方法、副载波相位消除法和 ASPeCT 方法等。

捕获为跟踪环路提供初始搜索参数,跟踪环路完成对载波频率和码相位精确估计后才能进入稳定的跟踪状态,在稳定的跟踪状态下,接收到的卫星信号与本地伪码信号之间的载波频率差、载波相位差和伪码相位差稳定在零附近微小抖动,在这种状态下才能对导航数据进行解调。常用的跟踪方法包括负相关组合法、双环路法和 Bump-jump 跟踪方法等,这些方法或有较小的运算量,或跟踪精度及稳定度高,从而能够应用在不同的跟踪需求上。

解调是从接收到的导航信号中分离出测距码信息、导航电文和纯净的载波信号,在卫星导航接收系统中常用的解调技术包括码相关解调技术和平方解调技术[23-24]。

星地伪距和参数测量是一个复杂过程,首先要从接收解调信息中提取卫星位置和伪距观测量信息,才能利用相关算法准确解算出需要的参数信息。这其中包括伪距等观测值修正和星历数据解析。伪距观测值修正含卫星相关误差修正、信号传播相关误差修正和接收机时延误差修正;星历数据解析是指从星历数据中准确提取电文信息。将观测量信息和电文信息结合通过算法提取定位、定轨和测控所需要的参量信息。

1.2.5 星地时间同步测量

现代卫星导航系统基于到达时间(TOA)测量原理[25-26],精确定位依赖于精确的时间测量,因此高精度的时间频率系统以及高精度的时间同步是卫星导航系统的心脏。时频系统依靠高性能的原子钟组为导航信号生成、电文注入等操作提供稳定度高的时间基准,导航卫星、地面监测站、主控站间时间参考的不一致将在这些操作中引入误差。并且,由于原子钟输出频率固有的频偏、频率漂移及各种慢变化噪声分量的存在,这种时间参考的不一致会随时间的推移产生累积,最终导致系统不可用。以 GPS 为例:在注入数据龄期为零时,通常卫星的时钟误差在 0.8m 左右;而上载 24h 后误差将增长到 1~4m;导航卫星原子钟自由运行 180 天以后,该误差可能增大至 10000m。因此,为了维持卫星导航系统的高精度时间,需要采用合适的星地时间同步技术将导航卫星、主控站和地面监测站的时间参考统一。

卫星时间同步的目的是准确获得卫星钟差参数,钟差参数是每个卫星导航信号参数时标与导航系统基准时间之差。该误差通过卫星广播参数向用户提供,从而降低由于伪距定位原理带来的定位误差。

当前的卫星导航系统由空间段、地面段和用户段组成,基于这一架构,完成卫星导航系统的时间同步需采用一定的技术手段使系统内的导航卫星、主控站和监测站形成统一的系统时间,通常采用站间时间传递和星地时间传递技术保障系统内不同设备之间的时钟同步;星地时延传递的原理是通过比对主控站与监测站间、各监测站间的时间实现时钟同步;由于全球几个主要导航系统的系统设计差异,不同系统所采用的时间传递技术也不相同。在这些时间传递技术中,激光双向法虽然精度最高,但由于激光时间传递容易受环境因素影响,并且在微弱激光信号检测、高精度伺服系统方面仍存在技术难题,目前在各个卫星导航系统中仅作为校准和备份手段使用。卫星共视法的时延传递精度虽然受基线长度影响较大,但是由于卫星覆盖范围较大,能够形成较好的基线;微波双向法相比卫星共视法由于采用了双向差分,极大消除了大气传播对时间传递的影响,因此也具备了更好的时间比对精度。

星地时间同步方法很多,主要有星地双向伪距时间同步法、星地激光双向同步法、倒定位法、伪距及雷达测距法等。前三种方法互补应用,可以满足星地时间同步需要。

1)星地双向伪距时间同步法

星地双向伪距时间同步法的基本原理是:地面时间同步站在地面时间系统时刻向卫星发射测距信号,该信号被卫星接收设备接收处理得到观测量 A;而卫星在星载时统时刻向地面站发射测距时标,该信号时标被地面时间同步站接收处理得到观测量 B,并将测量数据 A 下传到地面中心(或时间同步站),将 A 和 B 两个观测数据求差获得星地钟差。

星地双向伪距时间同步法,其时间同步误差包括了伪距测量误差、伪距测量的时刻误差、电离层及对流层修正误差和多路径(简称"多径")等。如果伪距测量的时刻同步越精确,那么上、下行测距信号所走过的路径相同,这将大大消除传播路径误差和卫星运动的影响。

2)星地激光双向同步法

星地激光双向同步法的原理与星地无线电双向测距法类似,均是由卫星和地面同步站同时进行星地距离和伪距测量。地面时间同步站通过卫星上安装的激光反射器,完成地面到卫星的距离测量。而卫星通过接收到的激光信号,完成与卫星钟时标的伪距测量,直接计算出卫星钟与地面时之差。其主要优点是,激光测距可以忽略电离层对激光信号传播的影响和多径影响,设备时延的影响也少得多。因此,星地激光双向同步法大大优于星地无线电双向测距法,可以作为星地无线电双向测距法的校正手段。

3)倒定位法

倒定位法的原理是基于 4 个地面时间同步站同时接收导航卫星信号,以获得 4

个测站的伪距测量结果。在 4 个测站位置已知和 4 个测站时间同步差已知的条件下,计算出卫星位置和卫星与地面时统间的钟差。倒定位法是 GPS 同步的主要方法。

4)伪距及雷达测距法

伪距及雷达测距法的星地时间同步在地面时间同步站完成,基本原理是时间同步站对卫星发送的导航信号进行伪距测量,由应答式雷达进行地面至卫星的距离测量。伪距测量与距离测量值之差即为星地钟差。

◣ 1.3　数字多波束多目标测量

数字多波束测量是阵列天线电子波束扫描和数字信号灵活处理相结合的一门技术,同时具备了两者的优点。数字多波束系统通过一定波束形成算法实现波束的扫描、自校准和自适应波束合成等,即依靠对波束合成加权系数的控制和稳定的设备时延,能够在不同的方向上同时产生几个独立工作的波束,并且能够实现波束指向的快速高效切换,完成对全空域多个目标的同时跟踪、测量与通信任务,具有灵活、捷变的特点,是解决航天测控领域多星测控的一种有效途径以及未来主流的测控技术体制。本节将从数字阵列信号处理的基本概念、面临的主要问题以及技术特点三方面来综述其内涵,理解其核心实质。

1.3.1　数字阵列信号处理基本概念

数字阵列信号处理[27-28]是数字信号处理的重要方向,在雷达、通信、测控、声呐、气象探测、地理勘探、射电天文领域有着广泛的应用。阵列信号处理的本质是利用分布在空间不同位置的传感器组成的传感器阵列收集空间信号,得到信号源的空间离散场强信号分布,并利用数字信号处理的波束合成算法来拟合不同传感器收到的信号,达到增强感兴趣信号、抑制噪声和干扰的目的,并提取有用信号的特征和各种感兴趣的信息。

数字阵列信号处理可分为三个方面:空间信号的入射方向、合成信号的接收处理、感兴趣参数的提取计算。对应可分为三个空间:目标空间、观察空间和估计空间。

(1)目标空间:由信号源参数和环境噪声参数形成的空间,通常情况可认为两者为正交关系,空间谱估计可利用这一关系从复杂的空间目标空间中估计信号的未知参数。

(2)观察空间:利用阵列的空间构型接收感兴趣的目标信号,并完成信号的初始接收和处理。

(3)估计空间:从复杂的观测数据中提取有用的信号特征。

数字阵列信号处理根据不同的应用对象场合,比如通信、导航、测控等合作对象,以及侦察、对抗、监视等非合作对象,其主要功能技术组成有所不同。对于非合作应

用对象的数字阵列信号处理的主要技术方向包括:

(1)波束形成技术:在需要的方向上形成高增益波束,同时抑制旁瓣的增益。

(2)零点形成技术:波束合成的零点对准干扰的来向,降低干扰对信号接收的影响。

(3)空间谱估计:估计空间信号波达方向,提升空间信号波达方向分辨率,利用空间谱技术对空间信号的超高分辨率,改善不同来向信号在同一个波束宽度内的分辨能力。

(4)信号源估计:估计信号源的各种参数,包括信号的方位角和俯仰角、中心频率、时延和距离等各种感兴趣参数。

(5)信源分离:利用阵列的优势对不同方向到达的信号进行分离,从而能够更好地提取各个信号的参数,利用阵列可实现同频同时到达信号的分离。

对于合作应用对象数字阵列信号处理,特别是通信和测控领域,数字阵列信号处理的核心是数字波束形成条件下的测量与传输技术。主要技术方向包括:

(1)数字波束跟踪技术:依据空间目标下行信号变化特性及第三方外部引导信息,数字波束合成方法可实时形成多个目标指向波束,且可按准则实现波束随目标运动的灵活跟踪。

(2)数字波束形成(DBF)技术:数字波束形成是将原来通过射频移相器的波束合成移到基带进行,通过软件程序控制不同通道的幅相加权实现多波束的同时合成,且具备信号无失真以及作用空域内波束扫描可灵活快捷变更的优点。

(3)数字波束测量技术:数字波束合成条件下精密星地伪距与载波相位测量技术,是扩频测距技术与数字波束阵列技术的深度融合,具备多目标同时高精度高稳定性测量特点。

(4)数字波束传输技术:数字波束合成条件下地面站上行注入和下行数据接收技术,不同波束可任意加载不同空间目标的星地双向数据传输信息。

(5)数字波束标校技术:通过在线与离线测量结合方法对阵列天线、阵列收发通道、合成波束性能的误差进行监测和实时修正,使波束控制更精确,波束测量和数传性能更高。

1.3.2 数字多波束多目标测量面临的主要问题

数字多波束多目标测量是一种针对复杂星座的高精度多星测控技术和系统,涉及卫星测控总体技术、星座构型与轨道动力学模拟技术、阵列天线技术、阵列信号处理技术、数字波束形成技术、扩频测量与通信技术、空间目标估计与跟踪技术、时间频率与时空统一技术、计算机网络技术、软件工程技术、系统监控管理技术、自动化测试标校技术、收发系统电磁兼容技术、场站结构与散热温控技术、高稳定性供配电技术等,该系统实现非常复杂,且需多种专业技术交叉融合,是数字相控阵在航天卫星测控领域的创新应用。

站在系统工程角度看,如何将一个大型复杂系统分解构建为若干相对单一系统的有机组合,同时探索出适合多目标、高精度、高可用性能要求的测量系统架构,是数字多波束多目标测量系统走向工程化应用面临的主要问题,寻求这些问题的科学合理高效解决之道,也是构建高可用数字多波束测量系统的重要技术途径。

数字多波束多目标测量面临的主要科学技术问题包括:

(1)理论方法问题:与传统基于面天线的航天测控理论方法不同,数字多波束多目标测量理论方法涉及多学科专业技术的融合,主要包括数字多波束多目标跟踪测量的机理、测量误差特性及其模型、适于高精度测量的幅度/相位/时延加权方法、波束零值变化规律及其管理方法、时空基准与传递机制、码分多址与空分多址的融合机制、数字波束阵列通道一致性在线标校方法、数字多波束相位中心精确标定及其补偿方法等。

(2)体系结构问题:决定数字多波束多目标测量系统整体性能及其维护升级能力的是系统的体系架构。系统体系架构简言之就是系统部件组成及其相互间关系。随着系统规模和复杂性的增加,体系架构设计成为大型系统开发的一个不可缺少的重要组成部分。从系统工程的观点看,任何复杂的系统都是由相对简单的基本元素构成,这些元素之间存在复杂的相互作用,确立系统中的基本元素以及这些元素之间的相互作用方式,就是系统体系结构设计的职责。数字多波束多目标测量系统的体系架构要处理好地面系统与空间星座、单站与多站集群、单站内集中与分布、站内接收与发射、站内业务与管理、站内测试与维护、发射接收系统结构与高可用度、站内机房/电气/结构一体化、无人值守自动运行等一系列关系。一个优秀的体系架构顶层设计对于系统性能和质量的保证至关重要。

(3)跟踪系统问题:跟踪问题是实施空间目标测量的首要问题。对于数字多波束多目标测量系统而言,对空间星座的动态跟踪可分为引导跟踪、自跟踪、程序工作等三种模式,引导跟踪依靠第三方系统提供空间目标位置引导信息来实现数字波束动态实时扫描跟踪,自跟踪依靠对空间目标下行信号的接收处理来获得目标引导信息,实时控制数字波束形成和指向调整用来实现对空间目标的自动跟踪。程序跟踪依托固定飞行程序和空间目标轨道来计算形成数字多波束实时指向轨迹,从而完成动态多目标跟踪。数字多波束系统多目标跟踪还要解决按照最优性能准则实现数字波束形成及动态扫描的优化控制问题。

(4)收发系统问题:收发系统是数字多波束测量系统实现星地双向测量的核心链路。首先需要解决收发关系问题,包括收发隔离问题和收发归一问题,前者是指收发一体或收发分置条件下收发互不影响及电磁兼容问题,后者是指收发站址坐标以及收发几何中心与相位中心的归一问题。其次需要解决收发协同问题,包括收发时间同步问题和接收引导发射问题,前者是指收发系统统一时间基准及收发链路时延传递比对问题,后者是指通过接收自跟踪生成空间目标信息引导发射波束形成指向波束。最后需要解决收发业务问题,包括收发系统测量问题和数据传输问题,前者是

指高精度测量信号生成及高精度伪距测量问题,后者是指发射系统上行高可用注入和接收系统高可靠数据接收,同时保证收发多波束的可靠建链。

(5)标校系统问题:标校对于数字多波束测量而言是至关重要的,某种意义上数字多波束多目标测量的工程性能是否高质量实现取决于标校系统的能力。标校的对象是数字多波束系统链路及其波束测量性能。主要标校内容包括通道一致性、相位中心变化、系统零值管理和传递等。通道一致性标校解决数字波束阵列系统各通道之间幅度、相位、时延的精确对齐问题,这是数字波束有效合成的前提。相位中心变化标校解决数字波束阵列各波束相位中心动态变化及其对收发链路时延的影响问题,这是确保数字多波束高精度测量的必要条件。系统零值管理和传递主要解决收发系统零值的在线与离线相结合的综合标校以及对外传递。

(6)系统结构问题:结构问题是所有相控阵系统工程实现的关键问题之一。因为结构设计合理与否直接关系到系统散热、设备布线、故障维护等的可靠实现和性能稳定。数字多波束多目标测量系统的结构问题更为复杂,涉及场站布局、机房建设、机房/设备结构/散热系统/机房温控系统/供配电网络等一体化协同设计,天线结构安装、天线罩、除雪装置的综合设计,收发天线之间的隔离设计,以及系统设备的在线可维护结构设计等。系统散热是系统结构最为核心的问题,需要从机房温控、网络桁架温控、组件温控等三个层次协同设计才能有效解决,是系统可靠运行和保持测量性能稳定的关键所在。总之,应该充分重视系统结构的工程化设计,将结构问题视为系统核心能力实现的重要保障并纳入系统可靠性模型。

(7)测试评估问题:由于数字多波束多目标测量系统的复杂性以及天线和设备的高度一体化集成性,其测试评估问题既复杂又重要。复杂在于天线性能测量与系统设备性能测量必须一体化测试,对测试环境、测试条件、测试方法、测试数据处理与评估等均提出了新的更高要求,需要构建专用的测试试验环境并进行精确标定才能满足要求。重要在于大型复杂系统的测试评估应贯穿工程始终,在不同阶段采用不同的测试评估模式,发挥不同的作用。由于测量系统对精度和稳定性的不懈追求,测试评估技术需要不断创新,并与测量系统并行推进,才能牵引和保障业务系统高性能的工程实现。

(8)系统可用度问题:航天卫星工程的高投入、高风险、高回报决定了航天测控系统必须具有极高的可用度。数字多波束多目标测量系统是一种多通道阵列系统,具有天然的相对高可靠性和容错性。即便如此,仍需解决系统高可用架构、集群多波束、软件定义可重构、自动化维护保障等问题才能达到系统可用度要求。这些问题既涉及科学技术问题,又涉及工程实现问题。其中,高可用架构关系到数字多波束测量系统工程化的基础能力,需要围绕保核心业务展开集中分布式设计,局部故障不影响全局性能。集群多波束是指异地分布式多站多系统的协同调度实现任务级的高可用度。软件定义可重构是提升系统可用度的重要技术途径,通过在线伴随式软件系统及其管理策略,实现系统故障的在线检测、隔离和替换升级。自动化维护保障是指

"机房、电气、结构"多方协同实现系统在线维护的综合手段。

1.3.3 数字多波束多目标测量技术的特点

数字多波束多目标测量技术是阵列信号处理中的一种应用技术,相比传统的抛物面天线测量能够实现灵活的波束控制、较高的波束增益和极强的干扰抑制能力,从而在多目标测量中有较好的应用效果。数字多波束多目标测量技术具有如下五项特点:

(1) 具备"SDMA + CDMA"相结合的多波束多目标测量体制。数字多波束测量系统采用基于"码分多址 + 空分多址"的数字波束多目标测量体制,可同时在其作用空域内产生多组收发波束,完成对多颗导航卫星的双向星地时间同步测量和上行测控任务。布置于多个广域分布式站点的数字多波束测量系统将构成集群数字多波束地面观测网,实现对全部过境卫星星座的业务测控管理。

(2) 数字多波束测量系统具备波束灵活控制、快速捷变的特点。数字多波束测量系统不需要传统的伺服系统,波束切换通过电子扫描实现,具备波束切换时间短,波束形态灵活可控,同时能够形成多个波束,对空间区域的覆盖方式更为灵活。能够实现对全空域的快速扫描和同时多目标跟踪,跟踪效率优于传统的抛物面天线。针对收发多波束同时作用的工作特点,可采用多种窗函数加权波束形成算法,降低波束旁瓣电平,减少多个波束之间的相互影响[29]。

(3) 数字多波束测量技术具备多目标高精度测量能力。数字多波束测量建立在数字合成波束测量链路基础上,每个数字波束均是阵列多通道测量,其精密测距结果表现为多个单通道测距值的统计效果,即波束合成条件下测距结果的系统误差是单个通道系统误差的统计均值,波束合成条件下测距结果的随机误差是单个通道随机误差的统计均方根值,因此采用数字多波束技术进行精密测距能够比同等增益条件下的单通道天线获得更加精密、稳定的测距结果[30]。

(4) 数字多波束测量系统具备高精度高稳定相位中心的特点。数字多波束测量系统的相位中心受系统各环节影响,是决定测量精度的重要因素。不同阵列通道之间存在天线安装、互耦、通道幅相不一致引起的时延不一致,可以通过测量补偿消除。可利用数字多波束相位中心与多通道组件幅相特性、天线阵列方向图及波束指向间的变化规律构建数字多波束天线系统三维立体波束相位中心集合的数学模型,采用基于无线伪距/载波相位测量的阵列天线相位方向图测量方法,结合空间网格化相位中心修正技术,实现数字多波束阵列多维修正数据网格化标定,实现数字多波束系统的相位中心的稳定性,满足数字多波束高精度、高稳定度波束合成测量的需求。

(5) 数字多波束测量具有统一的时空基准和波束测量零值。多波束测量系统是一种多传感器的复杂组合系统,是现代信号处理技术、高性能计算机技术、高分辨显示技术、高精度导航定位技术、数字化传感器技术及其他相关高新技术等多种技术的高度集成。它依托于数字相控阵,实现对多个目标的同时测量,能够获得更加精确、稳定的结果。同时数字多波束天线系统统一了多波束的时间基准和空间基准,消除了多天线方式下波束间的时空基准系统差,多波束之间的测量零值更为统一,能够有效提高地面系统信息处理的星地双向时间同步精度。

参考文献

[1] 高耀南,王永富,等. 宇航概论[M]. 北京:北京理工大学出版社,2018.

[2] 谢军,王海红,李鹏,等. 卫星导航技术[M]. 北京:北京理工大学出版社,2018.

[3] 蔚保国,罗伟雄. 航天飞行器多目标测控系统研究[J]. 无线电工程,2005,35(7):26-28.

[4] 谭述森. 导航定位工程[M]. 北京:国防工业出版社,2007.

[5] 展跃全,赵育善. 多星测控系统资源配置效能评价指标体系研究[J]. 载人航天,2008(3):26-30.

[6] 陈峰. 多星测控调度问题的遗传算法研究[D]. 长沙:国防科学技术大学,2010.

[7] 关晖,宁永忠. 我国在轨卫星测控发展历程及展望[J]. 国际太空,2018(01):55-59.

[8] 谢刚. 全球导航卫星系统原理[M]. 北京:电子工业出版社,2013.

[9] 刘基余. GNSS 全球导航卫星系统的新发展[J]. 遥测遥控,2007,28(4):1-6.

[10] 方群,袁建平,郑谔. 卫星定位导航基础[M]. 西安:西北工业大学出版社,1999:119-121.

[11] 谭述森. 导航卫星双向伪距时间同步[J]. 中国工程科学,2006,8(12):70-74.

[12] 王淑芳,王礼亮. 卫星导航定位系统时间同步技术[J]. 全球定位系统,2005,30(2):10-14.

[13] 孟海涛,江铮,周必磊. 卫星导航系统时间传递方法研究[J]. 中国科技纵横,2011(16):108-110.

[14] 郑志军,赵勇慧. 基于 GPS 技术的火控雷达基准测量系统[J]. 火控雷达技术,2004,33(3):20-23.

[15] 王国永. 基于双移动站的卫星双向时间传递系统误差校准方法研究[D]. 北京:中国科学院研究生院(国家授时中心),2015.

[16] 刘晓刚,吴晓平,张传定. 卫星双向共视法时间比对计算模型及其精度评估[J]. 测绘学报,2009,38(5):415-421.

[17] 施闯,赵齐乐,李敏,等. 北斗卫星导航系统的精密定轨与定位研究[J]. 中国科学:地球科学,2012(6):854-861.

[18] 王梦丽,王飞雪. 长码快速直接捕获中卫星信号传播时延估计[J]. 空间科学学报,2007,27(3):253-257.

[19] 金国平,刘芹丽,桑怀胜. 卫星导航系统上行测控的研究现状与发展趋势[J]. 电讯技术,2015,55(7):807-813.

[20] 王淑芳,孙妍. 卫星自主完好性监测技术[J]. 测绘科学技术学报,2005,22(4):266-268.

[21] 张展,张晓林,胡建平,等. 星地链路高速数传系统的研究[J]. 载人航天,2012,18(3):72-78.

[22] 龙运军,陈英武,邢立宁,等. 导航卫星上行测控任务调度模型及启发式算法[J]. 国防科技大学学报,2013,35(2):34-39.

[23] 陈金平,尤政,焦文海.基于星间距离和方向观测的导航卫星自主定轨研究[J].宇航学报, 2005,26(1):43-46.

[24] 王淑芳,孙妍.卫星自主完好性监测技术[J].测绘科学技术学报,2005,22(4):266-268.

[25] 马利,袁莉芳,王璐,等.导航卫星在轨运行分析与管理[J].航天器工程,2017,26(5): 121-125.

[26] 朱庆厚.到达时间差(TDOA)测向定位研究[J].电讯技术,2007,47(1):53-56.

[27] SEKIGUCHI T,KARASAWA Y. Wideband beamspace adaptive array utilizing FIR fan filters for multibeam forming[J]. IEEE Transactions on Signal Processing,2000,48(1):277-284.

[28] YANG G,RAJARAM R,CAO G,et al. Stationary digital breast tomosynthesis system with a multibeam field emission x-ray source array[C]. Medical Imaging:Physics of Medical Imaging,2008.

[29] 蔚保国,姚奇松.基于数字多波束天线的多星测控系统[J].飞行器测控学报,2004,23(3): 55-59.

[30] 尹继凯,蔚保国.数字多波束天线精密测距精度分析[J].无线电工程,2012,42(3):27-30.

第 2 章　数字波束阵列基本理论

19 世纪末,欧洲首先提出相控阵的概念,1906 年第一台相控阵原型样机出现,在第二次世界大战期间相控阵得到大量的应用,但是最开始的相控阵都是采用机械方式改变每个单元接收信号的相位,从而实现天线波束指向的切换,这种实现方法波束切换速度较慢,结构较为复杂[1-2]。从 20 世纪 60 年代开始,人们开始研究数字波束合成技术,1987 年美国部署的首部超视距雷达 AN/FPS-118 就是应用数字波束合成技术的成功范例。后来美国新研制的数字阵列雷达中发射和接收模块都采用了数字波束合成技术,数字波束合成技术在世界范围内逐步取代模拟相控阵技术,成为技术发展的主流。

数字波束合成[3-4]利用传感器阵列向空间发射或接收无线电信号,提升无线电系统的灵活性。数字波束形成实质是通过对阵列的各阵元进行数字加权实现空域滤波,来达到增强有用信号、抑制干扰的目的[5-6],这是数字阵列信号处理的一个重要方面。数字阵列波束形成技术具有灵活可控的特点,可根据环境的变化自适应地改变加权因子[7],从而将发射或接收信号的增益控制在一个方向上,相当于形成了一个增强的“波束”,这就是数字波束阵列的意义所在。数字波束阵列在航天测控[8-10]、雷达[11-13]、声呐[14]、无线通信[15-16]、医学成像[17]、地质勘探[18]及麦克风阵列处理[19]等多个领域中得到广泛的应用,由于其具有灵活可控、测量精度高及多目标测量的特点,非常符合卫星导航地面测控的应用需求,能够提高卫星导航测控的整体性能和资源复用效率。

本章主要论述数字波束阵列的基本理论方法,介绍常见的数字阵列模型、数字阵列的核心参数和阵列误差模型等数字波束形成的基本知识,并对数字波束形成的原理、准则和常见的波束形成算法进行阐述分析,最后介绍立体阵的波束形成及控制。

◤ 2.1　数字波束阵列基本概念

2.1.1　基本定义

数字波束阵列[20]指的是通过控制阵列天线中辐射单元的馈电相位来改变方向图形状的天线。控制相位可以改变天线方向图最大值的指向,达到波束扫描的目的。该技术可以使单个地面站实现全空域、多目标同时测控,解决传统方法需要部署多部天伺设备才能实现多个波束同时测量跟踪的问题,并可实现波束指向的快速切换。采用数字多波束阵列能够为全空域多个目标同时提供先进、经济、可靠、易于维护和扩展性更强的测控方案,代表未来技术发展方向,在测控领域具有广阔的应用前景。数字多波束阵列的概念原型如图 2.1 所示。

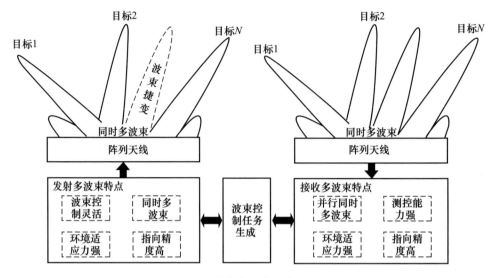

图 2.1　数字多波束概念原型图

其主要特点[21]如下:

(1)波束指向灵活,能实现无惯性快速扫描。

(2)一副天线可同时形成多个独立波束,分别实现搜索、识别、跟踪、制导、测量、传输、无源探测等多种功能。

(3)目标容量大,可在空域内同时监视、跟踪多个目标。

(4)对复杂目标环境的适应能力强,抗干扰性能好,数字波束阵列系统可靠性高,即使少量通道失效仍能正常工作。

2.1.2　阵列信号模型

数字波束阵列信号在实际的空间无线电收发传输与处理过程中,面临复杂的传输环境,为了获得一个方便处理且符合实际的参数模型[22],需要对信号在无线信道传输时的条件做一些必要简化。在描述阵列信号的空间估计时,通常将下列条件作为基本的前提。

(1)天线阵元都是全向天线,并且天线增益相同,阵元之间的互耦可以近似忽略不计。

(2)天线阵元收发属性只与它所处位置有关系,与其大小尺寸没有关系,也就是将天线阵元抽象为空间的一个点。

(3)通常可认为天线上接收到的噪声为加性高斯白噪声,不同阵元之间噪声相互独立,信号和噪声之间统计独立,符合空间正交关系。

（4）信号传播介质具有相同的传输特性，因此信号在其中传输时沿着直线传播。

（5）天线接收阵列处在信号源远场中，天线阵列接收信号近似看作一束平行的平面波。

2.1.2.1 窄带信号的数字波束阵列模型

空间阵列窄带信号模型中，假设有 N 个阵元的天线组成接收阵列，每个阵元接收到的空间窄带信号经过放大滤波下变频处理后变为基带数据给波束合成处理器。

在假设窄带信号的前提条件下，不同阵元接收到的信号可用如下形式表示：

$$\begin{cases} s_0(t) = u_0(t)\,\mathrm{e}^{\mathrm{j}(\omega_0 t + \varphi(t))} \\ \qquad\qquad \vdots \\ s_i(t-\tau_i) = u_i(t-\tau_i)\,\mathrm{e}^{\mathrm{j}(\omega_0(t-\tau_i)+\varphi(t-\tau_i))} \\ \qquad\qquad \vdots \\ s_{N-1}(t-\tau_{N-1}) = u_{N-1}(t-\tau_{N-1})\,\mathrm{e}^{\mathrm{j}(\omega_0(t-\tau_{N-1})+\varphi(t-\tau_{N-1}))} \end{cases} \tag{2.1}$$

式中：$u_i(t)$ 为接收信号幅度；$\varphi(t)$ 为接收信号相位；ω_0 为接收信号角频率；τ_i 为第 i 个阵元的时延。在窄带远场信号源的假设下，有

$$\begin{cases} u_i(t-\tau) \approx u_i(t) \\ \varphi(t-\tau) \approx \varphi(t) \end{cases} \tag{2.2}$$

根据式（2.1）和式（2.2）显然有下式成立：

$$s_i(t-\tau) \approx s_i(t) \qquad i = 1,2,\cdots,N \tag{2.3}$$

若阵列同时收到 M 个信号，则可以得到第 i 个阵元接收信号为

$$x_l(t) = \sum_{i=1}^{M} g_{li} s_i(t-\tau_{li}) + n_l(t) \qquad l = 1,2,\cdots,M \tag{2.4}$$

式中：g_{li} 为第 i 个阵元对第 l 个信号的增益；$n_l(t)$ 表示第 l 个信号在 t 时刻的噪声；τ_{li} 为第 l 个信号到达第 i 个阵元时相对参考阵元的时延。

将 N 个阵元在特定时刻接收的信号排成一个列矢量，可得

$$\begin{bmatrix} x_1(t) \\ x_2(t) \\ \vdots \\ x_N(t) \end{bmatrix} = \begin{bmatrix} g_{11}\mathrm{e}^{-\mathrm{j}\omega_0\tau_{11}} & g_{12}\mathrm{e}^{-\mathrm{j}\omega_0\tau_{12}} & \cdots & g_{1N}\mathrm{e}^{-\mathrm{j}\omega_0\tau_{1M}} \\ g_{21}\mathrm{e}^{-\mathrm{j}\omega_0\tau_{21}} & g_{22}\mathrm{e}^{-\mathrm{j}\omega_0\tau_{22}} & \cdots & g_{2N}\mathrm{e}^{-\mathrm{j}\omega_0\tau_{2M}} \\ \vdots & \vdots & & \vdots \\ g_{M1}\mathrm{e}^{-\mathrm{j}\omega_0\tau_{N1}} & g_{M2}\mathrm{e}^{-\mathrm{j}\omega_0\tau_{N2}} & \cdots & g_{MN}\mathrm{e}^{-\mathrm{j}\omega_0\tau_{NM}} \end{bmatrix} \begin{bmatrix} s_1(t) \\ s_2(t) \\ \vdots \\ s_N(t) \end{bmatrix} + \begin{bmatrix} n_1(t) \\ n_2(t) \\ \vdots \\ n_N(t) \end{bmatrix} \tag{2.5}$$

在理想情况下，假设阵列中各阵元是各向同性的且不存在通道不一致、互耦等因素的影响，则式（2.5）中的增益可省略，在此假设下可简化为

$$\begin{bmatrix} x_1(t) \\ x_2(t) \\ \vdots \\ x_N(t) \end{bmatrix} = \begin{bmatrix} \mathrm{e}^{-\mathrm{j}\omega_0\tau_{11}} & \mathrm{e}^{-\mathrm{j}\omega_0\tau_{12}} & \cdots & \mathrm{e}^{-\mathrm{j}\omega_0\tau_{1M}} \\ \mathrm{e}^{-\mathrm{j}\omega_0\tau_{21}} & \mathrm{e}^{-\mathrm{j}\omega_0\tau_{22}} & \cdots & \mathrm{e}^{-\mathrm{j}\omega_0\tau_{2M}} \\ \vdots & \vdots & & \vdots \\ \mathrm{e}^{-\mathrm{j}\omega_0\tau_{N1}} & \mathrm{e}^{-\mathrm{j}\omega_0\tau_{N2}} & \cdots & \mathrm{e}^{-\mathrm{j}\omega_0\tau_{NM}} \end{bmatrix} \begin{bmatrix} s_1(t) \\ s_2(t) \\ \vdots \\ s_N(t) \end{bmatrix} + \begin{bmatrix} n_1(t) \\ n_2(t) \\ \vdots \\ n_N(t) \end{bmatrix} \tag{2.6}$$

将上式写成矢量形式如下：

$$X(t) = AS(t) + N(t) \tag{2.7}$$

式中：$X(t)$ 为阵列的 $N \times 1$ 维快拍数据矢量；$S(t)$ 为空间信号的 $M \times 1$ 维矢量；$N(t)$ 为阵列的 $N \times 1$ 维噪声快拍数据矢量；A 为空间阵列的 $N \times M$ 维矩阵，即导向矢量矩阵，且

$$A = \begin{bmatrix} a_1(\omega_0) & a_2(\omega_0) & \cdots & a_N(\omega_0) \end{bmatrix} \tag{2.8}$$

式中：导向矢量

$$a_i(\omega_0) = \begin{bmatrix} \exp(-j\omega_0\tau_{1i}) \\ \exp(-j\omega_0\tau_{2i}) \\ \vdots \\ \exp(-j\omega_0\tau_{Ni}) \end{bmatrix} \quad i = 1, 2, \cdots, M \tag{2.9}$$

式中：$\omega_0 = 2\pi f = 2\pi \dfrac{c}{\lambda}$，$c$ 为光速，λ 为波长。

从上述推导中可以看出：一旦知道不同阵元之间的相对时延 τ，就可以推导出任意阵列的阵列导向矢量或阵列流型。在三角坐标系下可推导出两阵元之间的波程差为

$$\tau = \frac{1}{c}(x\cos\theta\cos\varphi + y\sin\theta\cos\varphi + z\sin\varphi) \tag{2.10}$$

式中：θ 为入射俯仰角；φ 为入射方位角；c 为光速；(x, y, z) 为三角坐标系坐标点。

2.1.2.2　宽带信号的数字波束阵列模型

设信号带宽为 B，中心频率为 ω_c，则第 l 个信号可以表示为

$$s_l(t) = \tilde{s}_l(t)e^{j\omega_c t} \tag{2.11}$$

其复包络信号的傅里叶变化为

$$\tilde{s}_l(t) = \sum_{k=1}^{K} s_l(\omega_k)e^{j\omega_k t} \tag{2.12}$$

式中：$t_0 \leqslant t \leqslant t_0 + T_0$，$T_0$ 为阵列对信号的观察时间；K 为傅里叶变换的点数；傅里叶系数为

$$s_l(\omega_k) = \frac{1}{T_0}\int_{t_0}^{t_0+T_0} \tilde{s}_l(t)e^{-j\omega_k t}dt \tag{2.13}$$

且

$$\omega_k = 2\pi\left(k - \frac{K+1}{2}\right) \tag{2.14}$$

将带宽为 B 的信号分割为 K 个频率分量，相邻频率分量的间隔为

$$\omega_{n+1} - \omega_n = 2\pi B/K = 2\pi/T_0 \tag{2.15}$$

由式（2.13）和式（2.15）得

$$s_l(t) = \sum_{k=1}^{K} s_l(\omega_k)e^{j(\omega_c-\omega_k)t} \tag{2.16}$$

相对于相位中心,该信号到达第 n 个阵元后产生时间延迟。

$$s_l(t - \tau_n) = \sum_{k=1}^{K} s_l(\omega_k) e^{j(\omega_c + \omega_k)(t - \tau_n)} s_l \qquad (2.17)$$

经过变频后,去掉载波分量

$$s_l(t - \tau_n) = \sum_{k=1}^{K} s_l(\omega_k) e^{-j(\omega_c + \omega_k)\tau_n} e^{j\omega_k t} \qquad (2.18)$$

第 n 个通道输出的信号为

$$x_n(t) = \sum_{l=1}^{L} \sum_{k=1}^{K} a_n s_l(\omega_k) e^{-j(\omega_c + \omega_k)\tau_n} e^{j\omega_k t} + \eta_n(t) \qquad (2.19)$$

以矩阵形式表示为

$$\boldsymbol{X}(t) = \sum_{k=1}^{K} [A(\boldsymbol{\Theta}, \omega_c + \omega_k) S(\omega_k) + N(\omega_k)] e^{jw_k t} = \sum_{k=1}^{K} X(\omega_k) e^{j\omega_k t} \quad (2.20)$$

式中

$$\boldsymbol{X}(t) = [x_1(t), x_2(t), \cdots, x_n(t)]^{\mathrm{T}} \qquad (2.21)$$

$$\boldsymbol{S}(w_k) = [s_1(\omega_k), s_2(\omega_k), \cdots, s_L(\omega_k)]^{\mathrm{T}} \qquad (2.22)$$

$$\boldsymbol{N}(\omega_k) = [\eta_1(\omega_k), \eta_2(\omega_k), \cdots, \eta_L(\omega_k)]^{\mathrm{T}} \qquad (2.23)$$

$$\boldsymbol{A}(\boldsymbol{\Theta}, \omega_c + \omega_k) = [a(\theta_1, \omega_c + \omega_k), a(\theta_2, \omega_c + \omega_k), \cdots, a(\theta_L, \omega_c + \omega_k)] \quad (2.24)$$

$$\boldsymbol{a}(\theta_i, \omega_c + \omega_k) = [a_1, a_2 e^{-j(\omega_c + \omega_k)\tau_1}, \cdots, a_N e^{-j(\omega_c + \omega_k)\tau_{N-1}}]^{\mathrm{T}} \quad (2.25)$$

式中: $\boldsymbol{\Theta}$ 为由 $\theta_l(l = 1, 2, \cdots, L)$ 组成的信号入射方向矢量。

宽带信号模型由于在进行阵列信号处理过程中会引起信号边缘部分的信号畸变,通常将其转换为若干子窄带阵列信号模型进行综合信号处理。

2.1.3　阵列流型

常用的阵列流型有均匀线阵、L 型阵列、均匀圆阵、面阵、立体阵(包括球面阵和任意立体阵)。

2.1.3.1　线性阵列

N 个均匀分布在直线上的天线单元组成的阵列天线模型,阵元坐标可表示为 $p_i = (i - (N-1)/2) \times d$,其中 $i = 0, 1, \cdots, N-1, d$ 为阵元间距, N 为阵元个数。当相邻两个天线单元间距满足半波长要求时,均匀线阵的阵列响应矢量为

$$\boldsymbol{A}(\theta) = \sum_{i=0}^{N-1} a_i e^{j2\pi(i-1)\frac{d}{\lambda}\sin\theta} \qquad 0 \leqslant \theta \leqslant \pi \qquad (2.26)$$

式中: a_i 为第 i 个阵元的阵元增益; θ 为波达方向角; λ 为入射信号波长。

图 2.2 给出 N 阵元线性阵列模型,并给出了阵列和信号方向之间的关系。

L 型阵列和十字阵都可以看作线阵的一种特殊组合形式。

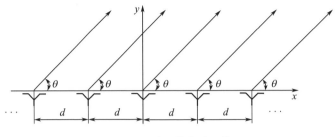

图 2.2 N 阵元线性阵列模型

2.1.3.2 圆环阵列

圆环阵的阵元布局如图 2.3 所示。在半径为 R 的圆环上均匀分布着 N 个天线单元,结合工程实际需求,设定作用阵元的区域边界与波束指向的夹角为 α,使在此区域的阵元参与波束形成,其余阵元则关闭通道。随着指向的变化,改变作用区域,使其工作口径在圆环上移动。由于作用区域阵元的位置不同,天线的朝向也不同,在进行波束形成时,需考虑到每个天线单元在不同方向上的增益 $G_i(\theta)$。

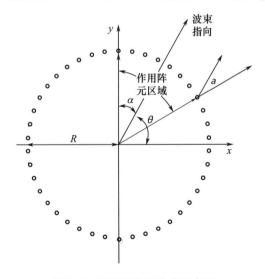

图 2.3 圆环阵阵元分布示意图

作用区域阵元共同作用阵列响应的表达式为

$$A(\theta,\varphi) = \sum_{i=0}^{N-1} G_i(\theta,\varphi) a_i e^{\frac{j2\pi}{\lambda}(R\sin\theta\cos(\varphi-\gamma_i))} \quad (2.27)$$

式中: $G_i(\theta,\varphi)$ 为第 i 个阵元的单元方向图约束; a_i 为第 i 个阵元的增益; R 为圆阵的半径; λ 为信号波长; θ 为入射信号的俯仰角; φ 为入射信号的方位角; $\gamma_i = 2\pi i/N$, N 为阵元个数。

单元天线方向图 $G(\theta,\varphi)$ 数学模型为

$$G(\theta,\varphi) = \sqrt{\sin\theta\cos\varphi} \quad (2.28)$$

圆环阵中的阵元 i 对应的单元天线增益为

$$G_i(\theta,\varphi) = \sqrt{\sin\theta\cos(\varphi - \gamma_i)} \qquad (2.29)$$

当 α 选定后其作用区域 N 个工作阵元组成的阵列等效于一个线性阵列,如图 2.4 所示。在这个等效线阵中,阵元间距不等,中间部分间距较大,两端间距较小。

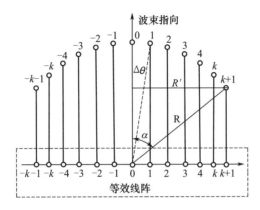

图 2.4　圆环阵的等效线阵

在等效线阵中,阵元 k 到阵元中心的距离为

$$l_k = R\sin(k\Delta\theta) \qquad (2.30)$$

式中:$\Delta\theta$ 为圆环阵中两个阵元与圆心连线的夹角,$\Delta\theta = 2\alpha/(N-1)$。等效线阵的口径大小为 $2R' = 2R\sin\alpha$。将图中等效线阵上每个阵元的标号 k 按照比例转化到同样阵元数、同样口径大小的均匀线阵上,对应的标号 k' 为

$$k' = \frac{l_k}{d'} \qquad (2.31)$$

式中:d' 为对应均匀线阵的阵元间距,$d' = 2R/(N-1)$;k' 也可以表示为

$$k' = l_k(N-1)/(2L) \qquad (2.32)$$

式中:L 为等效阵列中阵元相对于阵列中心最远的距离。

2.1.3.3　平面阵列

均匀矩形平面阵可以看作均匀线阵从一维向二维的扩展,其波束方向图可以看作多个均匀线阵波束方向图的叠加,可以将基于均匀线阵的波束优化方法扩展到均匀的矩形平面阵列中。

矩形阵列由 $N \times M$ 个阵元组成,行阵元间距为 d_x,列阵元间距为 d_y。θ 为入射信号的方位角,φ 为入射信号的俯仰角。均匀矩形阵列阵元布局如图 2.5 所示,平面阵列与波达方向的几何关系如图 2.6 所示。

则空间入射信号与参考阵元(一般设为阵列原点的阵元)之间的波程差为

$$\beta = -j2\pi(x_i\cos\varphi\sin\theta + y_i\sin\varphi\sin\theta + z_i\cos\theta)/\lambda \qquad (2.33)$$

式中:x_i、y_i 和 z_i 为第 i 个阵元的位置坐标,平面阵列一般在 xy 面内,因此一般取 $z_i = 0$。根据平面阵列的波程差和阵列结构可推导出平面阵列的阵列流型为

$a(\theta,\varphi) =$

$$\begin{bmatrix} 1 & e^{-j2\pi(x_0\cos\varphi\sin\theta + y_1\sin\varphi\sin\theta)/\lambda} & \cdots & e^{-j2\pi(x_0\cos\varphi\sin\theta + y_{N-1}\sin\varphi\sin\theta)/\lambda} \\ e^{-j2\pi(x_1\cos\varphi\sin\theta + y_0\sin\varphi\sin\theta)/\lambda} & & \cdots & e^{-j2\pi(x_1\cos\varphi\sin\theta + y_{N-1}\sin\varphi\sin\theta)/\lambda} \\ \vdots & \vdots & & \vdots \\ e^{-j2\pi(x_{M-1}\cos\varphi\sin\theta + y_0\sin\varphi\sin\theta)/\lambda} & e^{-j2\pi(x_{M-1}\cos\varphi\sin\theta + y_1\sin\varphi\sin\theta)/\lambda} & \cdots & e^{-j2\pi(x_{M-1}\cos\varphi\sin\theta + y_{N-1}\sin\varphi\sin\theta)/\lambda} \end{bmatrix}$$

$$(2.34)$$

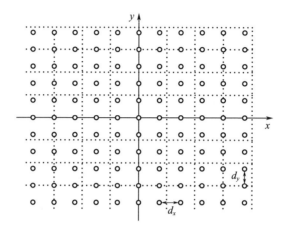

图 2.5　均匀矩形阵列阵元布局图

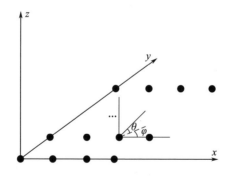

图 2.6　平面阵列天线与波达方向的几何关系

2.1.3.4　球面阵列

　　球面阵列的阵元按照一定的规律均匀地分布在球表面,半球面阵列天线布阵示意图如图 2.7 所示。

　　球面阵列的阵列流型可以借鉴圆环阵的幅度加权系数算法进行计算。作用阵列等效于一个圆形的平面阵列,每个阵元在该平面阵列的位置为阵元在波束指向垂直平面上的投影。将各个天线的矢量信号进行叠加,使得其在波束指向方向幅度最大。也可以用虚拟阵元的方法进行分析。所以,球面阵列的波束方向图计算公式可以表示为

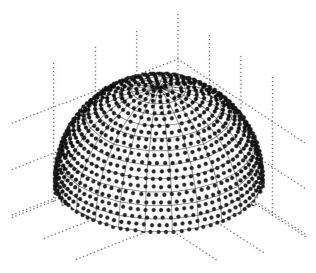

图 2.7　半球面阵列天线布阵示意图

$$f(\varphi,\theta) = \sum G_i(\varphi,\theta) \times a_i \times \exp$$

$$\left(\frac{2\pi\mathrm{j}}{\lambda}\big(\sin\varphi(x_i\cos\theta + y_i\sin\phi) + z_i\cos\varphi\big) - \mathrm{j}\times\omega_i\right) \tag{2.35}$$

式中:$G_i(\varphi,\theta)$ 为第 i 个阵列天线单元的幅度线性方向图;a_i 为该单元激励的相对幅度;(x_i,y_i,z_i) 为该天线单元所在位置;ω_i 为该天线单元激励的相对相位。其中当波束指向 (φ_0,θ_0) 时,ω_i 为

$$\omega_i = \frac{2\pi}{\lambda}\big[\sin\varphi_0(x_i\cos\theta_0 + y_i\sin\theta_0)z_i\cos\varphi_0\big] \tag{2.36}$$

这样每一个单元的朝向等因素得到反映,使波束的方向图更加贴近真实情况。

2.1.4　波束方向图

波束响应是指波束形成器对某方向单位功率平面波信号的响应,它可用于考察波束形成器的空间响应特性,表示阵列对不同方向到达信号的增益。

窄带情况下,可以省略频率分量 $\boldsymbol{\omega}_\mathrm{c}$,简单地用 $\boldsymbol{a}(\theta)$ 表示阵列流型矢量,波束响应可以写成

$$\boldsymbol{p}(\theta) = \boldsymbol{\omega}^{\mathrm{H}}\boldsymbol{a}(\theta) \tag{2.37}$$

对于确定的波束形成加权矢量 $\boldsymbol{\omega}$,根据上式得出波束响应能量相对于方位的函数,即 $20\lg|\boldsymbol{p}(\theta)|$,便得到波束形成器的指向性图,即波束方向图。波束方向图显示的是基阵对不同方向到达信号响应情况,它可用于评估其他方向干扰与噪声对感兴趣方向信号产生的影响大小。

例 2.1:典型的波束方向图如图 2.8 所示。

图 2.8 给出了一个波束方向图的示意图,它由一个主瓣和多个旁瓣组成,不同的

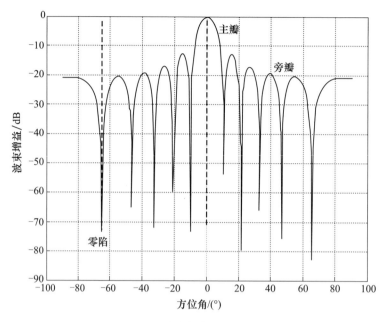

图 2.8 波束方向图（见彩图）

波束之间有一个零陷,可以通过对波束方向图加不同的窗函数实现对旁瓣能量的抑制。

考虑一个由 N 个相同的各向同性阵元组成的均匀线阵列,阵元间距为 d,波长为 λ。在 $\boldsymbol{u}$ 空间的波束方向图可以写为

$$A(u) = \frac{1}{N} \frac{\sin\left(\dfrac{\pi N d}{\lambda} u\right)}{\sin\left(\dfrac{\pi d}{\lambda} u\right)} \qquad -1 \leqslant u \leqslant 1 \tag{2.38}$$

阵列的方向图为阵元方向图和阵元数的乘积。

阵列天线增益 = 拼阵增益(dB) + 阵元增益(dB)。常用的阵列天线增益公式如下:

$$G(N) = 3\log N + G_0 \tag{2.39}$$

式中: G_0 为单个阵元增益; $G(N)$ 为 N 个阵元组成的阵列增益。

2.1.5 波束宽度

通常采用的波束宽度定义为波束两个半功率点之间的夹角。与天线增益有关,一般天线增益越大,波束就越窄,测量角分辨率就越高。

为了说明波束宽度,以均匀线阵为例进行说明, N 个阵元的均匀线阵静态方向图可表示为

$$G_0(\theta) = \left| \frac{\sin(Nu/2)}{N\sin(u/2)} \right| \tag{2.40}$$

式中：$u = (2\pi d\sin\theta)/\lambda$；方向图零点出现在当 $|G_0(\theta)|^2 = 0$ 的分子为零而分母不为零时，即

$$\sin\left(\frac{\pi Nd}{\lambda}\sin\theta\right) = 0 \tag{2.41}$$

成立的条件为 $\dfrac{\pi Nd}{\lambda}\sin\theta = m\pi，m = 1,2,\cdots$，式中：$N$ 为阵元个数；d 为阵元间距；λ 为入射信号波长。则零点出现须满足下面的两个条件：

$$\theta = \arcsin\left(m\,\frac{\lambda}{Nd}\right) \qquad m = 1,2,\cdots \tag{2.42}$$

$$\theta \neq \arcsin\left(m\,\frac{\lambda}{d}\right) \qquad m = 1,2,\cdots \tag{2.43}$$

第一个零点的位置为 λ/Nd，零点波束宽度 BW_0 定义为零点到零点的波束宽度，可表示为

$$\mathrm{BW}_0 = 2\arcsin(\lambda/Nd) \tag{2.44}$$

这个量衡量了阵列分辨两个不同平面波的能力，也称为瑞利限。如果第二个波束方向图的峰值在第一个波束方向图的第一零点之外，则认为这两个平面波是可以分辨的。

数字多波束测量系统中一般选取 3dB 带宽作为通常意义上的波束宽度，来度量波束性能。当 $|G_0(\theta)|^2 = 0.5$ 时，可得到半功率点波束宽度 $\mathrm{BW}_{0.5}$，在 $Nd \gg \lambda$ 的条件下有

$$\mathrm{BW}_{0.5} \approx 0.886\lambda/Nd \tag{2.45}$$

波束宽度有以下几个特点：

（1）波束宽度与天线孔径成反比，一般情况下阵列天线的半功率点波束宽度与天线孔径 D 之间有如下关系：

$$\mathrm{BW}_{0.5} \approx (40 \sim 60)\lambda/D \tag{2.46}$$

（2）对于某些阵列（如线阵、平面阵等），天线的波束宽度与波束指向有关系，如波束指向为 θ_d 时，均匀线阵的波束宽度为

$$\mathrm{BW}_0 = 2\arcsin\left(\frac{\lambda}{Nd} + \sin\theta_d\right) \tag{2.47}$$

进一步简化可得到

$$\mathrm{BW}_{0.5} \approx \frac{0.886\lambda}{Nd} \cdot \frac{1}{\cos\theta_d} \tag{2.48}$$

（3）波束宽度越窄，阵列的指向性越好，也就说明阵列分辨空间信号的能力越强。

2.1.6　旁瓣及栅瓣

波束合成方向图通常都有两个或多个瓣，其中辐射强度最大的瓣称为主瓣，其余

的瓣称为副瓣或旁瓣。旁瓣使信号能量扩散,衰减增多。目前减少旁瓣的最简单的方法是:减少物体的尺寸,使其小于或者等于波长的一半,此时将不会产生旁瓣效应。如果出现和主瓣幅度一样的旁瓣,则认为出现栅瓣。

旁瓣出现的位置应满足以下公式:

$$\sin\left(\frac{\pi N d}{\lambda}u\right) = 1 \tag{2.49}$$

式中:$u = \pm(2m+1)\dfrac{\lambda}{2Nd}$, $m = 1,2,\cdots$。当 $d \leqslant \lambda/2$ 时,出现的为旁瓣;当 $d > \lambda/2$ 时,可能为栅瓣或旁瓣。

例 2.2:在图 2.9 中,针对多种 d/λ 的值,画出了空间的频率-波数函数 $B_u(u)$。"栅瓣"即和主波束一样高的波瓣。

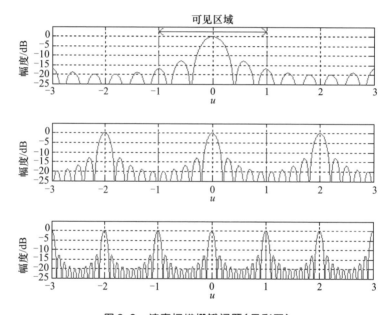

图 2.9 波束扫描栅瓣问题(见彩图)

栅瓣将发生在波束方向图表达式的分子和分母均为零的时候,栅瓣出现的间隔为

$$u = m \cdot \frac{\lambda}{2d} \tag{2.50}$$

式中:$m = 1,2,\cdots,N$。

如果阵列间距大于 λ,则栅瓣的峰值出现在信号传播区域以内,即在 $|u| \leqslant 1$ 的区域以内。这里就会出现峰值响应模糊的问题,只有对信号的入射方向有先验信息时,才可能解决这个问题。

当进行阵列波束方向调整时,会使空间的频率-波数函数 $|B_u(u)|$ 发生平移。这种平移将导致栅瓣进入可视区域内。如果波束调整方向范围 $0° \leqslant \theta \leqslant 180°$,则需

要 $d \leqslant \lambda/2$。

在时间序列分析中,当对时域波形欠采样时,会出现混叠问题。栅瓣的问题与时域混叠问题是等同的。

栅瓣特性:当波束指向在法线方向上,出现栅瓣的条件为 $d > \lambda$;当波束扫描至最大值($\theta_{\max}$)时,仍不出现栅瓣的条件为 $\lambda \leqslant 1 + |\sin\theta_0|$;如果要求在法线方向 $\pm 90°$ 都不出现栅瓣,则要求 $d < \lambda/2$。

2.1.7　相位中心

阵列天线由许多相同的阵元组成,每个阵元在相位和幅度上是独立控制的,因此能够得到精确设计的辐射波瓣和波束指向以及高效率。阵列天线系统可在线控制各阵元激励信号的幅相加权系数,实现多波束在一定空域范围内的扫描,其多波束的性能指标与阵列天线的物理结构、波束形成算法等有密切关系。

1)单元天线的相位中心

天线辐射场的等相位面与过天线轴线的平面相交的曲线的曲率中心就是天线的相位中心。从远场看,电磁波都好像是从相位中心点发出来的。

就大多数天线而言,所有的方向都可以等效看作天线相位中心的点并不存在,在不同方位角上的平面内,相位中心会出现在不同的点上。而且,即便在相同方位角上的平面之中,不同仰角的相位中心也不会出现在同一点上,这种现象就是天线的相散。因此,在一般天线的相位中心搜寻过程中,也只能是在天线主波束的一定角度之内,近似地找到等效的一点,使得天线波束的远场相位方向图的相位波动最小,这个点称为天线的视在相心。为了更好地表示相位中心,一般采用等效等相位面来表示。而所测得的远场相位波动峰值的 1/2 所对应的波程差为相位中心的稳定度,可表示为

$$\Delta m = \frac{1}{2} \cdot \frac{\Delta\phi}{360} \cdot \lambda \qquad (2.51)$$

式中:Δm 为相位中心稳定度;$\Delta\phi$ 为相位波动的峰峰值;λ 为波长。

由于天线相位中心的搜寻过程比较复杂,在模型的仿真计算或天线的暗室测试过程中,相位中心的位置确定十分困难。具体的相位中心搜寻方法可以采用以下的过程。

首先,估算出相位中心所在的大概位置,在之后将估算出的被测天线相位中心放到仿真模型的坐标原点上或测试转台的转轴上,仿真或测出一个相位方向图,然后设法计算出天线的相位中心,具体的方法如下:

假设天线的法向为坐标轴的 Z 轴,指向正方向。如果 O' 是天线在 XOZ 平面内的视在相心,距离坐标原点的距离为 a,偏离 Z 轴角度为 θ_m,则轴向偏离 $\Delta Z = a \times \cos\theta_m$、横向偏离 $\Delta X = a \times \sin\theta_m$,如图2.10所示。

以坐标原点为圆心、r 为半径的圆周上,任意角度 θ_1 处 B 点相位值和天线轴向 A

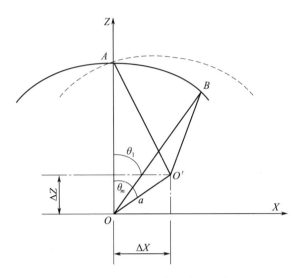

图 2.10　天线相位中心偏移示意图

点的相位值之差 $\Delta\varphi$ 为

$$\Delta\varphi = \varphi_B - \varphi_A = \frac{2\pi}{\lambda}(O'B - O'A) \tag{2.52}$$

式中：φ_A 和 φ_B 分别为天线在远场点 A 和 B 所测得的相位。

在 $\Delta OO'A$ 中，$O'A = \sqrt{r^2 + a^2 - 2ra\cos\theta_m}$，在 $\Delta OO'B$ 中，$O'B = [r^2 + a^2 - 2ra\cos(\theta_m - \theta_1)]^{1/2}$。

在远场条件下，$r \geqslant a$，因此式（2.52）可以简化为

$$\Delta\varphi \approx \frac{2\pi}{\lambda}[\cos(\theta_m - \theta_1) - \cos\theta_m] \cdot a \tag{2.53}$$

$$a = \frac{\Delta\varphi \cdot \lambda}{2\pi[\cos(\theta_m - \theta_1) - \cos\theta_m]} \tag{2.54}$$

在方向图上的任意两个点 θ_1 和 θ_2 与轴向 $\theta=0$ 处的相位差值为 $\Delta\varphi_1$ 和 $\Delta\varphi_2$，可以得到相位中心在极坐标系上的值 (a, θ_m)。在天线的同一个切面的相位方向图上使用不同的 θ_1 和 θ_2 及 $\theta=0$ 计算出的相位中心一般不在同一个点。通过测量几个不同面的相位方向图，再用不同的角度进行组合，能够得到一组相位中心的位置。在三维空间中找一个能够包含这些点的一个较小的可行域，然后在这个可行域进行相位中心的搜索，找到一个点 (x_0, y_0, z_0)，并使用该点作为相位方向图的修正基准点，使得在一定角度覆盖的范围之中相位方向图的波动达到最小。这样，就可以称该点为天线的相位中心。将在某一平面内相位中心的离散点求出，即可以得出等相位中心面。

　　2）阵列天线的相位中心

　　阵列天线的相位中心和单元天线相位中心的定义基本相似，即在阵列天线上或其周围找一个参考点，该点可使远区辐射场的某个区域内的相位值是一常

数,称该参考点为阵列天线的相位中心。通常所关心的区域是主瓣的半功率波瓣宽度。阵列天线和单天线方向图最大的差异就是半波束功率宽度,通常都在十几倍以上。阵列相位中心和阵元相位中心最大的区别在于阵列天线不仅包括阵单元的特性,同时还包括阵因子的特性,如阵元数、单元间距、激励分布以及互耦等。

阵列天线的相位中心是天线阵上或其周围的一个参考点,该点可使远区辐射场的相位值是一个常数,即辐射场的等相面为球面。在选定的坐标系下,构建天线相位中心偏移模型,当阵列的相位中心位于 M 时,天线阵辐射场的相位方向函数用 $\psi'(R)$ 表示,表征此时辐射场相位随空间指向角的变化规律;当天线阵相位中心位于参考系原点时,对应相位方向函数用 $\psi'(R)$ 表示,则阵列的相位方向函数与相位中心的关系可以用下式表示:

$$\psi'(R_i) = C + \Delta\psi'(\hat{R}_i) + kM \cdot \hat{R}_i \qquad (2.55)$$

在关心的角域内,相位中心位于坐标系原点时的相位方向函数可以用一个常数 C 与一个小变化量 $\Delta\psi'(\hat{R}_i)$ 表示,$\hat{R}_i$ 为关心角域内第 i 个方向,$\psi'(\hat{R}_i)$ 为天线阵辐射场的相位方向函数,M 为阵列天线的相位中心,$k = 2\pi/\lambda$,λ 为入射信号波长。

进一步,根据线性最小二乘法原理求解 M,为使 $\Delta\psi'(\hat{R}_i)$ 变化量全局最小,在角域内对式(2.41)的变化量平方求和,即

$$\varepsilon = \sum_{i=1}^{N} \left(\Delta\psi'(\hat{R}_i)\right)^2 = \sum_{i=1}^{N} \left(\psi'(R_i) - kM \cdot \hat{R}_i - C\right)^2 \qquad (2.56)$$

求解式(2.56),其中使 ε 最小的 M 值即阵列的相位中心。

在卫星导航领域,定义相位中心的最终目的是说明天线对测距精度性能的影响。关心相位中心的根本原因是因为它可以表示信号在不同方向传播所产生的时延差异,时延测量的准确度和稳定度直接反映了设备的测量精度。因此,数字多波束天线的相位中心问题从测距应用的角度来看,可以归结为设备时延零值及其稳定度的问题。

2.1.8　分辨率

数字多波束的分辨率是衡量多波束探测能力的重要指标,通常情况下波束宽度越窄,波束分辨率越高;波束宽度越宽,波束分辨率越差。

阵列测角中,在某个方向上信号的分辨率与该方向附近阵列矢量的变化率直接相关。在方向矢量变化较快的方向附近,随信号角度变化阵列的快拍数据变化也很大,相应的分辨率也高[23]。在这里定义一个表征分辨率的量 $D(\theta)$:

$$D(\theta) = \left| \frac{\mathrm{d}a(\theta)}{\mathrm{d}\theta} \right| \propto \left\| \frac{\mathrm{d}\tau}{\mathrm{d}\theta} \right\| \qquad (2.57)$$

式中:$a(\theta)$ 为阵列流型;θ 为入射角;τ 为时延。$D(\theta)$ 越大,表明在该方向上的分辨率越高。

对于均匀线阵来说：

$$D(\theta) \propto \cos\theta \tag{2.58}$$

说明信号在法线方向分辨率最好,而在偏转 60° 方向,性能已经下降了将近一半,所以一般线阵波束合成较好的范围是在 $-60° \sim 60°$ 范围。

对于水平放置的均匀圆阵,令俯仰角 $\varphi = 0$,由上式可得

$$\tau_i = \frac{1}{c}(x_i\cos\theta + y_i\sin\theta) = \frac{R}{c}\cos(2\pi(i-1)/N - \theta) \tag{2.59}$$

式中:c 为光速;(x_i, y_i) 为第 i 个阵元的位置坐标;R 为圆阵的半径;N 为阵元个数。则

$$D(\theta) \propto \left| \frac{\mathrm{d}\tau}{\mathrm{d}\theta} \right|_F = \left(\frac{R}{c} \right)\sqrt{\frac{N}{2}} \tag{2.60}$$

式(2.60)说明,水平放置的均匀圆阵,其分辨率是一个与阵列孔径和阵元数有关的常数。

2.2　数字波束形成基本原理

2.2.1　数字波束形成概念

数字波束形成(DBF)是相控阵原理的发展和延伸,融合数字信号处理方法而形成的一门新技术[24-25],通过控制阵列天线每个阵元激励信号的相位和幅度等参数来产生方向可变的波束。在传统的相控阵天线中,波束形成所需的幅度加权和移相是在射频部分通过微波网络(衰减器和移相器)来实现的。在 DBF 系统中,幅相加权控制是在基带实现的,因为从数学意义上讲,在保证天线阵和信道等效为线性时不变系统的前提下,加权和移相可以在信号产生端至天线阵元之间整个传输通道的任意一级进行。因此,可将波束合成等效折合到基带实现,通过对基带信息的加权时延控制,可以在天线口面形成多个携带不同信息的波束,通过对加权参数的设置可将其指向不同的方向,实现多目标的同时测控和通信。

数字波束形成的基本思想是(以接收天线阵列为例):虽然天线阵各阵元的方向图是全向的,但通过对阵列输出 A/D 后的数据进行加权求和后,可以使阵列接收的方向增益聚集到期望信号方向上,相当于在期望信号方向形成了一个高增益的"波束"。可见,通过波束形成,可使得期望信号获得较大的功率增益,这是数字波束形成的物理意义所在。

以接收数字波束形成为例,基于软件无线电思想,可以将各阵元的接收信号转换到中频或基带,由 A/D 变换器转换成并行多路数字信号,由于对应于天线阵列,故可以看作阵列数字信号,通过对这些数字阵列信号进行加权和移相等处理,即可形成所需的接收波束。接收多波束形成处理的基本原理及组成如图 2.11 所示。

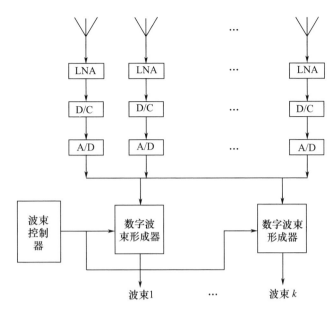

图 2.11　数字多波束原理框图(以接收系统为例)

阵列天线接收到空间的目标信号后,经过低噪放、下变频、A/D 采样后变为数字信号给数字波束合成形成器处理,波束形成器在波束控制器的作用下依据一定的准则同时形成一个或多个波束,实现对目标信号的接收。准则的选取和数字多波束接收的能力需求有很大的关系。

2.2.2　数字波束形成原理

对阵列天线信号的处理,可以将各阵元的接收信号转换到中频或基带,由 A/D 采样成为数字信号,然后对数字信号进行加权和移相等处理,形成所需波束。时间同步系统对于数字波束形成是必需的,它确保接收通道的一致性和阵列数字信号是同一"闪拍"下的成组数据。考虑到外部环境的变化,幅相权值计算是基于某种最优准则对接收阵列信号进行处理得到,然后由波束控制器下达权值矢量至幅相加权处理单元,实现数字多波束形成[26]。

以等间距的线阵为例,阵元间距为 a,阵元为无方向天线,以线阵中心点为相位参考点,则加权后的信号输出为

$$Y(t) = \sum_{\substack{i=-N/2 \\ i \neq 0}}^{N/2} a_i(t) W_i \exp\left[\operatorname{sgn}(i) \mathrm{j}(2|i| - 1/2)\varphi\right] \quad (2.61)$$

式中: $\operatorname{sgn}(i) = \begin{cases} 1 & i > 0 \\ -1 & i < 0 \end{cases}$; $\varphi = \dfrac{2\pi}{\lambda} d\sin\theta$; W_i 为复数权值。

在某个采样时刻,输出信号是 θ 的函数,因而可表示为

$$Y(\theta) = \sum a_i W_i \exp\left[\operatorname{sgn}(i) \mathrm{j}(2|i| - 1/2)\varphi\right] \quad (2.62)$$

令 $W_i = b_i \exp(\mathrm{j}\varphi_i)$,若接收波束指向为 θ_0 方向,则 $Y(\theta_0)$ 应在 $\theta = \theta_0$ 时达到最大。

$$\varphi_i = -\operatorname{sgn}(i)(2|i| - 1/2)\varphi_0 \qquad (2.63)$$

式中: $\varphi_0 = \dfrac{2\pi}{\lambda} d\sin\theta_0$, λ 为波长, d 为阵元间距。

设输入阵列信号为窄带信号(可认为在任一瞬间信号在各阵元上的幅度是相同的,则不考虑幅度加权处理(等幅加权)),则 $a_i = a$,即

$$Y(\theta) = a\left\{ \sum_{i=1}^{N/2} b_i \exp[\mathrm{j}(2|i| - 1/2)(\varphi - \varphi_0)] + \sum_{i=-N/2}^{-1} b_i \exp[-\mathrm{j}(2|i| - 1/2)(\varphi - \varphi_0)] \right\}$$
$$(2.64)$$

一般要求天线方向图对称,即 $b_i = -b_i$。

$$Y(\theta) = \sum_{i=1}^{N/2} 2ab_i \exp[\mathrm{j}(2|i| - 1/2)(\varphi - \varphi_0)] \qquad (2.65)$$

若阵元数为奇数,同样以中间单元为参考点,结果为

$$Y(\theta) = ab_0 + 2a\sum_{i=1}^{N-1/2} b_i \exp[\mathrm{j}2i(\varphi - \varphi_0)] \qquad (2.66)$$

如果将各阵元的信号记为 $X_i = a_i \exp \mathrm{j}\varphi_i = a_i \cos\varphi_i + \mathrm{j}a_i \sin\varphi_i = X_{\mathrm{I}i} + \mathrm{j}X_{\mathrm{Q}i}$,把权函数记为 $W_i = b_i e^{\mathrm{j}\psi} = b_i \cos\psi_i + \mathrm{j}b_i \sin\psi_i = W_{\mathrm{I}i} + \mathrm{j}W_{\mathrm{Q}i}$,则数字波束形成器的算法在将阵元从左至右重新编号的情况下,可写成

$$Y = \sum_{i=1}^{N} W_i X_i = \sum_{i=1}^{N} (w_{\mathrm{I}i} X_{\mathrm{I}i} - w_{\mathrm{Q}i} x_{\mathrm{Q}i}) + j\sum_{i=1}^{N} (w_{\mathrm{I}i} x_{\mathrm{Q}i} + w_{\mathrm{Q}i} X_{\mathrm{I}i}) \qquad (2.67)$$

这是形成单个波束的情况。当需要同时形成 M 个多波束时,则根据每个波束的空间指向,计算出各自的一组复加权系数 $W_{mi}(m = 1, 2, \cdots, M)$,则可得出各自的一组波束输出为

$$Y_m = \sum_{i=1}^{N} W_{mi} X_i \qquad (2.68)$$

若将各阵元接收的信号 $\{X_i\}$ 表示成矩阵 $\boldsymbol{X} = [X_1\ X_2 \cdots X_N]^{\mathrm{T}}$。

而权系数可表示为

$$\boldsymbol{W} = \begin{bmatrix} W_{11} & W_{12} & \cdots & W_{1N} \\ W_{21} & W_{22} & \cdots & W_{2N} \\ \vdots & \vdots & & \vdots \\ W_{M1} & W_{M2} & \cdots & W_{MN} \end{bmatrix} \qquad (2.69)$$

则同时形成 M 个多波束输出的矩阵表示式为

$$\boldsymbol{Y} = \boldsymbol{W}^{\mathrm{T}}\boldsymbol{X} \qquad (2.70)$$

式中: $\boldsymbol{Y} = [Y_1\ Y_2 \cdots Y_M]^{\mathrm{T}}$。

可见,当复数相位权值矢量与接收信号来波方向匹配时,输出阵列信号最大。这时,各路的加权信号为同相叠加,起到了空域匹配滤波的效果。从信号检测理论可知,匹配滤波在白噪声背景下是最佳的。因此,数字波束形成的过程是一个利用阵列

输出来重构期望信号的过程,这可以在获得阵列输入信号的来波方向估计后,通过增加期望信号源的贡献或者通过抑制掉干扰源来实现。

由于数字波束的形成是通过软件编程在数字信号处理上实现的,因此可根据需求和应用场合的不同,修改软件,更新系统,而不需要作硬件上的修改。通过调整复加权值,DBF 天线能灵活改变方向图,在保证接收有用信号的同时充分抑制干扰。根据收发天线的互易性,阵列天线波束形成的机理对于发射天线和接收天线是一样的,发射可以看作接收波束形成的逆过程[27]。

2.2.3　数字波束形成的窗函数及性能介绍

窗函数在波束合成中有着重要的作用,正确地选择窗函数可以提升波束合成的性能。阵列天线可采用加窗函数(即幅相加权)的方法获得低旁瓣性能[28],但同时也会使主瓣展宽、天线增益和分辨率降低[29]。因此,在进行加权系数选择时,根据实际情况综合考虑。本节给出了矩形窗、三角窗、汉宁窗、汉明窗、Blackman-Harris 窗、道夫-切比雪夫(Chebyshev)窗和凯塞窗的窗函数定义,并基于均匀线阵对这些窗函数的性能进行了仿真。

1) 矩形窗

矩形窗的加权系数表达式可以表示为

$$w(k) = \begin{cases} 1 & 0 \leqslant k \leqslant N-1 \\ 0 & \text{其他} \end{cases} \tag{2.71}$$

例 2.3:当 $N=11$、波束指向为 $0°$、天线单元幅度加权系数 $w_i = 1$ 时,波束合成方向图如图 2.12 所示。

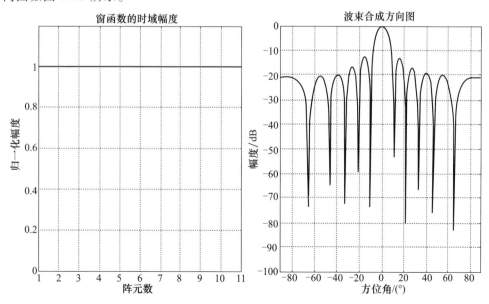

图2.12　矩形窗的窗函数及波束合成方向图

通过仿真分析,从图中可以看出,波束增益在 $0°$ 方向上达到最大值,主副瓣电平差为 $15dB$,半功率波束宽度为 $6°$。

2)三角窗

三角窗的加权系数可表示为以下形式。

当阵元数为奇数时:

$$w(k) = \begin{cases} \dfrac{2k}{N+1} & 1 \leqslant k \leqslant \dfrac{N+1}{2} \\ \dfrac{2(N-k+1)}{N+1} & \dfrac{N+1}{2} \leqslant k \leqslant N \end{cases} \qquad (2.72)$$

当阵元数为偶数时:

$$w(k) = \begin{cases} \dfrac{2k-1}{N} & 1 \leqslant k \leqslant \dfrac{N}{2} \\ \dfrac{2(N-k+1)}{N} & \dfrac{N}{2} \leqslant k \leqslant N \end{cases} \qquad (2.73)$$

例 2.4:三角窗加权波束合成方向图如图 2.13 所示。

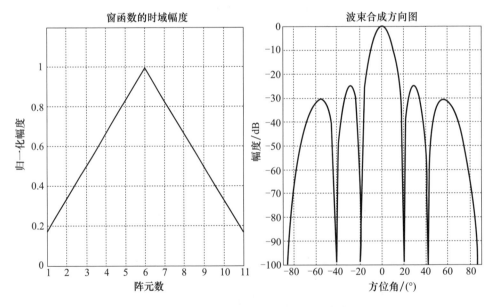

图 2.13　三角窗的窗函数及波束合成方向图

从图中可以看出,波束增益在 $0°$ 方向上达到最大值,波束的半功率波束宽度相比矩形窗有所展宽,约为 $10°$,主副瓣电平差为 $25dB$。

3)汉宁窗

汉宁窗是余弦平方函数,又称为升余弦函数,它的权系数表达式可表示为

$$w(k) = 0.5\left(1 - \cos\left(2\pi \dfrac{k}{N+1}\right)\right) \qquad (2.74)$$

式中:$k = 1, 2, \cdots, N$。

例2.5:汉宁窗加权波束合成方向图如图2.14所示。

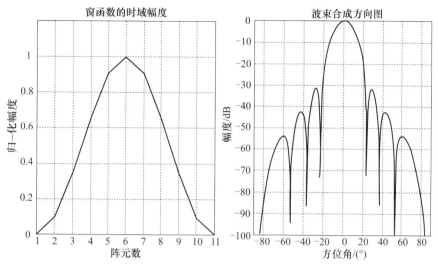

图2.14 汉宁窗的窗函数及波束合成方向图

从图中可以看出,波束增益在0°方向上达到最大值,波束的半功率波束宽度相比矩形窗有所展宽,约为12°,主副瓣电平差为32dB。

4)汉明窗

幅度加权系数表达式为

$$a(n) = g_0 + g_1 \cos\left(\frac{2\pi n}{N}\right) \qquad n = -\frac{N-1}{2}, \cdots, \frac{N-1}{2} \tag{2.75}$$

式中:N 为窗函数的长度;$g_0 + g_1 = 1$。

例2.6:当 $g_0 = 0.54$,$g_1 = 0.46$ 时,汉明窗加权波束合成方向图如图2.15所示。

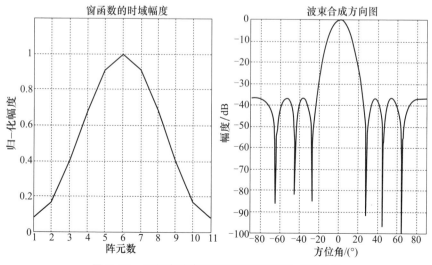

图2.15 汉明窗的窗函数和加权波束合成方向图

从图中可以看出,波束增益在0°方向上达到最大值,主副瓣电平差为38dB,主瓣宽度相比汉宁窗进一步展宽,半功率波束宽度为13°。汉明窗的副瓣为等幅的。

5) Blackman-Harris 窗

适用于均匀线阵加权的 Blackman-Harris 加权,在前两个旁瓣的峰值位置上提供零点。加权函数为

$$w(n) = 0.42 + 0.5\cos\left(\frac{2\pi n}{N}\right) + 0.08\cos\left(\frac{4\pi n}{N}\right) \qquad n = -\frac{N-1}{2}, \cdots, \frac{N-1}{2} \quad (2.76)$$

用 k 替换式中的 n,转化为圆环阵的幅度加权系数函数:

$$w(k) = 0.42 + 0.5\cos\left(\frac{2\pi k}{N}\right) + 0.08\cos\left(\frac{4\pi k}{N}\right) \qquad k = -\frac{N-1}{2}, \cdots, \frac{N-1}{2} \quad (2.77)$$

例2.7:Blackman-Harris 加权波束合成方向图如图2.16所示。

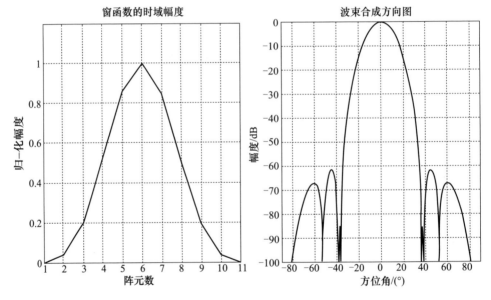

图2.16　Blackman-Harris 窗的窗函数和加权波束合成方向图

从图中可以看出,波束增益在0°方向上达到最大值,波束的半功率波束宽度为18°,主副瓣电平差为62dB。

6) 道夫-切比雪夫窗

幅度加权系数表达式为以下形式。

(1) N 为奇数时

$$a_n = a_{-n} = \frac{2}{N}\left\{r + 2\sum_{s=1}^{\frac{N-1}{2}} T_M\left[z_0\cos\left(\frac{s\pi}{N}\right)\cos\left(\frac{2s\pi n}{N}\right)\right]\right\} \qquad n = 0,1,2,\cdots,(N-1)/2$$

$$(2.78)$$

（2）N 为偶数时

$$a_n = a_{-n} = \frac{2}{N}\left\{ r + 2\sum_{s=1}^{\frac{N-1}{2}} T_M \left[z_0 \cos\left(\frac{s\pi}{N}\right) \cos\left(\frac{(2n-1)s\pi}{N}\right) \right] \right\} \qquad n = 0,1,2,\cdots,\frac{N}{2}-1$$

$$(2.79)$$

首先需要确定副瓣优化峰值，进而得到

$$z_0 = \cosh\left(\operatorname{arcosh}\left(10^{\mathrm{SL_{dB}}/20} \right) / (N-1) \right) \qquad (2.80)$$

式中：$\mathrm{SL_{dB}}$ 为拟实现的主副瓣抑制比。切比雪夫多项式为

$$T_M(z) = \cos(M \arccos(z)) \qquad (2.81)$$

例 2.8：计算出阵元的幅度加权系数，波束合成方向图如图 2.17 所示。

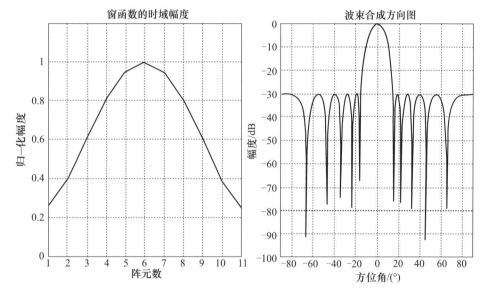

图 2.17　道夫－切比雪夫窗的窗函数和加权波束合成方向图

从图中可以看出，波束增益在 0°方向上达到最大值，主副瓣电平差为 30dB，半功率波束宽度为 10°。道夫-切比雪夫加权的主副瓣比及主瓣宽度可以通过改变窗函数的参数实现，且该种窗函数能够实现所有副瓣等高。

7）凯塞窗

凯塞窗是一种适应能力比较强的窗，其窗函数的表达式为

$$w(k) = \frac{\mathrm{I}_0 \left(\beta \sqrt{ 1 - \left[1 - \frac{2k}{N-1} \right]^2 } \right)}{\mathrm{I}_0(\beta)} \qquad (2.82)$$

式中：$k = 1,2,\cdots,N$；$\mathrm{I}_0(\beta)$ 为第一类变形的零阶贝塞尔函数；β 为窗函数的形状参数，其计算表达式为

$$\beta = \begin{cases} 0.112(\alpha - 8.7) & \alpha > 50 \\ 0.5482\,(\alpha - 21)^{0.4} + 0.07886(\alpha - 21) & 21 \leqslant \alpha \leqslant 50 \\ 0 & \alpha < 21 \end{cases} \quad (2.83)$$

式中:α 为主瓣值和旁瓣值之间的差值(dB)。β 的值越大,窗函数的旁瓣值就越小,而主瓣的宽度就越宽。因此,主瓣宽度和旁瓣衰减的选择可以通过改变 β 的取值实现。

例2.9:计算出阵元的幅度加权系数,波束合成方向图如图2.18所示。

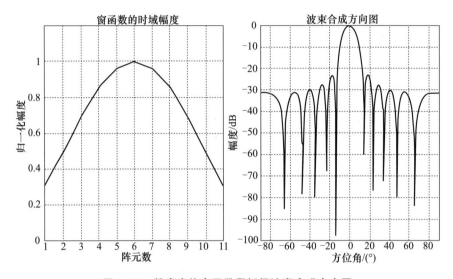

图 2.18 凯塞窗的窗函数和加权波束合成方向图

从图中可以看出,波束增益在0°方向上达到最大值,主副瓣电平差为25dB,半功率波束宽度为9°。该种窗函数和道夫-切比雪夫窗一样,都可通过参数的设计改变主副瓣比和主瓣宽度,不同的是凯塞窗的副瓣不是等幅的。

从上述仿真结果可以看出:均匀加权形成的主瓣波束最窄,采用汉宁窗、汉明窗、道夫-切比雪夫窗、Blackman-Harris 窗和凯塞窗都可以降低副瓣电平,但同时半功率波束宽度展宽、波束峰值电平降低。比较以上七种幅度加权算法对波束合成方向图系数的影响可以看出,汉明加权、切比雪夫加权和 Blackman-Harris 加权等幅度加权算法在降低了第一旁瓣电平的同时,也使得主瓣宽度展宽和波束增益降低。在工程应用中,可根据工程需要选择合适的幅度加权算法。

2.3 数字波束形成算法

数字波束形成技术根据收发的不同,可以分为发射数字波束形成和接收数字波束形成,无论是发射还是接收多波束形成都需要遵循数字波束形成的一般性准则。根据阵列信号处理技术采用的方法不同,可以分为最优波束形成(空间滤波)技术、自适应波束形成技术[30-37]和一些针对特定应用的波束形成技术。

最优波束形成包括:最小方差无畸变响应(MVDR)、线性约束最小方差滤波形成器和线性约束最小功率波束形成器(LCMP)、对角加载波束形成器等,侧重于实现对于波束本身特性的指标要求(如主瓣宽度、旁瓣衰减、波束间干扰抑制度等),是在某种条件下的最优波束形成。该实现方式是根据约束条件在指定的方向上形成波束和零陷,通常情况下比较适用于发射多波束形成。

自适应波束形成技术侧重于信号与干扰加噪声比(SINR)特别是信号干扰比(SIR)的改善,并且采用迭代的形式实现,降低了实现的复杂度,且自适应波束形成的方法灵活性较好,比较适于在接收端的波束形成系统中实现。

针对特殊应用的波束形成如本书2.3.4小节介绍的基于互增益的波束形成技术是为了解决同时形成多个波束的相互干扰问题而提出的,虽然计算量较大,但是能够有效解决测控系统中同时多波束的相互干扰问题。

2.3.1　数字波束形成准则

波束形成算法是在某种最优的准则下综合各种输入信息来计算最优权值的技术[38-39],可根据环境的变化和使用条件的变化,实时地将权值调整到最佳位置或设定指向上。

实时高效的波束形成算法是数字阵列的关键技术,波束形成算法是在一定的准则下综合各输入信息来计算最优权的数学方法[40-41]。这些准则最重要最常用的有五种。

(1)最大信号噪声比准则(MSNR):使期望信号分量功率与噪声分量功率之比为最大,但必须知道噪声的统计量和期望信号的波达方向。

(2)最大信干比准则(MSINR):使期望信号分量功率与干扰分量功率及噪声分量功率之和比为最大。

(3)最小均方误差准则(MMSE):在非雷达应用中,阵列协方差矩阵中通常都含有期望信号,基于此种情况的准则,使阵列输出与某期望响应的均方误差为最小,这种准则不需要知道期望信号的波达方向。

(4)最大似然比准则(MLH):在对有用信号完全先验未知的情况,这时参考信号无法设置,因此在干扰背景下,首先要取得对有用信号的最大似然估计。

(5)线性约束最小方差准则(LCMV):对有用信号的形式和来向完全已知,在某种约束条件下使阵列输出的方差最小。可以证明,在理想条件下,这几种准则得到的权是等价的,并可写成通式:

$$w_{\text{opt}} = \boldsymbol{R}_{\text{H}}^{-1} \boldsymbol{a}(\theta_{\text{d}}) \qquad (2.84)$$

式中:w_{opt}通常称为维纳解;$\boldsymbol{a}(\theta_{\text{d}})$为期望信号的方向函数,亦称为约束导向矢量;$\boldsymbol{R}_{\text{H}}$为不含期望信号的阵列协方差矩阵。

2.3.2 最优波束形成算法

2.3.2.1 最小方差无畸变响应波束形成

最小方差无畸变响应波束形成器是一种最优的波束形成器,它假设噪声是一个随机过程的采样函数,具有已知的二阶统计量,通过推导最优线性阵列处理器,来得到对信号方差的最小无偏估计。如果噪声服从高斯分布,则该滤波器输出的也是信号的最大似然估计。

MVDR 最早在 1969 年被提出[42],该算法能够降低非期望信号方向的激励响应,构造一个使输出功率最低的约束最优波束形成器。该算法的约束条件可定义为

$$\begin{cases} \min P_{out} = E\{\,|\,y(t)\,|^2\,\} \\ \text{s. t. } \boldsymbol{\omega}^H \boldsymbol{s} = g \end{cases} \tag{2.85}$$

式中:$y(t)$ 为波束形成输出信号;$\boldsymbol{s}$ 为期望信号方向矢量。采用拉格朗日方法分解,可得到最佳解的表达式为

$$P_{out} = E\{\,|\,y(t)\,|^2\,\} = E\{\,[\,\boldsymbol{\omega}^H \boldsymbol{x}(t)\,][\,\boldsymbol{\omega}^H \boldsymbol{x}(t)\,]^*\,\} = E\{\,\boldsymbol{\omega}^H \boldsymbol{R}_{xx} \boldsymbol{\omega}\,\} \tag{2.86}$$

构成的拉格朗日函数为

$$L(\boldsymbol{\omega}) = \boldsymbol{\omega}^H \boldsymbol{R}_{xx} \boldsymbol{\omega} + \lambda(\boldsymbol{\omega}^H \boldsymbol{s} - g) \tag{2.87}$$

对构造的拉格朗日函数求导,令 $\nabla_{\omega} L(\boldsymbol{\omega}) = 0$ 得

$$\boldsymbol{\omega}_{opt} = \frac{g^* \boldsymbol{R}_{xx}^{-1} \boldsymbol{s}}{\boldsymbol{s}^H \boldsymbol{R}_{xx}^{-1} \boldsymbol{s}} \tag{2.88}$$

当约束条件 $g = 1$ 时可求得 MVDR 算法的最优解表达式为

$$\boldsymbol{\omega}_{opt} = \frac{\boldsymbol{R}_{xx}^{-1} \boldsymbol{s}}{\boldsymbol{s}^H \boldsymbol{R}_{xx}^{-1} \boldsymbol{s}} \tag{2.89}$$

可见,MVDR 算法的思想是在保证对有用信号的增益为常数 1 的条件下,使得输出的总功率最小。这也等效于使输出信噪比最大。该算法的实现过程如下:

(1) 阵列的接收信号为 $\boldsymbol{X}(t)$;

(2) 计算阵列的协方差矩阵 $\boldsymbol{R}_{xx} = \frac{1}{K}[\boldsymbol{X}^H(t)\boldsymbol{X}(t)]$,其中 K 为采样数据长度;

(3) 生成期望信号矢量 $\boldsymbol{s}$;

(4) 根据 $\boldsymbol{\omega}_{opt} = \dfrac{\boldsymbol{R}_{xx}^{-1} \boldsymbol{s}}{\boldsymbol{s}^H \boldsymbol{R}_{xx}^{-1} \boldsymbol{s}}$ 计算波束形成的最优权。

例 2.10:以均匀线阵为例,当 $N = 11$ 时,波束指向为 0°,采用 MVDR 算法的波束合成方向图如图 2.19 所示。

从图 2.19 中可以看出:波束增益在 0° 方向上达到最大值,主副瓣电平差为 13dB,半功率波束宽度为 5°。该算法求解的是波束的最小方差无偏估计的最优解,波束指向较好,形成波束较窄,但是副瓣电平较高,可通过加窗的方式降低副瓣。

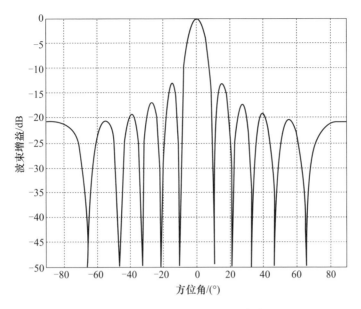

图 2.19　MVDR 算法波束合成方向图

2.3.2.2　最优 LCMV 和 LCMP 波束形成

在 2.3.1 节中,我们通过施加一个线性约束条件 $\boldsymbol{\omega}^{\mathrm{H}}\boldsymbol{s}=1$,推导出了最小方差无畸变滤波器,但是实际应用中可能会面临其他方向存在强干扰的问题,窗函数只能在降低旁瓣的同时展宽主瓣,不能在干扰方向形成零陷。为了更好地抑制干扰对波束合成的影响,或提升波束合成某方面的性能,需要对波束形成滤波器增加约束。

无畸变约束即 2.3.2 小节中采用的约束条件,这种约束能够保证任何方向的入射信号都能够无畸变通过波束合成滤波器,但是这种约束并不适合各种失配的情况,不能保证失配情况下的波束合成性能。

一般的方向性约束条件为

$$\boldsymbol{\omega}^{\mathrm{H}}\boldsymbol{s}(\boldsymbol{k}_i)=g_i \qquad i=1,2,\cdots,M_c \qquad (2.90)$$

式中:$\boldsymbol{k}_i$ 为希望施加的约束波数;g_i 为约束的复数值。将式(2.90)写成矩阵的形式,对于 M_c 个约束条件,约束方程可写为

$$\boldsymbol{\omega}^{\mathrm{H}}\boldsymbol{C}=\boldsymbol{g}^{\mathrm{H}} \qquad (2.91)$$

式中:$\boldsymbol{\omega}$ 为 $1\times N$ 维矢量,N 为阵元的数量;$\boldsymbol{C}$ 为 $N\times M_c$ 维矢量;$\boldsymbol{g}^{\mathrm{H}}$ 为 $1\times M_c$ 维矢量。要求 $\boldsymbol{C}$ 的列矢量是线性独立的。

假设 $\boldsymbol{C}$ 的第一列为 $\boldsymbol{S}_m$,$\boldsymbol{g}$ 的第一个元素为 1,因此处理器是无畸变的。

考虑两个相关的最优化问题,第一种情况下假设噪声或干扰 $\boldsymbol{S}_n$ 是已知的,或者是可以估算的;第二种情况下,假设期望信号 $\boldsymbol{S}_x$ 是已知的,或者可以估算的。

在第一种情况下,在满足式(2.91)的约束条件下,使由噪声产生的输出最小,即

$$\sigma^2_{n_0}=\boldsymbol{\omega}^{\mathrm{H}}\boldsymbol{S}_n\boldsymbol{\omega} \qquad (2.92)$$

这种情况称为线性约束最小方差滤波形成器。

第二种情况在满足式(2.91)的约束条件下,使总输出功率最小,即

$$E[|y|^2] = \boldsymbol{\omega}^H \boldsymbol{S}_x \boldsymbol{\omega} \tag{2.93}$$

这种情况称为线性约束最小功率波束形成器。

这两种情况最小化的过程是相同的,因此,我们仅以第一种情况为例进行推导算法的实现过程。

约束函数为

$$\begin{cases} \min \sigma_n^2 = \boldsymbol{\omega}^H \boldsymbol{S}_n \boldsymbol{\omega} \\ \boldsymbol{\omega}^H \boldsymbol{C} = \boldsymbol{g}^H \end{cases} \tag{2.94}$$

根据拉格朗日乘子法构造代价函数,即

$$J \approx \boldsymbol{\omega}^H \boldsymbol{S}_n \boldsymbol{\omega} + [\boldsymbol{\omega}^H \boldsymbol{C} - \boldsymbol{g}^H]\boldsymbol{\lambda} + \boldsymbol{\lambda}^H[\boldsymbol{C}^H \boldsymbol{\omega} - \boldsymbol{g}] \tag{2.95}$$

式中:拉格朗日乘子 $\boldsymbol{\lambda}$ 是一个 $M_c \times 1$ 的矢量,因为这里采用了 M_c 个约束条件。把 J 对 $\boldsymbol{\omega}$ 求复数导数,并令结果为零,得到

$$\boldsymbol{S}_n \boldsymbol{\omega} + \boldsymbol{C}\boldsymbol{\lambda} = 0 \tag{2.96}$$

进一步化简可得到

$$\boldsymbol{\omega} = -\boldsymbol{S}_n^{-1}\boldsymbol{C}\boldsymbol{\lambda} \tag{2.97}$$

把式(2.97)代入式(2.94)得

$$-\boldsymbol{\lambda}^H \boldsymbol{C}^H \boldsymbol{S}_n^{-1} \boldsymbol{C} = \boldsymbol{g}^H \tag{2.98}$$

从而

$$\boldsymbol{\lambda}^H = \boldsymbol{g}^H[\boldsymbol{C}^H \boldsymbol{S}_n^{-1} \boldsymbol{C}]^{-1} \tag{2.99}$$

将 $\boldsymbol{\lambda}^H$ 代入式(2.97)中,得到

$$\boldsymbol{\omega}_{lcmv}^H = \boldsymbol{g}^H[\boldsymbol{C}^H \boldsymbol{S}_n^{-1} \boldsymbol{C}]^{-1}\boldsymbol{C}^H \boldsymbol{S}_n^{-1} \tag{2.100}$$

式(2.100)即是线性约束最小方差波束形成器的实现公式。因为 $\boldsymbol{S}_n$ 是满秩的,$\boldsymbol{C}$ 是线性独立的,因此该最优解是存在的。

类似的可得到线性约束最小功率波束形成器的最优解为

$$\boldsymbol{\omega}_{lcmp}^H = \boldsymbol{g}^H[\boldsymbol{C}^H \boldsymbol{S}_x^{-1} \boldsymbol{C}]^{-1}\boldsymbol{C}^H \boldsymbol{S}_x^{-1} \tag{2.101}$$

该算法的实现过程如下:

(1)根据式(2.94)构建使输出噪声和干扰最小的约束函数;

(2)根据拉格朗日乘子法构造代价函数,如式(2.95)所示;

(3)对 $\boldsymbol{\omega}$ 求复数导数,并求该导数为零的点,该点对应的 $\boldsymbol{\omega}$ 即为 LCMV 算法的最优解 $\boldsymbol{\omega}_{lcmp}^H = \boldsymbol{g}^H[\boldsymbol{C}^H \boldsymbol{S}_x^{-1} \boldsymbol{C}]^{-1}\boldsymbol{C}^H \boldsymbol{S}_x^{-1}$。

LCMP 算法的实现过程和 LCMV 一样,只是将约束条件换成最优波束形成约束即可[22]。

例2.11:对比最优 LCMV 和 LCMP 算法的波束形成。以均匀线阵为例,当 $N=11$ 时,波束指向为 0°,在 30° 方向有一个强干扰,采用 LCMV 算法形成的波束方向图如图 2.20 所示。

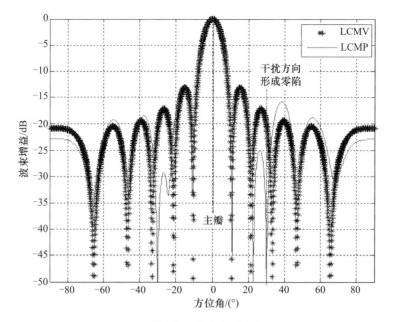

图 2.20　零陷约束的波束形成(见彩图)

从图 2.20 可以看出:增加零陷约束后,主瓣未发生明显变化,但是旁瓣由原来的非常对称,变得有些杂乱不齐,在期望生成零陷的位置生成了很深的零陷,可见零陷约束能够抑制干扰对波束合成的影响。

2.3.3　自适应综合的波束形成

自适应信号处理由于具有自动调节、灵活可控的特点,可用在阵列波束合成中克服传统阵列波束合成方法不能适用于任何阵列的缺陷[43-47]。

应用自适应阵列理论进行方向图综合最早由两篇论文提出:Sureau 和 Keeping 采用自适应阵列方法寻找圆柱面阵列的权值[48],逐渐减少干扰谱(干扰功率对到达角)来控制旁瓣,但是并没有提供任何选择干扰谱的方法来满足给定旁瓣的要求;Dufort 也建议使用自适应阵列理论进行方向图综合,为达到需要的旁瓣特性,他采用了使干扰谱等于想的方向图的功率图的倒数,解析得到了理想的阵列权值。

后来,Olen 和 Compton 采用递归反馈的形式产生所需的旁瓣特性参数[49],通过多次迭代,使方向图收敛到最优约束方向。

2.3.3.1　自适应综合基本原理

自适应信号处理可使天线方向图在期望信号方向进行增强,在干扰方向形成零点,通过对自适应滤波参数的控制,控制阵列方向图的形状,实现期望信号的增强和干扰的抑制。图 2.21 所示为 N 元线阵自适应阵列波束合成示意图。

假设相邻阵元的间距为 $d_k(k=1,2,\cdots,N-1)$,电波信号来自 θ 方向,$x_k(t)$ 是阵

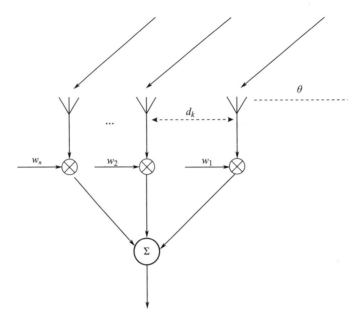

图 2.21　自适应阵列波束合成示意图

元 k 收到的信号。天线阵元输出的信号矢量为阵列输出信号,由每个 $x_k(t)$ 与相应的复加权值相乘并求和,得

$$Y(t) = \sum_{k=1}^{N} w_k x_k(t) = \boldsymbol{W}^{\mathrm{T}} \boldsymbol{X}(t) \qquad (2.102)$$

式中:$\boldsymbol{W}$ 为权矢量。

$$\boldsymbol{W} = [\, w_1 \quad w_2 \quad \cdots \quad w_N \,]^{\mathrm{T}} \qquad (2.103)$$

设来波信号是频率为 ω_0 的窄带信号,$\boldsymbol{X}(t)$ 可表示为

$$\boldsymbol{X}(t) = s(t)\mathrm{e}^{\mathrm{j} w_0 t}\boldsymbol{U} \qquad (2.104)$$

式中:$s(t)$ 为信号的幅度;$\boldsymbol{U}$ 为包括信号在各阵元的相位差(以第一阵元为参考)和各阵元方向图的矢量,即

$$\boldsymbol{U} = [\, f(\theta) \quad f_2(\theta)\mathrm{e}^{-\mathrm{j}\phi_2(\theta)} \quad \cdots \quad f_N(\theta)\mathrm{e}^{-\mathrm{j}\phi N(\theta)} \,]^{\mathrm{T}} \qquad (2.105)$$

$$\phi_k(\theta) = \frac{2\pi}{\lambda}\Big[\sum_{i=1}^{k-1} d_i\Big]\cos\theta \qquad k = 2,3,\cdots,N \qquad (2.106)$$

则天线阵列方向图为

$$P(\theta) = |\boldsymbol{W}^{\mathrm{T}}\boldsymbol{U}| \qquad (2.107)$$

将阵列想象成自适应阵列来应用,通过响应信号环境调整权值矢量 $\boldsymbol{W}$ 来控制阵列的方向图。权值矢量被调节到使阵列输出 SINR 最大或均方误差(MSE)最小。

为了找到产生合适方向图的权值矢量,可做如下处理:

首先,通过选择 θ_d 的导向矢量,使主波束对准要求的方向,然后,为了在其他方向上降低旁瓣,配置大量密集的干扰信号射到阵列的旁瓣区,干扰信号的数量 M 不

低于阵列自由度的 3 倍,使自适应阵列不能简单地在每个干扰信号处放置零点。然后反复地调整这些干扰信号的功率,直到旁瓣特性达到要求。

设定的目标是:旁瓣电平要低于主波束峰值 $D(\mathrm{dB})$。首先,所有 M 个干扰信号的功率都置于 0,即非期望信号仅有噪声信号。最优权矢量由式(2.103)计算出。结果方向图由式(2.107)计算出。初始步骤为第 $k=0$ 次迭代。

然后对每次后续的迭代,将旁瓣的方向图电平与需要的旁瓣电平 $D(\theta)$ 比较,再对应调整干扰信号的功率。设 θ_{im} 表示干扰信号的到达角($m=1,2,\cdots,M$)。如果方向图在 θ_{im} 的旁瓣电平在要求电平 $d(\theta_{im})$ 之上,就增加此角度上的干扰功率,如果方向图在 θ_{im} 的旁瓣电平低于要求电平 $d(\theta_{im})$,则减小功率,如果出现负的干扰功率,则将其置 0。

在确定第 k 次迭代的干扰功率之前,要得出期望的电压包络 $d(\theta_{im},k)$,它和旁瓣电平的分贝值、当前的波束峰值 $P(k)$ 有如下关系:

$$d(\theta_{im}) = \frac{P(k)}{10^{[\,D(\theta_{im})/20\,]}} \qquad (2.108)$$

$d(\theta_{im})$ 必须在每次迭代时重新计算,因为波束峰值 $P(k)$ 是 k 的函数。

此外,还要每次计算当前波束范围 θ_{L} 和 θ_{R},因为波束宽度随旁瓣降低而展宽,这些角度在迭代期间会发生变化。θ_{L} 和 θ_{R} 用来将干扰隔离在主波束之外。

找到 $d(\theta_{im},k)$ 和主波束区之后,干扰信号的功率就可以为下次计算设好,通过调整干扰噪声比来调整干扰功率,让 $\xi_{im}(k)$ 表示第 k 步的干扰信号 m 的干噪比,第 $k+1$ 步的 SINR 如下求得:

$$\xi_{im(k+1)} = \begin{cases} 0 & \theta_{im} \in [\,\theta_{\mathrm{L}}(k),\theta_{\mathrm{R}}(K)\,] \\ \max[\,0,\Gamma_{im}(k)\,] & \text{其他} \end{cases} \qquad (2.109)$$

$$\Gamma_{im}(k) = \xi_{im}(k) + K[\,p(\theta_{im},k) - d(\theta_{im},k)\,] \qquad (2.110)$$

式中:K 为比例常数,称为迭代增益。

有了 M 个干扰信号,非期望信号矢量 $\boldsymbol{X}_{\mathrm{u}}$ 由下式给出:

$$\boldsymbol{X}_{\mathrm{u}} = \boldsymbol{X}_{\mathrm{n}} + \sum_{m=1}^{M} \boldsymbol{X}_{im} \qquad (2.111)$$

式中:$\boldsymbol{X}_{\mathrm{n}}$ 为噪声矢量;$\boldsymbol{X}_{im}$ 为第 $\boldsymbol{m}$ 个干扰信号矢量。矩阵 $\boldsymbol{R}_{\mathrm{u}}$ 为

$$\boldsymbol{R}_{\mathrm{u}} = E\left\{ \boldsymbol{X}_{\mathrm{n}}^{*}\boldsymbol{X}_{\mathrm{n}}^{\mathrm{T}} + \sum_{m=1}^{M} \boldsymbol{X}_{im}^{*}\boldsymbol{X}_{im}^{\mathrm{T}} \right\} = \sigma^2 \left[\boldsymbol{I} + \sum_{m=1}^{M} \xi_{im}(k)\,\boldsymbol{U}_{im}^{*}\boldsymbol{U}_{im}^{\mathrm{T}} \right] \qquad (2.112)$$

解式得出本次迭代的最优权值,重复这个迭代过程直到方向图满足要求或者 W 在迭代过程中不再变化为止。

如果在给定的天线阵列上不能得到指定的方向图,该算法将找到最好的可获得的方向图。这种算法的好处是它可以应用于任意的阵列单元的任意集合。阵列中的不同单元可以具有不同的单元方向图,并且阵列可以是任意的非等距的单元间距。

因为这种迭代的自适应方法是一种数值的方法,不需要产生权值的解析解。作为一种数值技术,它可以用于比解析方法更广泛的通用类型的问题。该方法可以方

便地处理那些不同单元具有不同方向图和单元位置任意排列的阵列,并可以得到旁瓣电平随角度任意变化的方向图。

适应阵列方向图对干扰的响应依赖于干扰信号的数量,这与阵列自由度有关。一个 M 元阵列的方向图具有 $M-1$ 个自由度,其中一个自由度用来形成期望方向上的最大值,剩下的 $M-2$ 个自由度可用来对干扰信号形成零陷。如果 $M-2$ 个或者更少的干扰照射到阵列,则阵列对每个干扰形成零点,然而如果射入的干扰信号多于 $M-2$ 个,阵列不会在每个干扰信号方向分别形成零点,而是形成某种方向图,使阵列输出中干扰功率最小。

2.3.3.2 直接矩阵求逆波束形成方法

直接矩阵求逆(DMI)的方法由于涉及了矩阵求逆,所以需要保证矩阵是非奇异的,必须将接收机的热噪声考虑在内,因为每个通道的热噪声是统计独立的,它们之间互不相关,从而保证了矩阵的非奇异性。

使 SINR 最大的阵列权值可以按如下方式计算:

假定希望信号和干扰信号射入阵列并假定每个单元信号包含热噪声,则总的信号矢量 $\boldsymbol{X}$ 为

$$\boldsymbol{X} = \boldsymbol{X}_d + \boldsymbol{X}_i + \boldsymbol{X}_n = \boldsymbol{X}_d + \boldsymbol{X}_u \tag{2.113}$$

式中:$\boldsymbol{X}_d$、$\boldsymbol{X}_i$、$\boldsymbol{X}_u$ 分别为期望信号、干扰、噪声矢量,$\boldsymbol{X}_u$ 为 $\boldsymbol{X}$ 中非期望的信号,$\boldsymbol{X}_u = \boldsymbol{X}_i + \boldsymbol{X}_n$。

定义 $\boldsymbol{R}_u$ 为非期望信号的协方差矩阵,且

$$\boldsymbol{R}_u = E\{\boldsymbol{X}_u^* \boldsymbol{X}_u^T\} \tag{2.114}$$

式中:$E\{\cdot\}$ 为数学期望;$*$ 为复共轭。

具体地,假定希望信号从角度 θ_d 到达,则 $\boldsymbol{X}_d$ 为

$$\boldsymbol{X}_d = A_d e^{j(\omega_0 t + \varphi_d)} \boldsymbol{U}_d \tag{2.115}$$

式中:A_d 为期望信号的幅度;ω_0 为载波的角频率;φ_d 为载波的相角;$\boldsymbol{U}_d$ 为在 $\theta = \theta_d$ 时的阵列的方向矢量。另外假定干扰为与期望信号同频的信号,从 $\theta = \theta_i$ 到达,$\boldsymbol{X}_i$ 为

$$\boldsymbol{X}_i = A_i e^{j(\omega_0 + \phi_i)} \boldsymbol{U}_i \tag{2.116}$$

式中:A_i 为干扰的幅度;ω_0 为载波相位;$\boldsymbol{U}_i$ 由 $\theta = \theta_i$ 时计算得到。假定 ϕ_i 为在 $(0, 2\pi)$ 内均匀分布的随机变量,并且和 φ_d 独立。最后设系统内部噪声为

$$\boldsymbol{X}_n = [n_1(t) \ n_2(t) \ \cdots \ n_N(t)]^T \tag{2.117}$$

这里各通道噪声电压 $n(t)$ 为窄带随机过程,与 ϕ_d、ϕ_i 相互统计独立,功率都是 σ^2,则有

$$E\{n_i^*(t) n_j(t)\} = \sigma^2 \delta_{ij} \tag{2.118}$$

即

$$\boldsymbol{R}_u = \sigma^2 \boldsymbol{I} + A_i^2 \boldsymbol{U}_i^* \boldsymbol{U}_i^T \tag{2.119}$$

最优权矢量 $\boldsymbol{W}_{opt}$ 由下式计算得出,即

$$W_{\text{opt}} = \frac{1}{2} R_{\text{u}}^{-1} U_{\text{d}}^{*} \qquad\qquad (2.120)$$

为方便起见,定义每个单元的信号噪声比(SNR)为 ξ_{d},即

$$\text{SNR} = \xi_{\text{d}} = \frac{A_{\text{d}}^{2}}{\sigma^{2}} \qquad\qquad (2.121)$$

各单元干扰噪声比(INR)为 ξ_{i},即

$$\text{INR} = \xi_{i} = \frac{A_{i}^{2}}{\sigma^{2}} \qquad\qquad (2.122)$$

直接矩阵求逆算法的实现过程如下:

(1)构建非期望信号 X_{u};

(2)求取非期望信号的协方差矩阵;

(3)构建期望信号的方向矢量 U_{d};

(4)计算波束形成的最优权 $W_{\text{opt}} = \frac{1}{2} R_{\text{u}}^{-1} U_{\text{d}}^{*}$。

例 2.12:仿真分析直接矩阵求逆波束形成算法的性能。采用 11 阵元的均匀线阵进行分析,假设信号入射方向为 0°,两个干扰的入射方向为 40°和 60°,该算法形成的波束方向图如图 2.22 所示。

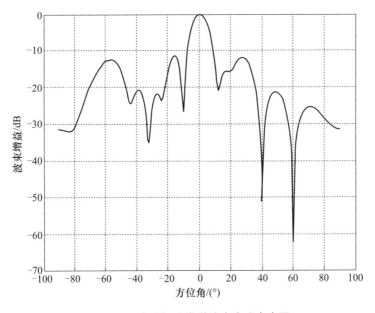

图 2.22　直接矩阵求逆波束合成方向图

从图 2.22 中可以看出:该方法能够实现两个干扰的同时抑制,但是由于在两个干扰方向同时形成了零陷,导致主副瓣比较低,形成的波束方向图的副瓣较为凌乱。

2.3.3.3 最小均方算法波束形成

Widrow-Hoff 的最小均方(LMS)算法是求最优权矢量的一种简单和有效的递推算法[50-51],按照 LMS 算法,下一个权矢量 $W(n+1)$ 等于现在的权矢量 $W(n)$ 加上一个正比于梯度的负值的变化量,前面已经知道:

$$W(n+1) = W(n) - \mu \nabla(n) = W(n) + 2\mu e(n)X(n) \tag{2.123}$$

式中:μ 为一个控制稳定性和收敛速度的参量。按照这种方法调节各个权值,使输出的信号相对于参考信号(希望信号)均方误差最小。

对于复数情况,权值迭代公式为

$$W(n+1) = W(n) - \mu \nabla(n) = W(n) + 2\mu e(n)X^*(n) \tag{2.124}$$

在有干扰存在的情况下,LMS 自适应算法可以自动调整各个权值,使阵列对干扰的响应最小,而在信号的响应最大,即天线方向图的主瓣对准信号,零点对准干扰。

设信号为

$$s = e^{j(\omega(n)+\varphi_0)} \tag{2.125}$$

式中:φ_0 是信号的初始相位。第 n 时刻的期望信号为 $d(n) = N \cdot s(n)$,各个阵元接收的信号为 $X(n) = S(n) + X_u(n)$,其中

$$S(n) = s(n) \cdot U_d \tag{2.126}$$

式中:U_d 为期望信号的方向矢量。

$$X_u(n) = \sum_{k=1}^{K} I_k(n)U_{ik} \tag{2.127}$$

式中:K 为干扰的个数;U_{ik} 为干扰信号的方向矢量;$I_k(n)$ 为人为设置的各个干扰信号:

$$I_k = be^{j(\omega(n)+\varphi_k)} \tag{2.128}$$

式中:φ_k 为在 $[0,2\pi]$ 内均匀分布的随机变量,与 φ_0 统计独立;b 为干扰的幅度。

阵列输出为

$$y(n) = W^T X(n) \tag{2.129}$$

输出误差为

$$e(n) = d(n) - y(n) \tag{2.130}$$

直接矩阵求逆算法的实现过程如下:

(1) 确定期望信号的方向矢量;

(2) 生成若干个干扰用以抑制旁瓣或生成零陷;

(3) 设定权系数、误差和步长的初始值;

(4) 采用式(2.124)计算下一时刻的权系数;

(5) 采用式(2.129)计算滤波输出;

(6) 采用式(2.130)计算滤波输出误差;

(7) 返回式(2.124)计算下一时刻的加权滤波系数。

为形成满足要求的方向图,可以采取如下控制策略:

首先设定一个预期的旁瓣门限,对高于此门限的旁瓣施加干扰,然后应用 LMS 方法对阵列加权因子做自适应调整,得到新的阵列方向图。

新的阵列方向图在施加干扰的方向上电平会降低,使副瓣的分布发生变化,为了使干扰能够始终压制副瓣,同时不至于在某个方向生成不希望的零点,重新寻找方向图的副瓣,使干扰始终跟踪瞄准副瓣,对其进行压制,直到所有副瓣都被压制到门限电平之下。

例 2.13:采用 11 阵元的均匀线阵分析 LMS 自适应波束形成的能力。波束指向为 0°,分别对比不加干扰,加一个干扰和在第一旁瓣附近加干扰对第一旁瓣进行抑制的自适应波束形成性能。

图 2.23 给出了无干扰条件下,采用 LMS 算法的自适应波束形成,从图中可以看出,形成主副瓣电平差在 13dB 左右,3dB 主瓣宽度在 8°左右,该算法收敛速度较快,小于 10 次迭代即可收敛到稳定解。

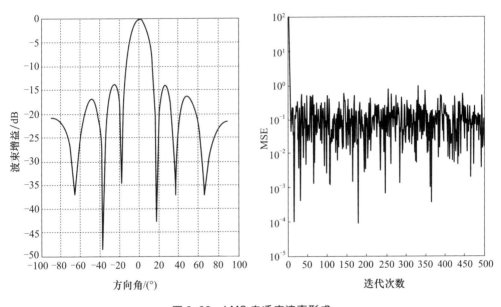

图 2.23　LMS 自适应波束形成

图 2.24 是增加一个干扰约束的 LMS 自适应波束形成方向图,从图中可以看出:增加一个零陷约束主瓣未见明显展宽,主瓣与第一副瓣比有所降低,大约降低了 1dB,在 50°方向形成一个很深的零陷,是因为在 50°方向加了一个干扰约束。但是导致波束形成的收敛速度变慢,大约需要 100 次迭代才能实现完全收敛。

图 2.25 是在两侧的第一旁瓣上都施加了一个固定干扰约束的仿真图,从图中可以看出:在第一旁瓣附近各增加一个干扰约束,能够有效降低第一旁瓣的值,从而提升主瓣与第一副瓣的功率比值。该约束方式和一个干扰约束的收敛速度相近。

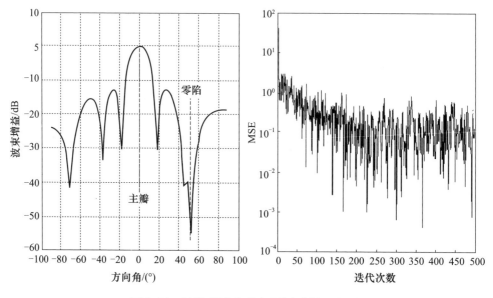

图 2.24　LMS 算法自适应干扰抑制(见彩图)

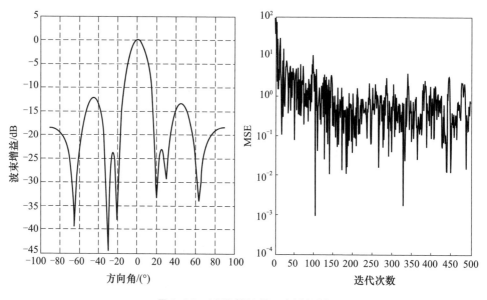

图 2.25　LMS 算法第一旁瓣抑制

2.3.3.4　平面阵列的自适应综合

在二维阵列中采用自适应综合方法,其自适应处理过程和一维是相似的,也可以通过施加干扰的方法来压低超出门限的旁瓣,用迭代的方法得到满足副瓣电平要求的阵列加权因子。将一维阵列的自适应综合算法作如下推广,设阵列为 $M \times N$ 的矩阵,首先将二维阵列表示为一维形式[22]。

设二维阵列接收的信号矩阵为

$$\boldsymbol{X}_{2D} = \begin{bmatrix} x_{11} & x_{12} & \cdots & x_{1N} \\ x_{21} & x_{22} & \cdots & x_{2N} \\ \vdots & \vdots & & \vdots \\ x_{M1} & x_{M2} & \cdots & x_{MN} \end{bmatrix} \qquad (2.131)$$

阵列的加权因子矩阵为

$$\boldsymbol{W}_{2D} = \begin{bmatrix} w_{11} & w_{12} & \cdots & w_{1N} \\ w_{21} & w_{22} & \cdots & w_{2N} \\ \vdots & \vdots & & \vdots \\ w_{M1} & W_{M2} & \cdots & W_{MN} \end{bmatrix} \qquad (2.132)$$

将 $\boldsymbol{X}_{2D}$ 的各列首尾相连拼接成一维矩阵 $\boldsymbol{X}$，即

$$\boldsymbol{X} = \begin{bmatrix} x_{11} & x_{21} & \cdots & x_{M1} & x_{12} & x_{22} & \cdots & x_{M2} & \cdots & x_{1N} & x_{2N} & \cdots & x_{MN} \end{bmatrix}^{\mathrm{T}} \qquad (2.133)$$

同样，将 $\boldsymbol{W}_{2D}$ 表示成一维矩阵 $\boldsymbol{W}$，即

$$\boldsymbol{W} = \begin{bmatrix} w_{11} & w_{21} & \cdots & w_{M1} & w_{12} & w_{22} & \cdots & w_{M2} & \cdots & w_{1N} & w_{2N} & \cdots & w_{MN} \end{bmatrix}^{\mathrm{T}} \qquad (2.134)$$

对于非规则的二维阵，也可以用类似的方法表示成一维形式，只要注意在一维化的过程中，$\boldsymbol{X}$ 和 $\boldsymbol{W}$ 中的元素要一一对应。

如图 2.26 所示坐标系，目标方向为 OP，目标的仰角为 E，方位角为 A，则 OP 的方向余弦为

$$\begin{cases} \cos\alpha = \cos E \cos A \\ \cos\beta = \cos E \sin A \\ \cos\gamma = \sin E \end{cases} \qquad (2.135)$$

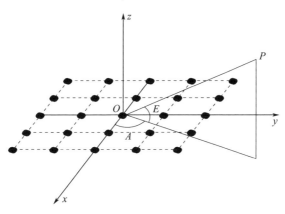

图 2.26 阵列坐标系选择

信号到达 O 点的波阵面可近似为过 O 点并垂直于 OP 平面，其方程为

$$x\cos\alpha + y\cos\beta + z\cos\gamma = 0 \qquad (2.136)$$

考察阵元 B_i，其在坐标系中的坐标为 $(a_i, b_i, 0)$，则它到达该波阵面的距离为

$$d_i = a_i\cos\alpha + b_i\cos\beta = a_i\cos E\cos A + b_i\cos E\sin A \qquad (2.137)$$

这就是各阵元与 O 点之间的波程差,它是阵元坐标在 OP 方向的投影。二维阵列的阵因子为

$$f_{xy} = \sum_i I_i \mathrm{e}^{\mathrm{j}(\frac{2\pi}{\lambda}d_i)} \qquad (2.138)$$

特别的,对于矩形栅格的二维阵,设各阵元沿 x 轴按等间距 d_x 排列,x 方向上的行数 $n_x = 2M+1$,沿 y 方向上按等间距 d_y 排列,y 方向上的列数 $n_y = 2N+1$,阵元数 $n_x \times n_y$,阵元的坐标为 md_x, nd_y。

x 轴方向上的每一列线阵的阵因子为

$$f_x = \sum_{m=-M}^{M} I_m \mathrm{e}^{\mathrm{j}m(\frac{2\pi}{\lambda}d_x\cos\alpha)} = \sum_{m=-M}^{M} I_m \mathrm{e}^{\mathrm{j}m(\frac{2\pi}{\lambda}d_x\cos A\cos E)} \qquad (2.139)$$

式中:I_m 为 x 方向上的激励幅度。

将二维阵的每一列阵元构成的子阵看作一个因子为 f_x 的阵元,在 y 方向按等间距 d_y 排列成一直线阵,则其构成的二维阵的阵因子可由此线阵求得。

$$f_{xy} = \sum_{n=-N}^{N} f_x I_n \mathrm{e}^{\mathrm{j}n(\frac{2\pi}{\lambda}d_y\cos\beta)} = f_x \sum_{n=-N}^{N} I_n \mathrm{e}^{\mathrm{j}n(\frac{2\pi}{\lambda}d_y\sin A\cos E)} = f_x f_y \qquad (2.140)$$

式中:I_n 为 y 方向上的激励幅度。阵元与坐标中心的相位差为

$$\phi_i = md_x\cos\alpha + nd_y\cos\beta = m\phi_x + n\phi_y \qquad (2.141)$$

阵列的因子为

$$f_{xy} = \sum_{m=-M}^{M}\sum_{n=-N}^{N} I_m I_n \mathrm{e}^{\mathrm{j}\frac{2\pi}{\lambda}(md_x\cos\alpha+nd_y\cos\beta)} = \sum_{m=-M}^{M}\sum_{n=-N}^{N} I_m I_n \mathrm{e}^{\mathrm{j}\frac{2\pi}{\lambda}(m\phi_x+n\phi_y)} = $$

$$\sum_{m=-M}^{M} I_m \mathrm{e}^{\mathrm{j}\frac{2\pi}{\lambda}m\phi_x} \cdot \sum_{n=-N}^{N} I_n \mathrm{e}^{\mathrm{j}\frac{2\pi}{\lambda}n\phi_y} \qquad (2.142)$$

式中:$I_m I_n$ 就是阵元 (m,n) 的激励值。

由阵列因子的表达式可以看出,它与二维傅里叶变换有相同的形式,即

$$f_{xy}(\phi_x, \phi_y) = k \cdot \mathrm{FFT}(I_{mn}) \qquad (2.143)$$

通过二维快速傅里叶变换(FFT)计算其方向图,对于非均匀的任意阵列形式,则需要通过原始的方法来求阵列方向图。

ϕ_x 和 ϕ_y 应满足如下关系:

$$\cos^2(\phi_x) + \cos^2(\phi_y) = \cos E \qquad (2.144)$$

式中:$\cos E \leq 1$。即傅里叶变换值在单位圆内的点才是有效的,单位圆外的点是没有实际意义的。这些有效点在平面内的角度即为方位角,半径小于 1 的圆所对应的 $p(\phi_x, \phi_y)$ 是相同仰角不同方位角上的增益。图 2.27 给出了二维阵列方向图的坐标示意图。

在将二维阵列表示为一维形式之后,其余的迭代步骤与一维直线阵类似,只不过干扰的分布应是二维的,在进行副瓣区和主瓣区划分时要在二维平面上考虑。

二维阵列的方向图为

$$\boldsymbol{p}(A,E) = \left| \boldsymbol{W}^{\mathrm{T}} \boldsymbol{U}(A,E) \right| \qquad (2.145)$$

式中:$\boldsymbol{U}(A,E)$ 为阵列在方位角 A 和俯仰角 E 的方向矢量。

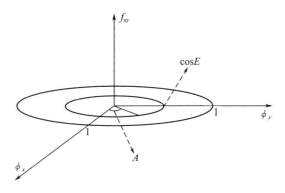

图 2.27　二维阵列方向图的坐标示意图

$$U(A,E) = [f_1(A,E)\,f_2(A,E)\,\mathrm{e}^{-\mathrm{j}\phi_2(A,E)} \cdots f_{MN}(A,E)\,\mathrm{e}^{-\mathrm{j}\phi_{MN}(A,E)}]^{\mathrm{T}} \quad (2.146)$$

式中

$$\phi_i(A,E) = \frac{2\pi}{\lambda}(d_{ix}\cos\alpha_{(A,E)} + d_{iy}\cos\beta_{(A,E)}) \qquad i = 1,2,\cdots,MN \quad (2.147)$$

为各个阵元相对于参考阵元的相移。阵列的最优权值由下式计算得出：

$$W_{\mathrm{opt}} = \frac{\lambda}{2}R_{\mathrm{u}}^{-1}U^*(A,E) \quad (2.148)$$

式中

$$R_{\mathrm{u}} = E\left\{X_{\mathrm{n}}^*X_{\mathrm{n}}^{\mathrm{T}} + \sum_{m=1}^{M}X_{im}^*X_{im}^{\mathrm{T}}\right\} = \sigma^2\left[I + \sum_{m=1}^{M}\xi_{im}(k)\,U_{im}^*U_{im}^{\mathrm{T}}\right] \quad (2.149)$$

由于自适应的方法综合阵列方向图对阵列的排列形式没有要求，所以它可以对非均匀阵列甚至随机排列的阵列进行综合。

例 2.14：图 2.28 是对 10×10 二维方阵进行综合时的方向图，干扰源在 x 和 y 方向上按等间隔配置，干扰数为 100×100，设计目标为主副瓣比为 40dB，且具有较快的收敛速度。

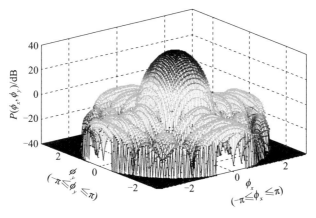

图 2.28　自适应方法综合二维方阵方向图（见彩图）

由仿真结果可以看出:采用基于自适应阵列处理理论的方向图综合方法对一维和二维的阵列进行综合是有效的,尤其对于非均匀阵列甚至随机阵列和采用非全向阵元构成的阵列甚至阵列中阵元各不相同的情况,具有传统的方法不可比拟的优越性,特别适用于实际工程应用。

2.3.4 基于互增益的波束形成

2.3.4.1 互增益的定义

对于多波束的天线阵,波束之间需要满足一定的相互抑制指标,两个波束之间的影响是由于一个波束的能量在另一个波束的主瓣中泄漏的结果,这种泄漏单纯依靠形成很窄的零点并不能完全消除,从而波束间的相互干扰并不能够因此得到降低。通过定义"互增益"这一新的参数,可以来衡量波束与波束之间的影响。

设 $f(\theta)$ 和 $g(\theta)$ 分别为两个波束的方向图函数,互增益的定义为

$$\text{Cogain} = \frac{\int |f(\theta)||g(\theta)|\mathrm{d}\theta}{\sqrt{\int |f|^2 \mathrm{d}\theta}\sqrt{\int |g(\theta)|^2 \mathrm{d}\theta}} \tag{2.150}$$

显然,$0 \le \text{Cogain} \le 1$,且当 $f(\theta) = g(\theta)$ 时,$\text{Cogain} = 1$。当 $\text{Cogain} = 0$ 时称两个波束完全正交。事实上,对于有限个阵元的天线而言,在互增益的意义下难以做到两个波束完全正交。所要做的就是要使得互增益尽可能地减小。直观上看,互增益减小意味着两个波束其中一个波束的主瓣的位置上,另一个波束的旁瓣减小,从而能量泄漏降低。

2.3.4.2 互增益方向图综合算法的原理

设当多波束阵列天线系统采用权值 w_1 和 w_2 时生成的波束模式为 $F_1(f, w_1) = w^H \cdot v(f)$ 和 $F_2(f, w) = w_2 \cdot v(f)$,称作阵列响应矢量(方向矢量),归一化以后的波束方向图为 $f_1(\phi, w_1)$ 和 $f_2(\phi, w_2)$,则有

$$\begin{cases} f_1(\phi, w_1) = \dfrac{F_1(\phi, w_1)}{\displaystyle\int_{-\frac{\pi}{2}}^{\frac{\pi}{2}} |F_1(\phi, w_1)|^2 \mathrm{d}\phi} \\[4mm] f_2(\phi, w_2) = \dfrac{F_2(\phi, w_2)}{\displaystyle\int_{-\frac{\pi}{2}}^{\frac{\pi}{2}} |F_2(\phi, w_2)|^2 \mathrm{d}\phi} \end{cases} \tag{2.151}$$

定义 $f_1(\phi, w_1)$ 和 $f_2(\phi, w_2)$ 之间的距离为

$$D(w_1, w_2) = \int_{-\frac{\pi}{2}}^{\frac{\pi}{2}} (|f_1(\phi, w_1)| - |f_2(\phi, w_2)|)^2 \mathrm{d}\phi \tag{2.152}$$

由此,可以得到抑制多波束间相互干扰问题的数学表达为

$$\max_{w_1 \in C^M} D(w_1, w_{-1})$$

$$\max_{w_2 \in C^M} D(w_2, w_{-2})$$

$$\vdots$$

$$\max_{w_N \in C^M} D(w_N, w_{-N})$$

(2.153)

式中:M 为阵列天线阵元总数;C^M 为 M 维复矢量空间;N 为波束总数;$w_{-i}(i=1,2,\cdots,N)$ 为除去第 i 个波束模式之外其余各个波束模式在空间产生的和方向图所对应的权值,在实际操作中,往往用 $w_{-i} = \sum_{j=1}^{N} w_j - w_i$ 进行计算。

重写波束方向图 $f_1(\phi, w_1)$ 和 $f_2(\phi, w_2)$ 之间的互增益为 $\mathrm{Co}(w_1, w_2) = \int_{\frac{\pi}{2}}^{\frac{\pi}{2}} |f_1(\phi, w_1)| |f_2(\phi, w_2)| \mathrm{d}\theta$。

可知

$$\begin{cases} \max_{w_1 \in C^M} D(w_1, w_{-1}) \\ \max_{w_2 \in C^M} D(w_2, w_{-2}) \\ \vdots \\ \max_{w_N \in C^M} D(w_N, w_{-N}) \end{cases} \Longleftrightarrow \begin{cases} \min_{w_1 \in C^M} \mathrm{Co}(w_1, w_{-1}) \\ \min_{w_2 \in C^M} \mathrm{Co}(w_2, w_{-2}) \\ \vdots \\ \min_{w_N \in C^M} \mathrm{Co}(w_N, w_{-N}) \end{cases}$$

(2.154)

这是一个无约束的多目标优化问题,通常化解为 N 个无约束的单目标优化问题以方便求解,即

$$\min_{w_i \in C^M} \mathrm{Co}(w_i, w_{-i}) \qquad i = 1,2,\cdots,N$$

(2.155)

由于梯度算法的表达式比较复杂,通常不采取梯度算法求解上述最优化问题,这样算法的收敛速度就很慢。经过进一步推导有

$$\nabla_{w_i} \mathrm{Co}(w_i, w_{-i}) = \nabla_{w_i} \left(\frac{\int_{-\frac{\pi}{2}}^{\frac{\pi}{2}} |w_i^H \cdot v(\phi)| |w_{-i}^H \cdot v(\phi)| \mathrm{d}\phi}{\sqrt{\int_{-\frac{\pi}{2}}^{\frac{\pi}{2}} |w_i^H \cdot v(\phi)|^2 \mathrm{d}\phi \cdot \int_{-\frac{\pi}{2}}^{\frac{\pi}{2}} |w_{-i}^H \cdot v(\phi)|^2 \mathrm{d}\phi}} \right) =$$

$$\frac{f_2(w_i, w_{-i})f_1(w_i) - f_3(w_i)f_4(w_i, w_{-1})}{(f_1(w_i))^{3/2}(f_1(w_{-i}))1/2}$$

(2.156)

式中

$$f_3(w_i) = \int_{-\frac{\pi}{2}}^{\frac{\pi}{2}} v(\phi)^* \cdot v^T(\phi) \cdot w_i \mathrm{d}\theta$$

(2.157)

$$f_4(w_i, w_{-i}) = \int_{-\frac{\pi}{2}}^{\frac{\pi}{2}} |w_i^H \cdot v(\phi)| |w_i^H \cdot v(\phi)| \mathrm{d}\phi \qquad i = 1,2,\cdots,N$$

(2.158)

这样,就可以通过最陡下降算法搜索最佳的权值。总结基于互增益的方向图综合算法的计算步骤如下:

（1）设定一组最初的权值：$w_1^{(0)},w_2^{(0)},\cdots,w_N^{(0)}$；

（2）令波束标识 $i=1$，优化次数标识 $n=0$；

（3）令 $w_{-i}^{(n)}$ 为除去 $w_i^{(n)}$ 以外的所有当前优化次数下的权值之和；

（4）以 $w_i^{(n)}$ 为自变量，对 $\mathrm{Co}(w_{-i}^{(n)},w_i^{(n)})$ 使用最速下降算法进行优化，步长的选择采用黄金分割等比收缩的方法，得到新的权值 $w_i^{(n+1)}$；

（5）$i=i+1$，如果 i 小于或等于波束总数，跳转式(2.156)，否则转 $w_{-i}=\sum\limits_{j=1}^{N}w_j-w_i$；

（6）判断算法是否收敛，如果收敛，结束迭代，否则 $i=1$，$n=n+1$，跳转式(2.158)。

事实上，对于有限个阵元的天线而言，不可能做到两个波束完全正交。这里所要做的就是要使得互增益减小。直观上看，互增益减小意味着两个波束其中，一个波束的主瓣的位置上，另一个波束的旁瓣减小。这里设计了相应的算法实现了在最小化互增益这一意义下的优化，取得了较好的效果。

例 2.15：对于 16 阵元均匀线阵（ULA）阵列构成的两个波束形成器采用互增益算法进行优化，初始加权为均匀加权，优化前如图 2.29 所示，优化后如图 2.30 所示。

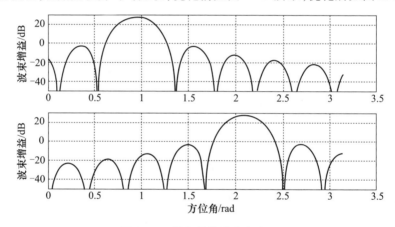

图 2.29　优化前的波束方向图

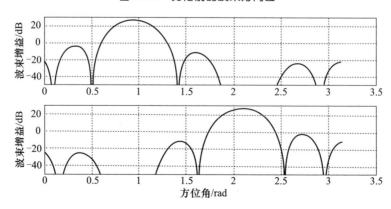

图 2.30　优化后的波束方向图

可以看见,在两个主瓣所对应的位置处,原来较高的旁瓣被压得很低。付出的代价是主瓣的宽度变宽。增益的下降很小。

2.3.4.3　平面阵的互增益综合算法

对于平面阵,也可以应用互增益综合的方法。重新定义平面阵列天线权值 w_1 和 w_2 归一化的波束模式为 $f_1(\phi,\theta,w_1)$ 和 $f_2(\phi,\theta,w_2)$,这里有

$$
\begin{cases}
f_1(\phi,w_1) = \dfrac{F_1(\phi,\theta,w_i)}{\displaystyle\int_{-\frac{\pi}{2}}^{\frac{\pi}{2}}\int_{-\frac{\pi}{2}}^{\frac{\pi}{2}}|F_1(\phi,\theta,w_1)|^2\mathrm{d}\phi\mathrm{d}\theta} \\[6mm]
f_2(\phi,w_2) = \dfrac{F_2(\phi,\theta,w_2)}{\displaystyle\int_{-\frac{\pi}{2}}^{\frac{\pi}{2}}\int_{-\frac{\pi}{2}}^{\frac{\pi}{2}}|F_2(\phi,\theta,w_2)|^2\mathrm{d}\phi\mathrm{d}\theta}
\end{cases} \tag{2.159}
$$

方向矢量由二维函数表示,变为 $v(\phi,\theta)$,平面阵的互增益函数变为

$$
\mathrm{Co}(w_i,w_2) = \int_{\frac{\pi}{2}}^{\frac{\pi}{2}}\int_{-\frac{\pi}{2}}^{\frac{\pi}{2}}|f_1(\phi,\theta,w_1)||f_2(\phi,\theta,w_2)|\mathrm{d}\phi\mathrm{d}\theta \tag{2.160}
$$

相应的 $\nabla_{w_1}\mathrm{Co}(w_i,w_{-i})$ 变为

$$
\nabla\mathrm{Co}(w_i,w_{-i}) = \frac{f_2(w_i,w_{-i})-f_3(w_i)f_4(w_i,w_{-i})}{(f_1(w_i))^{3/2}(f_1(w_{-i}))^{1/2}} \tag{2.161}
$$

式中

$$
f_1(w_i) = \int_{-\frac{\pi}{2}}^{\frac{\pi}{2}}\int_{-\frac{\pi}{2}}^{\frac{\pi}{2}}|w_i^H\cdot v(\phi,\theta)|^2\mathrm{d}\phi\mathrm{d}\theta
$$

$$
\begin{aligned}
f_2(w_i,w_{-i}) = \int_{-\frac{\pi}{2}}^{\frac{\pi}{2}}v(\phi,\theta)^* \cdot &\exp[\mathrm{jarg}(w_i^H\cdot v(\phi,\theta))\cdot\\
&v(w_{-i}^H\cdot v(\phi,\theta))\cdot(w_i^H\cdot v(\phi,\theta))\mathrm{d}\phi\mathrm{d}\theta]
\end{aligned}
$$

$$
f_3(w_i) = \int_{-\frac{\pi}{2}}^{\frac{\pi}{2}}v(\phi,\theta)^*\cdot v^T(\phi,\theta)\cdot w_i\mathrm{d}\phi\mathrm{d}\theta
$$

$$
f_4(w_i,w_{-i}) = \int_{-\frac{\pi}{2}}^{\frac{\pi}{2}}|w_i\cdot v(\phi,\theta)||w_i^H\cdot v(\phi,\theta)|\mathrm{d}\phi\mathrm{d}\theta \tag{2.162}
$$

平面阵的波束模式可以分解成两个一维线阵的波束模式相乘。即

$$
f(\phi,w) = f_x(\phi,w_x)\cdot f_y(\phi,w_y) \tag{2.163}
$$

式中:$f(\phi,w)$ 为平面阵的波束模式;$f_x(\phi,w_x)$ 和 $f_y(\phi,w_y)$ 为正交的二维 x 和 y 方向上的波束模式。因此,可以分别通过进行二维方向上的互增益算法的优化来完成平面阵的优化。

例 2.16:对 20×20 阵元 6 波束平面阵列采用互增益方向图综合算法进行设计,图中横轴、纵轴分别表示波束的方位角和俯仰角,波束主瓣位置各不相同,波束优化前后的效果如图 2.31 和图 2.32 所示。

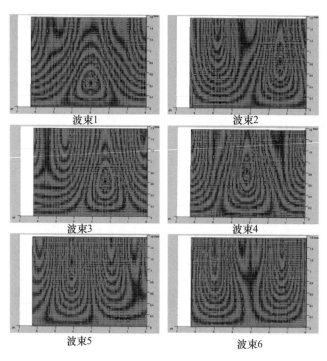

图 2.31　优化前 6 个波束的方向图（见彩图）

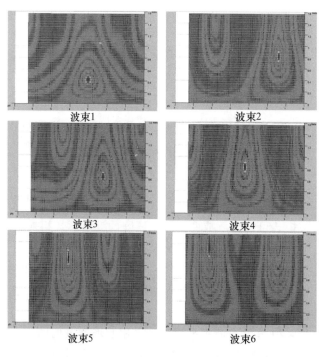

图 2.32　优化后 6 个波束的方向图（见彩图）

表 2.1 是对多种波束位置组合时波束之间隔离度性能的统计结果。

表 2.1　多波束之间隔离度统计表

波束个数		4	6	8	10
波束间隔离度/dB	初始权值 20	48	42	37	30
	初始权值 30	55	49	43	39

从仿真结果可以看出,互增益方向图综合算法可以在其他波束方向上显著降低方向图的灵敏度,对于抑制多波束系统的波束间干扰有明显的效果。

2.3.4.4　部分区域互增益综合算法

用互增益综合算法进行梯度计算时,存在积分运算,因此算法的计算量变得比较大,特别是在平面阵的互增益综合算法中,积分变为二重积分,这就更加大了运算量,因此提出了部分互增益综合算法,算法的主要思想是把积分区间减小为各个波束指向的主瓣区域,即 $D = \sum_i D_i$,D_i 为第 i 个波束的主瓣区。

相应的 $\nabla \mathrm{Co}(\boldsymbol{w}_i, \boldsymbol{w}_{-i})$ 变为

$$\nabla_{\boldsymbol{w}_i} \mathrm{Co}(\boldsymbol{w}_i, \boldsymbol{w}_{-1}) = \frac{f_2(\boldsymbol{w}_i, \boldsymbol{w}_{-i}) f_1(\boldsymbol{w}) - f_3(\boldsymbol{w}_i) f_4(\boldsymbol{w}_i, \boldsymbol{w}_{-i})}{(f_1(\boldsymbol{w}_i))^{3/2} (f_1(\boldsymbol{w}_{-i}))^{1/2}} \quad (2.164)$$

式中

$$f_1(\boldsymbol{w}_i) = \int_D \left| \boldsymbol{w}_i^{\mathrm{H}} \cdot \boldsymbol{v}(\phi) \right|^2 \mathrm{d}\phi$$

$$f_2(\boldsymbol{w}_i, \boldsymbol{w}_{-i}) = \int_D \boldsymbol{v}(\phi)^* \exp(\mathrm{j} \cdot \arg(\boldsymbol{w}_i^{\mathrm{H}} \cdot \boldsymbol{v}(\phi))) \cdot (\boldsymbol{w}_{-i}^{\mathrm{H}} \cdot \boldsymbol{v}(\phi)) \mathrm{d}\theta$$

$$f_3(\boldsymbol{w}_i) = \int_D \boldsymbol{v}(\phi)^* \cdot \boldsymbol{v}(\phi) \cdot \boldsymbol{w}_i \mathrm{d}\phi$$

$$f_4(\boldsymbol{w}_i, \boldsymbol{w}_{-i}) = \int_D \left| \boldsymbol{w}_i \cdot \boldsymbol{v}(\phi) \right| \left| \boldsymbol{w}_i^{\mathrm{H}} \cdot \boldsymbol{v}(\phi) \right| \mathrm{d}\phi \quad (2.165)$$

例 2.17:如果采用互增益的正交波束形成算法,则计算量较大,目前的波束形成算法可采用紧耦合并行模式,并根据需求可选用部分区域互增益算法。运算平台是集成 8 片数字信号处理器(DSP)的高性能处理板。如果采用一块处理板,则使用现有算法同时形成 n 个波束所用时间如表 2.2 所列。

表 2.2　互增益算法阵列规模与耗时

阵列维数($N \times N$)	4×4	8×8	12×12	16×16	25×25
计算时间/ms	550	1120	1610	2280	3570

从上述实测数据可以看出,计算耗时基本随阵列维数呈现线性增长,而不是像普通的波束形成算法那样随阵元个数线性增长。原因在于波束形成算法专门针对二维阵列作了特殊的设计和优化,所以用于平面阵列有较大的优势。

可以从已有数据中基本看出运算时间增长的趋势,如果采用 600 的平面阵列,则一次运行运算时间应该在 3300 ~ 3500 ms 之间,通过增加计算资源,用空间换取时间,

可以满足系统实时性要求。比如将计算资源增加 1 倍,可以使计算时间降为原来的1/2(2s 以内),另外选取更高计算能力的平台也能提高计算速度,提高系统的实时性。

2.3.5 波束形成方法的性能分析

经过对这几种方法的分析对比,可以得到如下的一些结论:

(1)波束指向精度,直接波束形成技术不存在波束指向精度的问题,而其他方法可以通过实时的波束指向校正达到较高的指向精度。

(2)波束之间的干扰与旁瓣电平幅度有关。均匀加权旁瓣电平幅度较高,波束之间干扰较大。采用其他方法,通过控制零点的产生方向,可降低不同波束之间的干扰。主要是控制特定方向的零点来实现降低干扰,除了唯相位方法会出现无解的情况造成不能置零的情况,其他都可把零点消除。

(3)最优波束形成具有很好的健壮性和可实现性等优点,在保证低旁瓣电平的条件下可以使波束之间的干扰满足要求。最优波束合成方法要求阵列为均匀或存在一定排列规律的阵列,在应用上存在一定的限制。

(4)自适应波束合成方法不需要与发射信号强相关的参考信号,不需要训练序列,而是利用信号本身所具有的空域特性、时域特性、频域特性自适应地完成波束形成。该方法相比传统的方法虽然计算量有所增加但是具有波束灵活可控、切换速度快和稳健性等优点,在现代数字波束形成中有着广泛的应用。

(5)基于互增益的波束形成算法是针对一些特殊的问题而提出的改进算法,这种算法虽然相比常见的多波束合成算法计算量有所提高,但是对抑制不同波束之间的互扰有较好的效果,因此具备一定的应用推广价值。

2.4 数字波束优化控制方法

波束优化控制是波束形成的进一步延伸,在形成扫描波束的基础上,通过数字多波束测量系统的控制可实现波束指向的任意切换。平面阵列天线在对卫星的跟踪测量过程中,由于不涉及不同子阵之间的波束过渡,只需要考虑波束在扫描过程中波束性能恒定的问题即可。但是对于立体多波束来说,需要协调不同子阵之间的能量资源,即通过对不同子阵时延的精确控制,实现功率在不同方向上的叠加增强或抵消,从而达到波束指向自由渡越的目的。同时针对阵列天线波束测距高精度的要求,需设计出适合该阵列形式的时延加权方法,通过时延加权使发射信号的伪码在传播方向上对齐,减少因为阵列结构产生的测距误差。

2.4.1 平面阵波束优化控制方法

平面阵波束优化控制是指平面阵列天线的波束形成算法和运动过程中的波束管理。波束形成算法主要是对各个阵元通道信号的幅度和相位进行加权调整,使其在空间合成指定方向上的波束。其中,通过对各通道的相位调整,使信号在目标指向上对齐;通过对各通道的幅度调整,可调整副瓣电平。平面阵列的波束管理是指在波束扫描过程中保持波束性能恒定,主要的波束性能包括以下几个方面。

2.4.1.1　波束 EIRP 恒定

波束等效全向辐射功率(EIRP)的能力由单通道发射功率、通道数量以及单元天线增益三个因素决定。

发射功率的核算公式为

$$EIRP = P_{单元} + G_e + 20 \lg N \qquad (2.166)$$

式中:$P_{单元}$ 为作用阵元中单元天线的发射功率;N 为参与波束形成的阵元个数;G_e 为单元天线增益。

在平面阵列波束扫描过程中,单通道输出功率、通道数量维持恒定,单元天线增益随波束指向角度的变化,为维持平面阵列波束 EIRP 在扫描过程中的恒定,在波束形成过程中进行幅度加权调节。

2.4.1.2　伪码测距精度

导航信号由载波、伪码和数据码三部分组成。其中,伪码又称伪随机码,它具有二进制随机序列良好的相关性和互相关性,与二进制随机序列的差别是,伪码具有周期性和预先确定性。在导航系统中,利用伪码的周期性和预先确定性即可进行距离的测量。

在基于卫星导航的数字多波束形成技术中,波束形成所需的幅相加权是基于载波信号进行的,而时延加权是基于伪码进行的,是将伪码的码相位在波束方向上对齐相加,未经过时延加权的伪码合成后,会造成波形畸变,影响测距精度。相位的加权是为了合成波束,幅度加权是为了解决波束能量的问题,而伪码的时延加权是为了解决合成精度,有利于测距精度的提高。

伪码测距的原理是指:在主站和从站时间同步的前提下,主站向从站发送伪码发生器产生的伪码序列,同一时刻从站的伪码发生器产生伪码序列。对比从站从主站接收的伪码序列和从站本地产生的伪码序列的码相位(即该时刻伪码在整个伪码周期中的位置),根据伪码序列的自相关特性,采用相关检测法求得两个伪码序列的码相位差,从而计算两站之间的距离。

在卫星导航领域中的高精度测量和定位应用中,通常选取天线的相位中心作为基准点。定义相位中心的最终目的是说明天线对测距精度性能的影响。波束在不同指向的时延测量差异除与各个通道信号的伪码时延、载波幅相有关,还同阵列天线的自身结构有关。设定出阵列天线的参考相位中心,即电磁波发出的起点,可使各个通道的伪码相对于相位中心对齐,减少由于阵列结构因素带来的测距误差。

通过每个通道信号在传播方向上的光程差,换算出各个通道相对参考相心的时延差,然后对各个通道的伪码进行时延调整。这里在未经过时延加权的情况下,以 11 阵元的均匀直线阵发射信号和接收信号为例进行讨论,如图 2.33 所示。

阵元间距为 d,信号指向与线阵夹角为 θ,则相邻两个阵元的信号传播的光程差

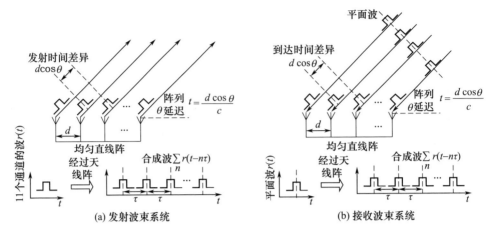

图 2.33　空间发射时延和接收时延的产生

为 $d\cos\theta$，相邻阵元间的时间延迟为

$$\tau = d\cos\theta/c \qquad (2.167)$$

假设各通道的伪码信号为 $r(t)$，由于各通道之间存在光程差，则在接收端收到的 n 路合成信号为

$$S(t) = \sum_n r[t - (n-1)\tau] \qquad (2.168)$$

在各个阵元完全一致，且直线阵的阵元的激励幅度也相同的理想条件下，所有阵元相对于参考相心进行时延调整，使得接收端收到合成信号为

$$S(t) = nr(t) \qquad (2.169)$$

对各通道信号的伪码进行时延加权，加权后接收到的信号与未加权接收到的信号分别和本地码进行相关计算，如图 2.34 所示。

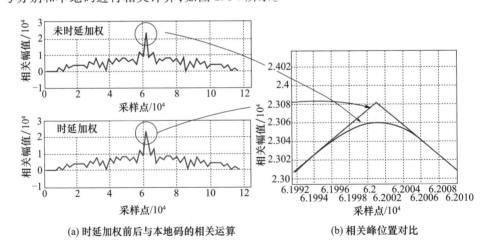

(a) 时延加权前后与本地码的相关运算　　　(b) 相关峰位置对比

图 2.34　直线阵时延加权前后比较（见彩图）

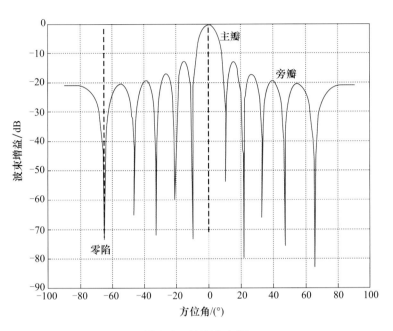

图 2.8   波束方向图

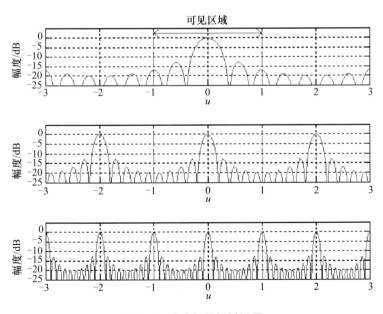

图 2.9   波束扫描栅瓣问题

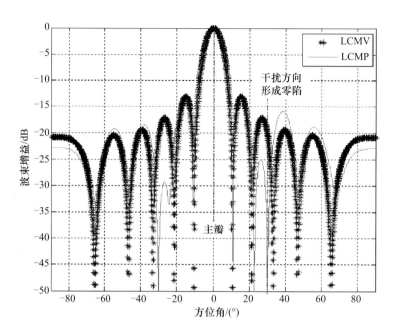

图2.20　零陷约束的波束形成

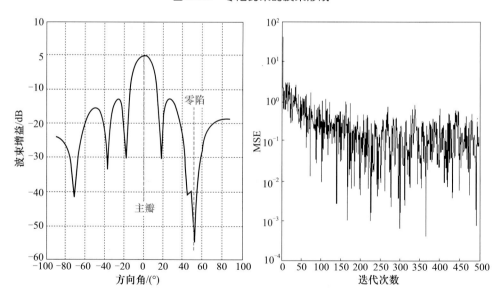

图2.24　LMS算法自适应干扰抑制

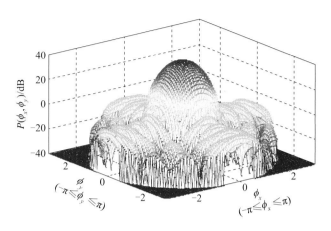

图 2.28　自适应方法综合二维方阵方向图

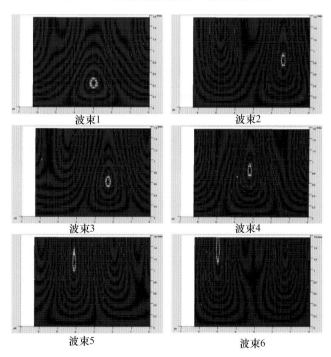

图 2.31　优化前 6 个波束的方向图

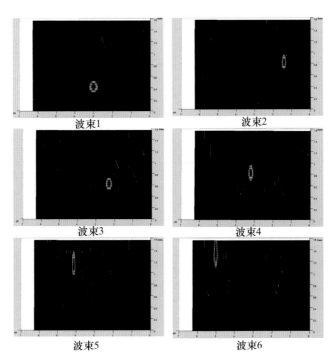

图 2.32 优化后 6 个波束的方向图

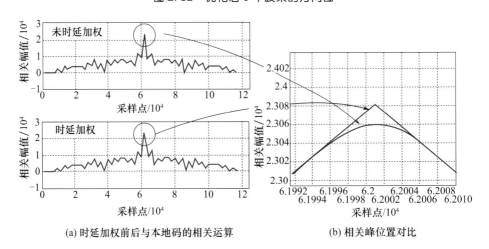

(a) 时延加权前后与本地码的相关运算　　(b) 相关峰位置对比

图 2.34 直线阵时延加权前后比较

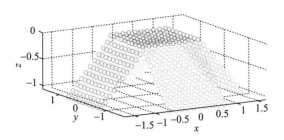

图 2.36 多面体阵列

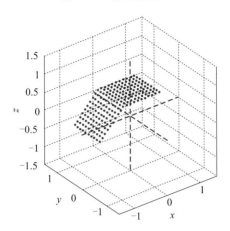

图 2.37 两个子阵的阵列形式

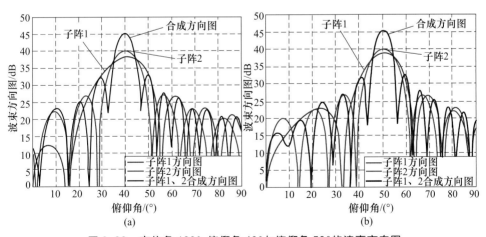

图 2.38 方位角 180°、俯仰角 40° 与俯仰角 50° 的波束方向图

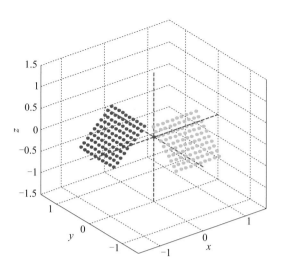

图 2.40　周边两个子阵的阵列形式

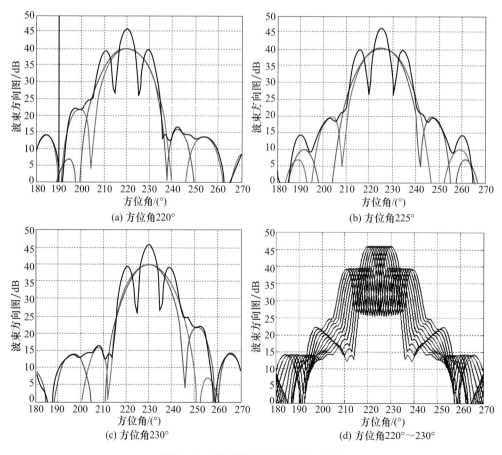

图 2.41　俯仰角 30°切面的方向图

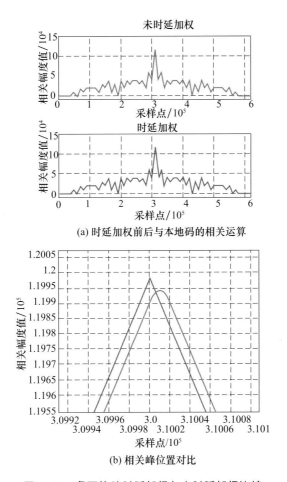

(a) 时延加权前后与本地码的相关运算

(b) 相关峰位置对比

图 2.45　多面体阵时延加权与未时延加权比较

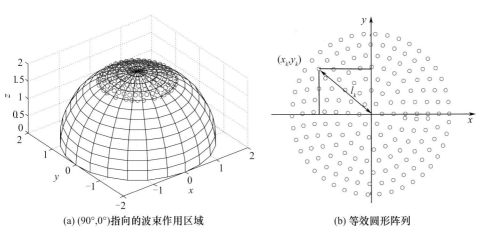

(a) (90°,0°)指向的波束作用区域

(b) 等效圆形阵列

图 2.46　波束作用区域及等效圆形阵列

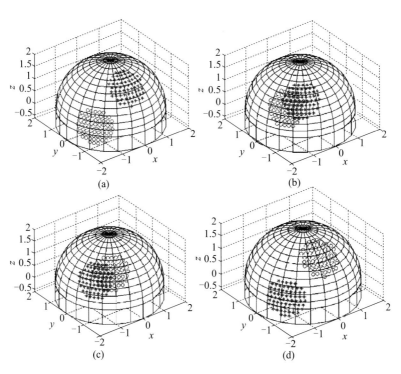

图 2.48　波束交叉穿越过程

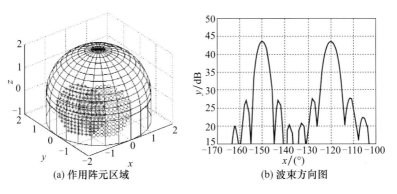

图 2.49　(−150°, 80°)和(−120°, 80°)作用阵元区域及波束方向图

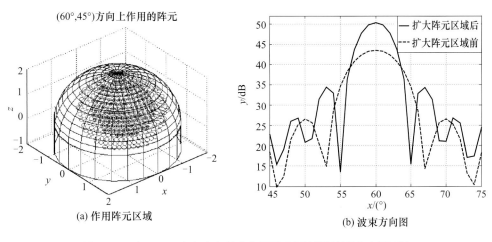

(a) 作用阵元区域

(b) 波束方向图

图 2.50　(60°,45°)方向上扩大作用阵元区域及波束方向图对比

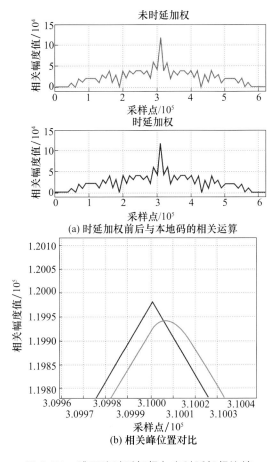

(a) 时延加权前后与本地码的相关运算

(b) 相关峰位置对比

图 2.51　球面阵时延加权与未时延加权比较

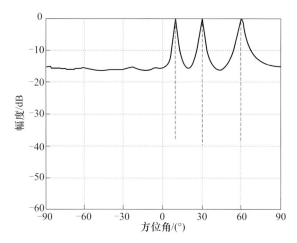

图 2.53 均匀线阵 Capon 算法测角

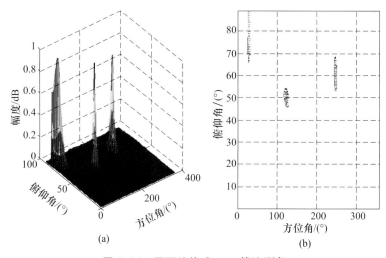

(a)   (b)

图 2.54 平面阵的 Capon 算法测角

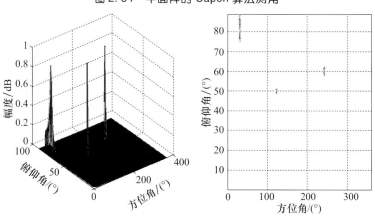

图 2.56 基于平面阵的二维 MUSIC 测角

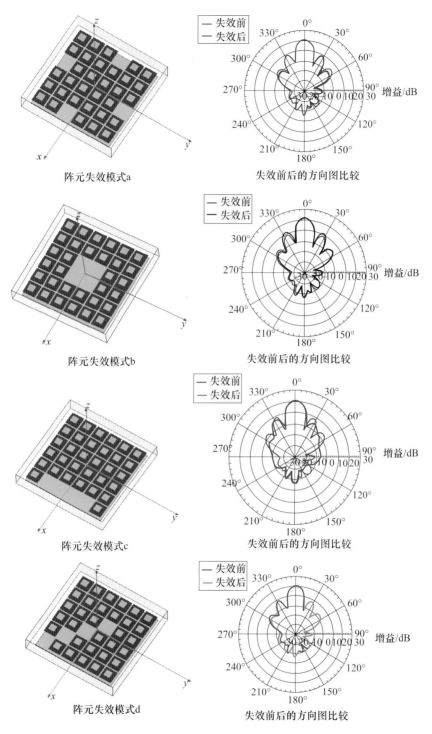

图 2.58　几种典型失效模式的仿真结果比较

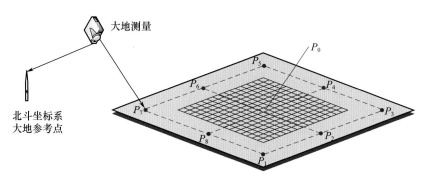

图 3.12　阵列天线几何中心标识

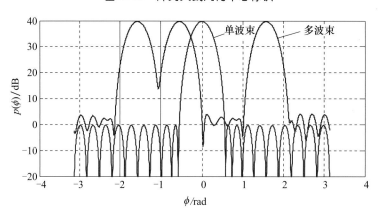

图 3.14　采用切比雪夫方向图综合算法合成的 3 个波束的仿真图

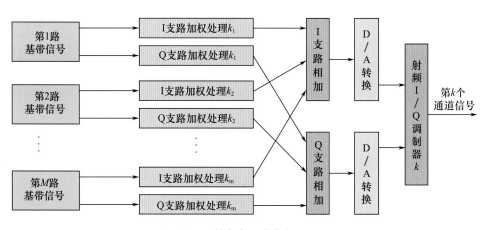

图 4.1　数字多波束发射模型

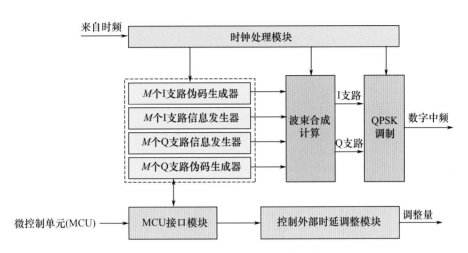

图 4.2　数字多波束测量信号产生单元

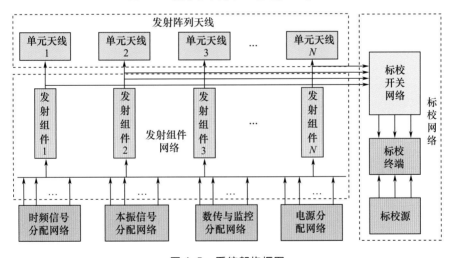

图 4.5　系统架构框图

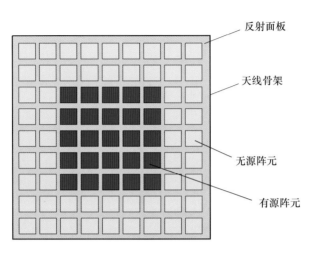

图 5.7　接收阵列天线架构示意图

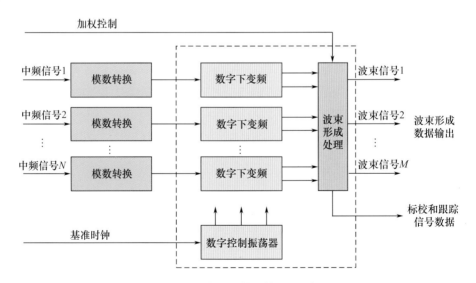

图 5.11　波束形成处理单元原理框图

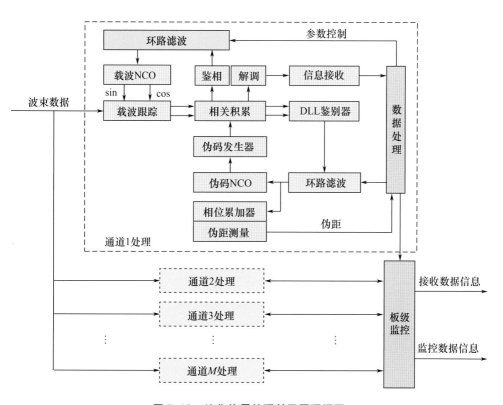

图 5.12　接收信号处理单元原理框图

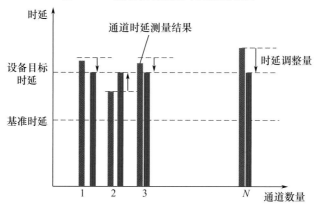

图 6.4　通道一致性标校示意图

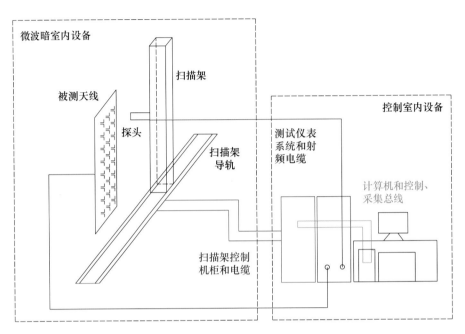

图 6.6　相位中心近场标定方法框图

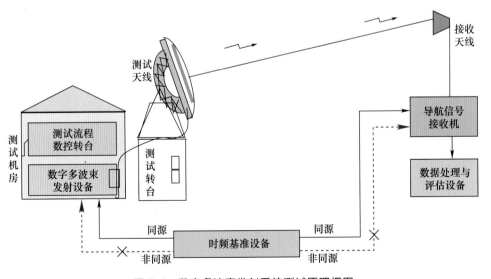

图 7.1　数字多波束发射系统测试原理框图

由图 2.34 可以看出,时延加权前后相关峰位置一样,但在相关峰顶部出现"圆顶"效应,出现模糊,失去距离分辨能力。

2.4.1.3　设备时延零值及其稳定性

阵列天线相位中心表示波束传输的信号在不同方向传播产生的时延差异,而设备时延测量的准确度和稳定度直接反映该天线设备测量精度,在卫星导航测距的方向,数字多波束系统的相位中心恒定可以归结为设备时延零值及其稳定性问题,设备时延零值恒定方法将在第 6.4 节中具体介绍。

2.4.2　多面阵波束控制方法

多面体阵列天线相当于由多个平面阵列天线组合而成,在实际应用中,需要有效协调不同子阵,实现波束能量的有效叠加,提升主瓣的增益,降低旁瓣的能量,相比平面阵列,需要对阵列波束合成进行特定的优化设计[48-50]。在其对卫星的跟踪测量过程中,需要解决关于导航应用的波束控制问题,主要有子阵间的波束过渡和基于导航应用波束控制的伪码时延加权问题。

2.4.2.1　多面阵波束平滑过渡

波束在子阵间的过渡有两种方法:一是通过子阵间协同作用,共同产生波束,实现波束的平滑过渡;二是在过渡区进行波束的瞬间切换,完成波束过渡。由于子阵单独作用下的波束方向图在各子阵法线方向附近取得最大增益,随着波束指向偏离子阵的法线,波束增益逐渐下降,波束宽度也随之变宽,旁瓣电平逐步升高。波束从一个子阵直接过渡到另外一个子阵时,波束方向图会发生变化,无法达到平滑过渡,且波束的瞬间切换可能会造成卫星测距数据的中断。选用子阵协同作用的方法,通过波束合成、EIRP 控制,可使波束平滑过渡。

1) 子阵间波束过程中的波束合成[52]

在两个子阵进行波束过渡之前首先完成两个子阵的设备时延修正,使两个子阵具有相同的设备时延。设定两个子阵共同作用的空域范围,当目标运动到两个子阵共同作用空域内时,两个子阵同时进行工作,通过波束形成算法,在空域形成指向目标的波束。

2) 子阵间波束过渡过程的 EIRP 控制

对于发射多波束天线,子阵间波束过渡将使得接收机在信号电平、载波相位、伪码相位、电文等方面面临变化,影响接收的连续性;对于接收多波束天线,子阵间的波束过渡导致接收设备的设备时延发生变化,从而影响接收信号的电平、相位等参数,影响地面接收测量的连续性。子阵间的波束过渡过程中,会增加通道数量,提高波束 EIRP。需要通过控制通道的发射功率,确保到达卫星的功率维持不变,避免造成接收机测距值上的突变。波束在子阵间过渡过程中,由于作用天线通道数增加,会使得波束 ERIP 增强。需要通过控制子阵的发射功率,使波束 EIRP 维持不变。当目标运动到子阵交接处时,其中一个子阵逐渐降低发射功率,另一个子阵逐渐进行相应的功率增加,确保到达卫星的功率维持不变,避免造成接收机测距值上的突变。两个子阵协同工作,实现波束在子阵间的交接过渡。

子阵 1 发射功率为

$$EIRP_{子阵1} = P_{单元1} + G_e + 20logN \qquad (2.170)$$

子阵 2 发射功率为

$$EIRP_{子阵2} = P_{单元2} + G_e + 20logN \qquad (2.171)$$

式中:$P_{单元1}$ 为子阵 1 中单元天线的发射功率;$P_{单元2}$ 为子阵 2 中单元天线的发射功率;N 为参与波束形成的阵元个数。

$$P_{单元1} = 10lg(I_1^2 R) \qquad (2.172)$$

$$P_{单元2} = 10lg(I_2^2 R) \qquad (2.173)$$

式中:I_1 和 I_2 为通道电流值。在阵列单元天线增益相等的情况下,两个子阵共同作用下发射功率为

$$EIRP_{全阵} = 10log[(I_1 + I_2)2 \times R] + 20logN + G_c \qquad (2.174)$$

为了维持两个子阵共同作用下的功率不变,通过改变两个子阵的能量,逐步实现能量由一个子阵过渡到另一个子阵,$EIRP_{全阵}$ 为设置的恒定功率,可获得 $EIRP_{子阵1}$ 与 $EIRP_{子阵2}$ 的关系曲线,如图 2.35 所示。

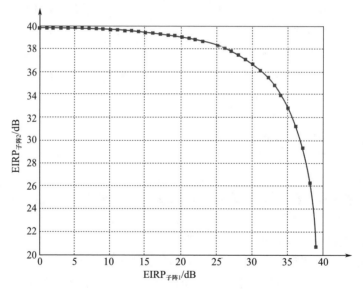

图 2.35　$EIRP_{子阵1}$ 与 $EIRP_{子阵2}$ 的关系曲线

在波束进行平滑过渡时,通过调节两个子阵的发射功率使得波束 EIRP 维持恒定。对于波束的 EIRP 能力有所下降的区域,在实际工程应用中,可以通过提高子阵发射功率,来对该区域的发射 EIRP 进行补充。

例 2.18:以由五个平面阵组成的五面体阵为例(如图 2.36 所示,每个平面子阵由 10×10 个阵列单元均匀分布),进行仿真分析。

子阵协同作用过渡中波束形成算法仿真过程如下:

情景一:选取顶端的子阵和一个周边的子阵进行波束形成算法的仿真分析研究,两个子阵构成的阵列形式如图 2.37 所示。

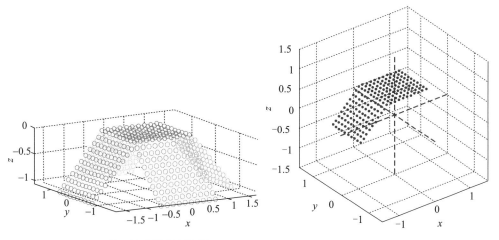

图 2.36　多面体阵列(见彩图)　　　图 2.37　两个子阵的阵列形式(见彩图)

选取方位方向为 180°,俯仰方向依次为 40°和 50°的两个指向,分别对单个子阵以及两个子阵共同作用下的波束形成进行了仿真分析,结果如图 2.38 所示。

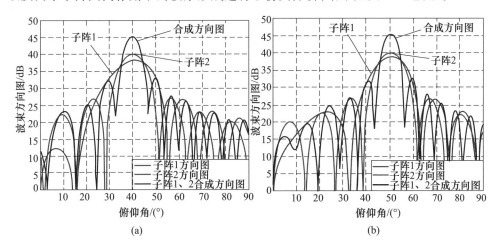

图 2.38　方位角 180°、俯仰角 40°与俯仰角 50°的波束方向图(见彩图)

图 2.38 示出了两个子阵形式的阵列天线的波束合成方向图。由于单元天线的方向图特性,导致子阵 2 的方向图增益比子阵 1 略高。两个子阵共同作用下的波束峰值电平比单个子阵的波束峰值电平高 5~6dB,两个子阵共同作用下波束宽度变窄。

图 2.39 给出了两个子阵共同作用下,在方位 180°方向上,波束以 1°为间隔从 40°扫描到 50°的波束方向图。不同俯仰角所对应的波束方向图的形状基本上保持一致,波束峰值电平基本不变。

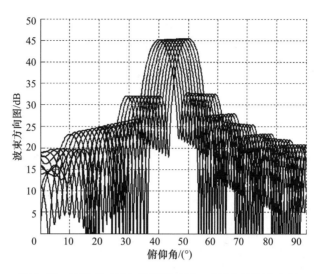

图 2.39　方位角 180°、俯仰角 40° ~ 50°的波束方向图

情景二:选取周边的两个子阵进行波束形成算法的仿真分析研制,两个子阵构成的阵列形式如图 2.40 所示。

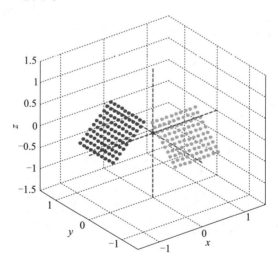

图 2.40　周边两个子阵的阵列形式(见彩图)

当目标由一个子阵的作用空域进入另一个作用空域时,需要两个子阵协同工作,保证过渡的平滑稳定性,因此需要对周边两个子阵共同作用下的波束形成算法进行仿真分析,如图 2.41 所示。俯仰角为 30°的情况下,分别在方位方向 220° ~ 230°以1°为间隔进行波束形成仿真分析。

过渡区域在两个子阵共同作用下所形成波束的第一副瓣电平比较高,第一主副电平差约为 −6dB,这是由天线的布阵形式导致的。正常情况下这种主副比的天线是不能接受的,由于两个天线的共同作用只出现在过渡区域,持续时间很短,为 3 ~

5s,不会造成太大的影响。

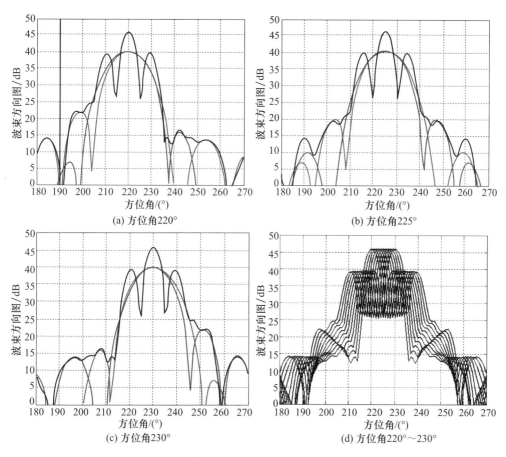

图 2.41　俯仰角 30°切面的方向图(见彩图)

2.4.2.2　基于测距的伪码时延加权

伪码时延加权是指通过对天线各通道的伪码时延进行调整,使各通道在目标指向上与参考基准点对齐。平面阵单独作用时,伪码时延加权的参考点选择其几何中心。在两个子阵协同作用的时候,需要重新选择参考点。不妨设置一个点,无论是子阵单独作用还是两个子阵协同作用都以该点为参考基准点,所有参与作用的阵元相对该点进行指向方向上的伪码时延调整,使其伪码在传播方向上与参考基准点对齐。

对于参考基准点的选择问题,选择多面体的内切圆圆心,各子阵几何中心的法线方向将在立体阵下方空间交于一点,即图 2.42 中的点 O(为了画图方便,这里只给出了其中 3 个子阵的法线方向的交点,可以证明另外两个 2 个子阵的法线也交于此点),把 O 点定义为多面体阵的参考点。各子阵的几何中心分布在以点 O 为圆心,点 O 到子阵几何中心距离为半径的圆球上。

当目标指向为 (θ,ϕ) 时,以参考基准点为坐标原点,参与阵元 K(坐标为

(x_k, y_k, z_k))如图 2.43 所示。其中 β 为参考基准点 O 和阵元 K 连线与目标指向的夹角, d 为阵元 K 与参考基准点 O 在目标指向上的距离差,可以看作矢量 OK 在目标指向上的投影,通过数学推导可得出

$$d = OK \cdot OT = x_k\cos\theta\sin\phi + y_k\sin\theta\sin\phi + z_k\cos\phi \qquad (2.175)$$

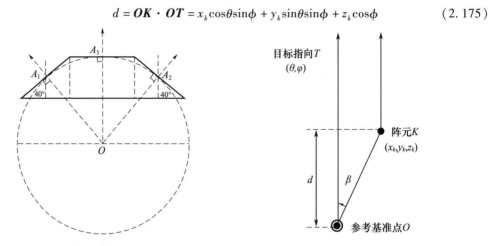

图 2.42　多面体阵参考基准　　　图 2.43　阵元与参考基准点在目标指向上的距离差

相对于参考基准点,时延调整时间量 $\tau_k = d/c$, c 为光速,将 τ_k 代入式(2.175)可得

$$\tau_k = \frac{x_k\cos\theta\sin\phi + y_k\sin\theta\sin\phi + z_k\cos\phi}{c} \qquad (2.176)$$

例 2.19:为了更加清晰地描述子阵协同作用下的时延加权方法,分别从两个子阵平面中选择两条相邻的线阵,如图 2.44 所示,对其进行时延加权仿真分析,步骤如下:

步骤 1:参考基准点选择。根据子阵协同天线结构,选择其内切圆圆心为参考基准点。

步骤 2:阵元光程差计算。根据阵元的位置和目标指向,求得各阵元在目标指向方向上相对于参考基准点的光程差。

步骤 3:伪码时延加权。将各阵元的光程差换算为对应时延进行通道时延加权修正,使各通道伪码在目标方向上相对于参考基准点对齐。

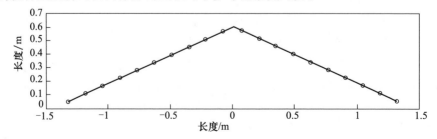

图 2.44　子阵协同作用天线模型

采用码速率为 $1.023 \times 10^6 \mathrm{chip/s}$ 的 C/A 码进行仿真,通道进行时延加权后的信号与没有进行时延加权后的信号分别与本地码进行相关运算,结果如图 2.45 所示。

从图 2.45(b)可以看出两个相关峰最高点对应横坐标相差 11,转化成距离约为 0.33m。由此可以看出,多面体阵阵元间的时延差对测距有影响,需通过时延加权对其进行修正。

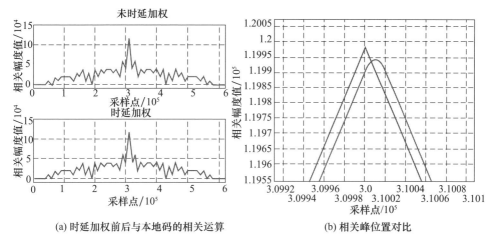

(a) 时延加权前后与本地码的相关运算　　　(b) 相关峰位置对比

图 2.45　多面体阵时延加权与未时延加权比较(见彩图)

2.4.3　球面阵波束控制方法

球面阵列天线流型主要包括"足球"拼接型和球面赋型两种。其中"足球"拼接型是由多个平面阵拼接而成,其波束控制方法同多面体波束控制方法,而球面赋型阵则是阵元按照一定的规律均匀地分布在球面上组成的。本节主要介绍球面赋型阵列天线在对卫星的跟踪测量过程中需要解决波束控制问题,主要包括球面阵波束平滑过渡和基于测距的伪码时延加权。

2.4.3.1　球面阵波束平滑过渡[53]

球面阵波束平滑过渡过程中,需进行波束滑动扫描、波束交叉过渡、波束 EIRP 合成与控制等方面的研究。

1)波束滑动扫描

球面阵列天线波束扫描需首先设置波束覆盖区域,根据目标指向,选择作用阵元区域,随着目标位置发生变化,通过控制球面阵通道的选通和关闭,维持阵列天线作用区域的变化,保证作用阵元口径不变。以波束扫描的方式,使波束始终指向目标。

由于单元天线在不同方向的增益不同,法线方向增益最大,随着指向偏离法线方向,增益逐渐降低,因此在阵列主波束覆盖方位内,某些阵元实际上没有贡献。

球面阵列天线波束合成时,选择作用区域方法同圆环阵,需根据期望波束指向,选通阵列天线上一定区域的阵元,该选通区域的法线方向对准目标,并产生指向目标的波束。

如图 2.46 所示,图 2.46（a）为指向为（90°,0°）的波束作用区域,图 2.46（b）为作用阵列的等效圆形阵列。图 2.46（b）中阵元 k 的横纵坐标为（x_k,y_k）,圆形等效阵列的半径为 $R' = R\sin\alpha$,其中 R 为球的半径,α 为阵元 k 指向与波束指向间的夹角。

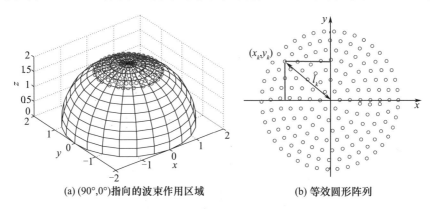

(a)（90°,0°）指向的波束作用区域　　　　　(b) 等效圆形阵列

图 2.46　波束作用区域及等效圆形阵列（见彩图）

例 2.20:图 2.47 给出了球面阵在方位 −145°方向上,波束以 1°为间隔从 40°扫描到 50°的过程。不同俯仰角所对应的主波束方向图的形状基本上保持一致,波束峰值电平基本不变。

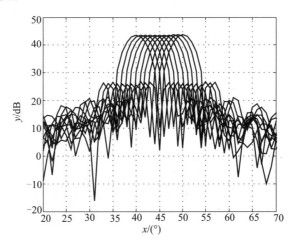

图 2.47　从（−145°,40°）到（−145°,50°）扫描的波束方向图

2）波束交叉过渡

在球面阵列天线执行多目标任务时,根据空间目标的分布,分别选通阵面上不同作用区域的阵元,形成指向不同目标的波束。随着不同的波束在球面阵表面的波束扫描,会产生两个或更多波束相交的情况,即产生这些相交波束的作用阵元会发生重叠,重叠部分的阵元需要同时参与到两个或更多波束的工作任务中。采用数字多波束形成的技术体制,每个通道对数字信号进行不同的加权、移相和叠加,可同时形成

不同指向的波束。

例 2.21：为便于描述给出了两个波束交叉过渡过程中，作用阵元变化如图 2.48 所示。当多个波束交叉过渡时，共同作用区域的阵元同时参与波束形成的波束数量，取决于阵元通道加载的信号数量。

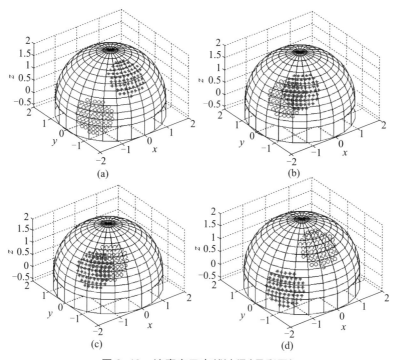

图 2.48　波束交叉穿越过程（见彩图）

当两个目标分别在（-150°,80°）和（-120°,80°）两个方向时，其对应的作用阵元区域发生重叠，如图 2.49（a）所示。通过波束交叉过渡方法产生两个波束，方位角为 80°方向上的波束方向图，如图 2.49（b）所示，从图中可以看出两个波束分别指向目标方向，且波束方向图形状一致。

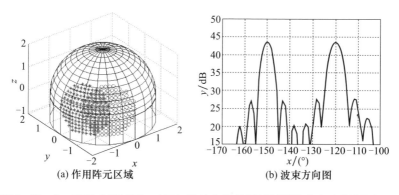

图 2.49　（-150°,80°）和（-120°,80°）作用阵元区域及波束方向图（见彩图）

3）波束 EIRP 合成与控制

（1）波束扫描 EIRP 合成。

波束的 EIRP 能力主要取决于单通道输出功率、通道数量以及单元天线增益三个因素。在球面阵列天线工作过程中，波束合成是由作用区域阵元完成，波束的 EIRP 与阵元数目、阵元方向图等有密切关系。由于球面阵阵元布阵设计的原因，在波束扫描过程中，作用区域的阵元个数会发生微小变化，可以算出各个方向的 EIRP 值。可根据实际工程需要，通过改变作用区域单位阵元的发射功率进行补偿，使其在波束扫描过程中维持发射功率不变。

（2）波束 EIRP 增强。

在理想球面阵的情况下，波束在球面滑动扫描过程中，作用区域口径大小不变，作用阵元个数基本保持不变，波束 EIRP 保持恒定。可以通过增加参与波束合成的通道数量，显著提高阵列天线的发射 EIRP 能力。在波束形成算法中扩大作用阵元的选择区域，使作用阵元数增多，即可提高波束 EIRP 能力。

例 2.22：在同指向（60°，45°）情况下，选取阵元的波束覆盖范围从 60°扩大为 90°，如图 2.50 所示。作用阵元区域扩大后作用阵元数量由 151 增加到 330，通道数增多，波束 EIRP 增强。图 2.50 给出了扩大阵元数后波束方向图的变化，波束 3dB 宽度由 6.14°减小到 4.16°，波束峰值电平由 43.58dB 增加到 50.37dB，主副瓣幅度比由 16.93dB 降低到 15.86dB。

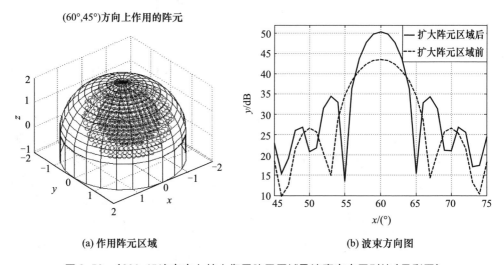

(a) 作用阵元区域   (b) 波束方向图

图 2.50 （60°，45°）方向上扩大作用阵元区域及波束方向图对比（见彩图）

2.4.3.2 基于测距的伪码时延加权

由于球面阵的波束形成是根据波束指向选择作用区域进行波束形成的。不同的目标指向对应不同的作用阵元区域。基准点的选择可以参考基于子阵协同工作模式下的基准点选择方法，即无论什么指向下，都以球心为参考点，便于对整个阵列天线阵元进行伪码时延加权。所得测距值的起点为阵列天线的参考点。

例 2.23：选取球面阵中的一个半圆环进行仿真分析。根据作用阵元的位置和发射指向，可以求得作用阵元相对的光程差，换算为对应时延进行各个通道时延加权修正，使各个通道伪码在发射方向上相位对齐。采用码速率为 $1.023 \times 10^6 \text{chip/s}$ 的 C/A 码进行仿真，通道进行时延加权后的信号与没有进行时延加权后的信号分别与本地码进行相关运算结果如图 2.51 所示。

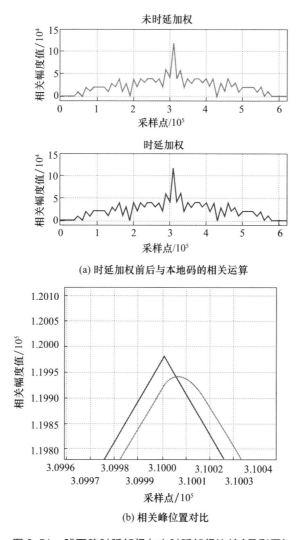

(a) 时延加权前后与本地码的相关运算

(b) 相关峰位置对比

图 2.51　球面阵时延加权与未时延加权比较（见彩图）

从图 2.51(b) 中可以看出，两个相关峰最高点对应横坐标相差 6，转化成距离约为 0.18m。由此可以看出，曲线阵阵元间的时延差对测距有影响，需要通过时延加权对其进行修正。

2.5　多波束跟踪测角技术

数字多波束可不间断灵活地改变波束的指向,利用灵活的波束定位能力,可以实现对任意目标的实时跟踪与定位。一般来说,数字多波束的跟踪测角技术分为两种:第一种是引导跟踪,利用预先知道的目标轨迹或其他测量设备所测量的目标实际轨迹的先验知识实现对空间目标位置的确定,控制数字波束指向目标,并跟随目标运动,使得数字波束始终罩住目标,实现对目标的连续捕获与跟踪。该种跟踪方式适合合作信号,例如导航卫星的测控,可以根据星历解算出的星历信息确定跟踪目标的当前位置,从而指导数字多波束系统在指定的方向上形成测控波束,并根据星历信息预测目标下一时刻的位置,从而实现对目标航迹的动态测控。第二种是自跟踪,在缺少先验知识的条件下,利用自身对目标的测角信息引导数字波束对测控目标进行测量,并根据测角信息建立跟踪模型,依靠实时测量信息预测下一时刻跟踪目标的位置信息,从而引导跟踪波束在目标方位上形成动态变化的跟踪波束。该种实现方式适合非合作目标的跟踪或合作目标发生异常时的应急跟踪,高精度测角是实现自跟踪的先决条件,跟踪模型的构建决定自跟踪的跟踪定位质量。

2.5.1　外部引导跟踪方法

数字多波束系统的正常工作需要以对发射波束和接收波束的引导为前提,即收发波束的形成均需要卫星空间位置参数作为引导信息,进而通过权值计算后下发给收发设备,才能够实现一定指向的波束。数字多波束系统具有外部引导和自跟踪引导两种跟踪引导方式,以外部引导模式为主,当外部引导出现异常或故障时,可以应急采用自跟踪引导方式[54]。

外部引导跟踪是根据外部系统推送来目标方向信息,控制发射和接收多波束的实时生成和扫描,完成动态跟踪多目标的任务。外部引导可以采用程序引导或数字引导两种方式,程序引导是指外部系统提前推送来卫星的轨道信息,在本地计算得到卫星运动的位置参数,如果是数字引导,则直接由外部系统实时推送来卫星的位置参数信息。通过卫星的位置信息,可以计算得出卫星相对发射和接收阵列天线的方位角 α 和俯仰角 θ。计算方法为

$$\begin{bmatrix} \Delta x \\ \Delta y \\ \Delta z \end{bmatrix} = \begin{bmatrix} x_s \\ y_s \\ z_s \end{bmatrix} - \begin{bmatrix} x \\ y \\ z \end{bmatrix} \tag{2.177}$$

$$\begin{bmatrix} \Delta e \\ \Delta n \\ \Delta u \end{bmatrix} = S * \begin{bmatrix} \Delta x \\ \Delta y \\ \Delta z \end{bmatrix} \tag{2.178}$$

$$S = \begin{bmatrix} -\sin\lambda & \cos\lambda & 0 \\ -\sin\phi\cos\lambda & -\sin\varphi\sin\lambda & \cos\phi \\ \cos\phi\cos\lambda & \cos\phi\sin\lambda & \sin\phi \end{bmatrix} \qquad (2.179)$$

$$\theta = \arcsin\left(\frac{\Delta u}{\sqrt{(\Delta e)^2 + (\Delta n)^2 + (\Delta u)^2}} \right) \qquad (2.180)$$

$$\alpha = \arctan\left(\frac{\Delta e}{\Delta n} \right) \qquad (2.181)$$

式中:(x,y,z) 和 (x_s,y_s,z_s) 分别是阵列天线和卫星在地心地固直角坐标系下的坐标;ϕ 和 λ 分别为阵列天线点位的大地纬度和大地经度。

由卫星相对发射和接收阵列天线的方位角 α 和俯仰角 θ 信息可以直接计算出发射和接收的权值信息,从而实现发射和接收波束的引导跟踪。

鉴于数字多波束发射系统与接收系统处理存在差异,外部引导跟踪过程可以分为发射波束引导跟踪和接收波束引导跟踪。

(1)发射波束引导跟踪过程。数字多波束发射系统接收到外部系统推送来的多颗导航卫星的引导跟踪信息后,通过本地监控计算机计算得出多颗导航卫星的位置参数信息,根据发射阵列天线的点位坐标,计算得到卫星相对发射阵列天线的方位和俯仰信息,然后实时完成 M 路发射通道幅相权值计算,并将权值通过发射系统的本地监控计算机实时传送给发射数传网络,发射数传网络将此权值数据包再以广播方式实时发送给 M 路发射组件。在每个发射组件的内部完成 N 路注入信号加权、调制、上变频和功率放大,输出信号馈电给发射阵元向空间辐射,在空间合成 N 个动态波束指向对应的导航卫星,即可实现发射波束的跟踪引导处理。

(2)接收波束引导跟踪过程。根据收发天线的互易性,阵列天线波束形成的机理对于发射天线和接收天线是一样的,接收可以看作发射波束形成的逆过程。

数字多波束接收系统接收到外部系统推送来的多颗导航卫星的引导跟踪信息后,通过本地监控计算机计算得出多颗导航卫星的位置参数信息,根据接收阵列天线的点位坐标,计算得到卫星相对接收阵列天线的方位和俯仰信息,然后实时完成 M 路接收通道幅相权值计算,并将权值通过接收系统的本地监控计算机实时传送给多波束接收单元,多波束接收单元对 M 路数字化采样信号进行信号加权处理,形成 N 个接收波束信号,实现接收波束的引导跟踪处理。

2.5.2　自跟踪测角方法

自跟踪的实现主要考虑两方面:一是目标方位的估计;二是跟踪模型的构建。本小节在常用的目标跟踪测角方法的基础上,进一步介绍了两种常用的跟踪模型。

2.5.2.1　自跟踪测角

空间信号的波达方向估计技术是阵列信号处理领域一个重要的方向,这种技术可应用在对空间多个目标的同时测控中。例如在航天探测与军事雷达等领域,用于航天器、卫星、飞机和导弹的空间位置估计。可利用数字阵列的灵活特性、采用高分辨率的测角方法实现多个目标的同时高精度估计。这里主要介绍几种常见的利用阵列天线对波达方向进行估计的方法,主要包括基于干涉仪的测角方法、Capon 算法、MUSIC 算法、求根 MUSIC 算法和 ESPRIT 算法[55]。

1) 基于干涉仪的测角方法

由于阵列天线一般采用二维方阵,为了简便起见,先就一维线阵的干涉仪测角方法进行介绍[56-57],二维可类推得到。设接收信号为单载波形式,天线为理想天线。若有两个阵元全向天线,间距为 $d = \lambda/2$ 并行放置,卫星目标位于阵元偏离法线方向 θ 处,干涉仪测角方法的原理示意图如图 2.52 所示。

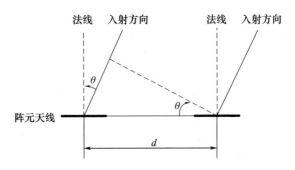

图 2.52　干涉仪测角方法原理示意图

因此卫星信号到达两天线处的载波相位差为

$$\varphi = \frac{2\pi}{\lambda} d\sin\theta \qquad (2.182)$$

通过对两天线之间的接收信号测量相差,可测定目标的方向 θ。由于阵元间距为半个波长,则代入式(2.182)得到

$$\varphi = \pi\sin\theta \qquad (2.183)$$

当目标方向在 ±90° 范围内变化时,两天线间测得相位差在 $(-\pi, \pi)$ 间单调变化,因为载波相位差测量的无模糊范围为 $(-\pi, \pi)$,所以在目标方向 $\theta \pm 90°$ 范围内,可对目标进行无模糊测量。

$$\delta\varphi = \frac{2\pi}{\lambda} d\cos\theta \cdot \delta\theta \qquad (2.184)$$

假定两阵元通道的接收信噪比相同,均为 S/N,则相位测量误差为

$$\delta\varphi = \sqrt{\frac{2N}{S}} \qquad (2.185)$$

整理式(2.184)和式(2.185)得到测角误差随信噪比的关系式为

$$\delta\varphi = \frac{\lambda}{\sqrt{2}\pi d\cos\theta} \cdot \frac{1}{\sqrt{S/N}} \qquad (2.186)$$

由式(2.186)得到干涉仪体制的测角误差有如下特性:

（1）测角误差与 λ 成正比，与 d 成反比；

（2）方向角 θ 越大，测量误差越大；

（3）测量误差与信噪比平方根成反比。

所以若要提高测量精度，减小角度测量误差，可提高频率缩小波长、增大天线间距或提高信噪比，干涉仪算法的处理流程如下：

（1）计算同一时刻信号到达两个不同天线处的载波相位；

（2）求同一时刻两个天线接收信号的载波相位差；

（3）根据载波相位差和入射信号之间关系，计算信号的入射方向。

干涉仪的测角方法实现较为简单，计算量小，利于实时实现，但是干涉仪的方法不能实现同频的多个信号的同时测角，应用相对受限。

2）Capon 算法

Capon 波束形成器也称为最小方差无畸变波束形成器，它是使来自于噪声和干扰所贡献的功率为最小，但期望信号方向的功率贡献维持不变的一种波束形成器。可近似看作一个空间带通滤波器，二维 Capon 空间谱函数可表示为

$$P_{\text{capon}}(\theta,\varphi)=\frac{1}{A^{\text{H}}(\theta,\varphi)R^{-1}A(\theta,\varphi)} \tag{2.187}$$

式中：$A(\theta,\varphi)$ 为二维阵列流型；θ 为方位角；φ 为俯仰角；R 为入射信号的协方差矩阵。按照上式进行谱峰搜索，就可以得到目标的二维波达方向（DOA）估计，可以确定目标的方位角和俯仰角，从而得出目标的具体位置。因此，Capon 算法的处理流程如下：

（1）阵列天线接收信号 $X(t)=[\,x_1(t)\quad x_2(t)\quad \cdots\quad x_M(t)\,]$；

（2）求解信号的协方差矩阵 $R=X(t)X^{\text{H}}(t)$；

（3）构建空间谱函数 $P_{\text{capon}}(\theta,\varphi)=\dfrac{1}{A^{\text{H}}(\theta,\varphi)R^{-1}A(\theta,\varphi)}$，并搜索谱峰，根据搜索谱峰判断目标信号的来波方向。

例 2.24：分析均匀线阵和平面阵的 Capon 算法测角性能仿真。

11 阵元的均匀线阵接收 3 个期望信号，分别位于 $10°$、$30°$ 和 $60°$ 方向。均匀线阵 Capon 算法测角如图 2.53 所示。

从图 2.53 中可以看出：Capon 算法能够实现多个信号的同时测向，测向精度较高。

10×10 阵元的平面阵接收 3 个期望信号，分别位于 $(80°,10°)$、$(50°,120°)$ 和 $(60°,240°)$ 方向。平面阵的 Capon 算法测角如图 2.54 所示。

从图 2.54 中可以看出：二维 Capon 算法能够实现三个波束的同时测向，但是该算法对多个信号测向时的波束形状有点发散，但还能够实现二维测角。

3）MUSIC 算法

基于阵列协方差矩阵的特征分解类算法中，MUSIC 算法具有普遍的适用性，该

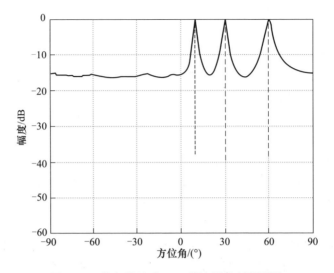

图 2.53 均匀线阵 Capon 算法测角(见彩图)

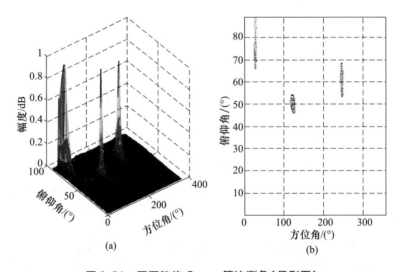

图 2.54 平面阵的 Capon 算法测角(见彩图)

方法对阵列的形式要求不高,即使非等间距分布,也可得到高分辨的角度估计结果。

阵列的协方差矩阵可划分为信号子空间和噪声子空间:

$$\boldsymbol{R} = \sum_{i=1}^{K+1} \lambda_i \boldsymbol{u}_i \boldsymbol{u}_i^{\mathrm{H}} + \sigma_n^2 \sum_{i=K+2}^{M} \boldsymbol{u}_i \boldsymbol{u}_i^{\mathrm{H}} \tag{2.188}$$

式中:协方差矩阵的特征值 $\lambda_1 \geqslant \lambda_2 \geqslant \cdots \lambda_{K+1} > \lambda_{K+2} = \cdots = \lambda_M = \sigma_n^2$ 是相应的 M 个特征值,其对应的特征矢量为 $\boldsymbol{u}_i (i = 1, 2, \cdots, M)$。记为

$$\boldsymbol{D}_{\mathrm{s}} = \mathrm{diag}(\lambda_1, \lambda_2, \cdots, \lambda_{K+1}) \tag{2.189}$$

$$\boldsymbol{D}_{\mathrm{n}} = \mathrm{diag}(\lambda_{K+2}, \lambda_{K+3}, \cdots, \lambda_M) \tag{2.190}$$

对应的大的特征值张成的信号子空间为 $\boldsymbol{U}_s = [\, u_1 \; u_2 \cdots \; u_{K+1}\,]$，噪声子空间为 $\boldsymbol{U}_N = [\, u_{K+2} \; u_{K+3} \cdots \; u_M\,]$，信号子空间与噪声子空间相互正交。

同时，信号阵列接收组成的方向矩阵的各列矢量与噪声子空间也正交，即 $\boldsymbol{U}_N^{\mathrm{H}} \boldsymbol{a}(\theta_i)$ 为 0，可得到 MUSIC 空间谱函数为

$$P_{\mathrm{MUSIC}}(\theta,\varphi) = \frac{1}{\boldsymbol{a}^{\mathrm{H}}(\theta,\varphi)\boldsymbol{U}_N \boldsymbol{U}_N^{\mathrm{H}} \boldsymbol{a}(\theta,\varphi)} \tag{2.191}$$

按照式(2.191)进行谱峰搜索，就可以得到目标的二维 DOA，可以确定目标的方位角和俯仰角，从而得出目标的具体位置。MUSIC 算法的实现流程如下：

（1）阵列天线接收信号 $\boldsymbol{X}(t) = [\, x_1(t) \; x_2(t) \cdots \; x_M(t)\,]$；

（2）求解信号的协方差矩阵 $\boldsymbol{R} = \boldsymbol{X}(t)\boldsymbol{X}^{\mathrm{H}}(t)$，并对协方差矩阵进行特征分解，得到信号子空间 $\boldsymbol{U}_s = [\, u_1 \; u_2 \cdots \; u_K\,]$ 和噪声子空间 $\boldsymbol{U}_N = [\, u_{K+1} \; u_{K+2} \cdots \; u_N\,]$；

（3）构建空间谱函数 $P_{\mathrm{MUSIC}}(\theta,\varphi) = \dfrac{1}{\boldsymbol{a}^{\mathrm{H}}(\theta,\varphi)\boldsymbol{U}_N \boldsymbol{U}_N^{\mathrm{H}} \boldsymbol{a}(\theta,\varphi)}$，并搜索谱峰，根据搜索谱峰判断目标信号的来波方向。

例 2.25：仿真均匀线阵和平面阵 MUSIC 算法测向的性能。

11 阵元的均匀线阵接收 3 个期望信号，分别位于 10°、30°和 60°方向，MUSIC 算法测角性能如图 2.55 所示。

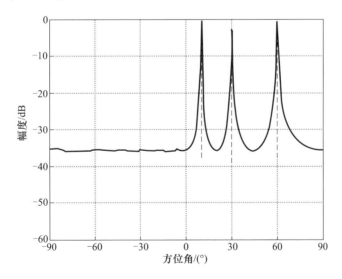

图 2.55　均匀线阵 MUSIC 测角性能

从图 2.55 中可以看出：该算法对信号具有较好的测角性能，能够实现多个信号的同时测角，且分离度较好。

10×10 阵元的平面阵接收 3 个期望信号，分别位于 (80°,10°)、(50°,120°) 和 (60°,240°) 方向。基于平面阵的二维 MUSIC 测角如图 2.56所示。

从图 2.56 中可以看出：平面阵列采用 MUSIC 算法能够取得较好的测角效果，能

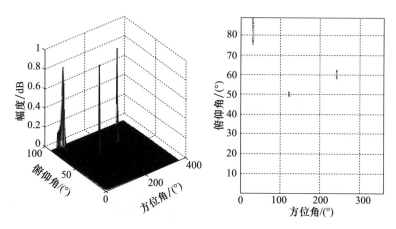

图 2.56　基于平面阵的二维 MUSIC 测角（见彩图）

够在二维搜索平面上明显地看到三个波达信号的尖峰,在平面上的投影也可以看出 MUSIC 算法的二维测角精度较高,相同条件下的测角精度明显优于 Capon 算法。

4）求根 MUSIC 算法

求根 MUSIC 算法是 MUSIC 算法的一种多项式求根形式,它由 Barabell 提出,其基本思想是 Pisarenko 分解。定义多项式:

$$p_l(z) = \boldsymbol{u}_l^{\mathrm{H}} \boldsymbol{p}(z) \tag{2.192}$$

式中:$l = k + 1, k + 2, \cdots, M$;$\boldsymbol{u}_l$ 为协方差矩阵的第 l 个特征矢量;$\boldsymbol{p}(z) = [1 \quad z \quad \cdots \quad z^{M-1}]^{\mathrm{T}}$。

为了从所有矢量特征中提取信息,使

$$\boldsymbol{p}^{\mathrm{H}}(z) \boldsymbol{U}_{\mathrm{N}} \boldsymbol{U}_{\mathrm{N}}^{\mathrm{H}} \boldsymbol{p}(z) = 0 \tag{2.193}$$

因为存在 z^* 幂次项,式（2.193）还不是 z 的多项式。进一步用 $\boldsymbol{p}^{\mathrm{T}}(z^{-1})$ 代替 $\boldsymbol{p}^{\mathrm{H}}(z)$ 得到求根 MUSIC 算法的多项式:

$$p(z) = z^{M-1} \boldsymbol{p}^{\mathrm{T}}(z^{-1}) \boldsymbol{U}_{\mathrm{N}} \boldsymbol{U}_{\mathrm{N}}^{\mathrm{H}} \boldsymbol{p}(z) \tag{2.194}$$

式中:$p(z)$ 为 $2(M-1)$ 次多项式,它的根相对于单位圆为镜像对。最大幅值的 K 个根 $\hat{z}_1, \hat{z}_2, \cdots, \hat{z}_K$ 的相位给出的波达方向估计为

$$\hat{\theta}_k = \arcsin\left(\frac{\lambda}{2\pi d} \arg\{\hat{z}_k\}\right) \tag{2.195}$$

下面总结一下求根 MUSIC 算法,如下:

（1）阵列天线接收信号 $\boldsymbol{X}(t) = [x_1(t) \quad x_2(t) \quad \cdots \quad x_M(t)]$;

（2）求解信号的协方差矩阵 $\boldsymbol{R} = \boldsymbol{X}(t)\boldsymbol{X}^{\mathrm{H}}(t)$;

（3）对协方差矩阵进行特征分解,得到信号子空间 $\boldsymbol{U}_s = [u_1 \ u_2 \cdots \ u_K]$ 和噪声子空间 $\boldsymbol{U}_{\mathrm{N}} = [u_{K+1} \ u_{K+2} \cdots \ u_N]$;

（4）根据式（2.194）求解多项式 $p(z)$,并求多项式的根;

（5）找出单位圆上的根,并根据式（2.195）求解对应的信号源角度。

MUSIC 算法和求根 MUSIC 算法具有相同的渐进性能,但是求根 MUSIC 算法的小样本性能明显优于 MUSIC 算法。

例 2.26:11 阵元的均匀线阵接收 3 个期望信号,分别位于 10°、30°和 60°方向,求根 MUSIC 算法的结果如表 2.3 所列。

表 2.3　求根 MUSIC 算法的结果

期望信号方向/(°)	10	30	50
测量值/(°)	9.9934	29.9521	50.0075
误差/(°)	0.0066	0.0479	0.0075

5）ESPRIT 算法

ESPRIT 即通过旋转不变性进行信号参数估计的技术,利用子阵间的旋转不变性,通过闭环表达式直接求解角度参数。下面以图 2.57 所示平面阵列为例进行说明。

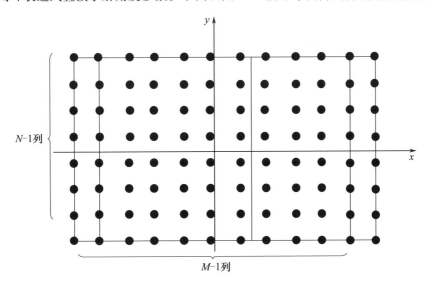

图 2.57　$M \times N$ 面阵

分别选取前 $M-1$ 列和后 $M-1$ 列,从而将均匀面阵划分为两个子阵,则对应的阵列接收信号可表述为

$$Z(t) = \begin{bmatrix} X(t) \\ Y(t) \end{bmatrix} \tag{2.196}$$

求解该接收信号的自相关矩阵,可表述为

$$R_{ZZ}(t) = Z(t)Z^{H}(t) = \begin{bmatrix} X(t)X^{H}(t) & X(t)Y^{H}(t) \\ Y(t)X^{H}(t) & Y(t)Y^{H}(t) \end{bmatrix} \tag{2.197}$$

对式（2.197）进行特征值分解后,根据特征值的大小对空间矢量排序,按照同样的划分方式可获得两个子阵的信号子空间 U_X 与 U_Y,那么存在唯一的非奇异满秩矩阵 T 满足

$$U_{XY} = \begin{bmatrix} U_X \\ U_Y \end{bmatrix} = \begin{bmatrix} V_1 \\ V_2 \end{bmatrix} T \qquad (2.198)$$

ESPRIT 算法利用了一种阵列的移动不变性,即两个子阵之间存在如下关系:

$$V_2 = V_1 \phi \qquad (2.199)$$

则式(2.198)可进一步写成

$$U_{XY} = \begin{bmatrix} V_1 T \\ V_1 \phi T \end{bmatrix} \qquad (2.200)$$

因此有

$$U_Y = U_X T^{-1} \phi T \qquad (2.201)$$

令 $\varphi = T^{-1} \phi T$,则

$$U_Y = U_X \varphi \qquad (2.202)$$

采用最小二乘法求解式(2.202),使左右两边的差值最小,有

$$\varphi_{LS} = \arg \min_{\varphi} \{ \| U_X - U_X \varphi \|_F \} = \arg \min_{\varphi} \{ \mathrm{tr} [U_Y - U_X \varphi]^H [U_Y - U_X \varphi] \}$$

$$(2.203)$$

化简可得到最小二乘的解为

$$\hat{\varphi}_{LS} = [U_X^H U_X]^{-1} U_X^H U_Y \qquad (2.204)$$

因此,ESPRIT 算法的实现流程可描述如下:

(1)将阵列划分为两个互相重叠的子阵;

(2)根据两个子阵的接收数据分别求解自相关与互相关协方差矩阵;

(3)根据旋转不变性构建两个子阵之间的关系,分别求取两个子阵的信号子空间;

(4)根据式(2.204)得到对应信号的波达角。

例 2.27:10×11 阵元的平面线阵接收 3 个期望信号,分别位于$(80°,10°)$、$(50°,120°)$ 和 $(60°,240°)$方向。ESPRIT 算法的结果如表 2.4 所列。

表 2.4 ESPRIT 算法的结果

期望信号方向/(°)	(80,10)	(50,120)	(60,240)
测量值/(°)	(79.8007,9.9988)	(49.9729,60.0325)	(59.9662,239.9950)
均方误差/(°)	0.1993	0.0423	0.0342

2.5.2.2 基于卡尔曼滤波的数字波束跟踪算法

卡尔曼滤波[58]相比最陡下降算法的优势是能够建立跟踪目标运动的状态模型来匹配跟踪目标的运动实现更高的目标跟踪精度,但需要目标先验运动模型,在目标运动状态完全未知的情况下的跟踪性能较差。

对于目标,其状态方程为

$$x(n+1) = F(n+1,n)x(n) + v_1(n) \qquad (2.205)$$

$$y(n) = C(n)x(n) + v_2(n) \qquad (2.206)$$

式中:$\boldsymbol{x}(n)$ 为一个二维矢量,表示第 n 时刻的目标状态;$\boldsymbol{v}_1(n)$ 为系统噪声;$\boldsymbol{v}_2(n)$ 为测量噪声,一般情况下可认为近似服从零均值的高斯分布;$\boldsymbol{F}(n+1,n)$ 为状态转移矩阵;$\boldsymbol{C}(n)$ 为测量矩阵。

为了解决卡尔曼滤波问题,应用基于新息过程的方法,该过程认为 n 时刻的新息 $\boldsymbol{a}(n)$ 是一个与 n 时刻之前的观测数据 $\boldsymbol{y}(1),\boldsymbol{y}(2),\cdots,\boldsymbol{y}(n)$ 不相关,并具有白噪声性质的随机过程,但它却能提供有关 $\boldsymbol{y}(n)$ 的新信息。

在卡尔曼滤波中,不能直接估计观测矢量的一步预测值 $\hat{\boldsymbol{y}}_1(n)$,而是先计算状态矢量的一步预测:

$$\boldsymbol{y}(1),\boldsymbol{y}(2),\cdots,\hat{\boldsymbol{x}}_1(n) \overset{def}{=} (\hat{\boldsymbol{x}}(n)\,|\,\boldsymbol{y}(1),\boldsymbol{y}(2),\cdots,\boldsymbol{y}(n)) \qquad (2.207)$$

进而得到

$$\hat{\boldsymbol{y}}_1(n) = \boldsymbol{C}(n)\hat{\boldsymbol{x}}_1(n) \qquad (2.208)$$

根据新息过程的定义可得

$$\boldsymbol{a}(n) = \boldsymbol{y}(n) - \boldsymbol{C}(n)\hat{\boldsymbol{x}}_1(n) = \boldsymbol{C}(n)[\boldsymbol{x}(n) - \hat{\boldsymbol{x}}_1(n)] + \boldsymbol{v}_2(n) =$$
$$\boldsymbol{C}(n)\boldsymbol{\varepsilon}(n,n-1) + \boldsymbol{v}_2(n)$$

式中:$\boldsymbol{v}_2(n)$ 为噪声矢量;$\boldsymbol{\varepsilon}(n,n-1)$ 为预测状态误差矢量。则 $\boldsymbol{a}(n)$ 的相关矩阵可定义为

$$\boldsymbol{R}(n) = E\{\boldsymbol{a}(n)\boldsymbol{a}^{\mathrm{H}}(n)\} = \boldsymbol{C}(n)\boldsymbol{C}(n)\boldsymbol{K}(n,n-1) + \boldsymbol{Q}_2(n) \qquad (2.209)$$

式中:$\boldsymbol{Q}_2(n)$ 为测量噪声矢量 $\boldsymbol{v}_2(n)$ 的相关矩阵;预测状态误差矩阵 $\boldsymbol{K}(n,n-1) = E\{\boldsymbol{\varepsilon}(n,n-1)\boldsymbol{\varepsilon}^{\mathrm{H}}(n,n-1)\}$。

状态矢量一步预测的最小均方估计为

$$\hat{\boldsymbol{x}}_1(n+1) = \sum_{k=1}^{n} E\{\boldsymbol{x}(n+1)\boldsymbol{a}^{\mathrm{H}}(k)\}\boldsymbol{R}^{-1}(k)\boldsymbol{a}(k) =$$
$$\sum_{k=1}^{n-1} E\{\boldsymbol{x}(n+1)\boldsymbol{a}^{\mathrm{H}}(k)\}\boldsymbol{R}^{-1}(k)\boldsymbol{a}(k) + \sum_{k=1}^{n-1} E\{\boldsymbol{x}(n+1)\boldsymbol{a}^{\mathrm{H}}(k)\}\boldsymbol{R}^{-1}(k)\boldsymbol{a}(k)$$
$$(2.210)$$

定义 $\boldsymbol{G}(n) \overset{def}{=} E\{\boldsymbol{x}(n+1)\boldsymbol{a}^{\mathrm{H}}(n)\}\boldsymbol{R}^{-1}(n)$,则推导得到状态矢量的一步预测更新公式为

$$\hat{\boldsymbol{x}}_1(n+1) = \boldsymbol{F}(n,n-1)\boldsymbol{K}(n,n-1)\boldsymbol{C}^{\mathrm{H}}(n)\boldsymbol{R}^{-1}(n) \qquad (2.211)$$

卡尔曼滤波增益 $\boldsymbol{G}(n)$ 的实际计算公式为

$$\boldsymbol{G}(n) = \boldsymbol{F}(n,n-1)\boldsymbol{K}(n,n-1)\boldsymbol{C}^{\mathrm{H}}(n)\boldsymbol{R}^{-1}(n) \qquad (2.212)$$

式中:状态预测误差的相关矩阵递推公式为

$$\boldsymbol{K}(n,n-1) = \boldsymbol{F}(n,n-1)\boldsymbol{P}(n)\boldsymbol{F}^{\mathrm{H}}(n,n-1) + \boldsymbol{Q}_1(n) \qquad (2.213)$$

式中

$$\boldsymbol{P}(n) = \boldsymbol{K}(n,n-1) - \boldsymbol{F}^{-1}(n,n-1)\boldsymbol{G}(n)\boldsymbol{G}^{\mathrm{H}}(n)\boldsymbol{K}^{\mathrm{H}}(n,n-1) \qquad (2.214)$$

因此,基于卡尔曼滤波的数字波束跟踪算法的处理流程如下:

（1）建立卡尔曼滤波状态方程；

（2）根据 $n-1$ 时刻的状态预测 n 时刻的状态；

（3）根据 $n-1$ 时刻的系统误差估计 n 时刻的系统预测误差；

（4）计算卡尔曼滤波的增益；

（5）计算卡尔曼滤波当前时刻的最优估计值；

（6）计算当前时刻的系统预测误差。

卡尔曼滤波线性离散系统，在有先验运动模型的条件下，能够使状态估计误差的相关矩阵 $\boldsymbol{P}(n)$ 的迹最小化，即使得 $\boldsymbol{x}(n)$ 线性最小方差估计最优，应用在多波束测量跟踪中具有较好的跟踪性能。

2.6 阵列性能度量

阵列的波束合成性能需要有一定的参数进行度量，每一个度量参数都能够量化阵列在某一方面的性能，在上面小节中已经介绍了波束宽度、分辨率、旁瓣及栅瓣、相位中心等度量参数，但是对波束合成性能的度量还包括以下四个常用的参数：方向性；对空域白噪声的阵列增益；阵列误差；波束的可靠度。

2.6.1 方向性

定义功率方向图 $\boldsymbol{P}(\theta,\varphi)$ 为波束方向图 $\boldsymbol{B}(\omega:\theta,\varphi)$ 幅度的平方，即

$$\boldsymbol{P}(\theta,\varphi) = \left| \boldsymbol{B}(\omega:\theta,\varphi) \right|^2 \tag{2.215}$$

则方向性 D 定义为

$$D = \frac{\boldsymbol{P}(\theta_{\mathrm{T}},\varphi_{\mathrm{T}})}{\dfrac{1}{4\pi}\displaystyle\int_0^\pi \mathrm{d}\theta \int_0^\pi \sin\theta \boldsymbol{P}(\theta,\varphi)\,\mathrm{d}\varphi} \tag{2.216}$$

式中：$(\theta_{\mathrm{T}},\varphi_{\mathrm{T}})$ 为主响应轴的指向。

对于一个发射多波束阵列，D 代表最大发射密度（每单位立体角对应的发射功率）和平均发射密度（在球面上平均）的比值。

对于一个接收多波束来说，分母代表的是阵列对全向噪声的输出噪声功率，分子代表的是对应从 $(\theta_{\mathrm{T}},\varphi_{\mathrm{T}})$ 方向入射的信号功率。D 可以解释为是对全向噪声的阵列增益。

2.6.2 对空域白噪声的阵列增益

阵列处理的核心目标是通过相干的累加信号和不相干的累加噪声来改善信噪比（SNR），改善的程度可以通过阵列增益这一参数来度量，这是阵列处理的一个重要参数，决定了系统的测控性能。

假设每一个阵元输入由一个从主响应轴入射的平面波加上一个噪声过程组成，

各个阵元接收到的噪声是互不相关的,则有

$$x_i(t) = s(t - \tau_i) + n(t) \tag{2.217}$$

式中 $:i = 0,1,2,\cdots,N$。则信号谱和噪声谱的量化比值可定义为

$$\mathrm{SNR}_{\mathrm{in}}(\omega) = \frac{S_{\mathrm{f}}(\omega)}{S_{\mathrm{n}}(\omega)} \tag{2.218}$$

即输入 SNR 为信号能量与噪声能量的比值,它是在各个阵元的噪声谱是近似相当条件下定义的。

2.6.3　阵列误差

系统误差通常来说有三种形式:阵列模型误差、噪声模型误差和有限数据长度引起的截取误差。在实际中由于阵列模型误差远大于其他误差,因此,主要考虑阵列模型误差。

阵列的模型误差可定义为

$$\boldsymbol{X} = \boldsymbol{CT}\phi\boldsymbol{AS} + \boldsymbol{N} \tag{2.219}$$

式中 $:\boldsymbol{C}$ 为阵列的互耦阵(阵元之间互耦引起的误差) $;\boldsymbol{T}$ 为各阵元增益组成的对角阵 $;\phi$ 为各阵元初相组成的对角阵。

可进一步写成

$$\boldsymbol{R}_X = (\boldsymbol{I} + \boldsymbol{\Delta})\big[(\boldsymbol{A} + \bar{\boldsymbol{A}})\boldsymbol{R}_S(\boldsymbol{A} + \bar{\boldsymbol{A}})^{\mathrm{H}} + $$
$$\sigma^2(\boldsymbol{R}_N + \bar{\boldsymbol{R}}_N)\big](\boldsymbol{I} + \boldsymbol{\Delta})^{\mathrm{H}} \tag{2.220}$$

式中 $:\bar{\boldsymbol{A}}$、$\bar{\boldsymbol{R}}_N$ 和 $\boldsymbol{\Delta}$ 分别对应模型中的扰动。其中:矩阵 $\boldsymbol{\Delta}$ 包含的误差对信号和噪声都有影响,如阵元的增益误差(由于工艺、加工条件限制)、通道间互耦等 $;\bar{\boldsymbol{A}}$ 只对信号部分有影响,如阵元的位置、阵元幅度和相位方向图的扰动、信号引起的互耦 $;\bar{\boldsymbol{R}}_N$ 为噪声误差矩阵。

2.6.4　波束可靠度

可靠度是数字多波束系统运行稳定性的重要方面,它包括数字多波束测量系统运行的可靠性、安全性、适用性和耐久度,如果用作概率来度量,则称为数字多波束的可靠度。

2.6.4.1　波束可靠度的定义

数字波束可靠度指数字多波束天线能满足一定性能正常工作的概率。由于数字多波束系统是一个全电子化多通道并行系统,少量通道故障不会导致系统瘫痪,从系统冗余角度来说,系统可靠性某种程度上因此得到提高。

国内外研究文献表明,即使损坏 10% 的组件(通道),也不影响系统正常工作。通过理论分析、大量通道组件失效仿真研究以及试验验证了这一结论的正确性。

2.6.4.2 单元失效对波束性能影响的分析

（1）单元失效对阵列增益的影响。阵元失效直接影响阵列的有效工作阵元数量,如果 N 单元阵列失效阵元数为 n,则阵列增益损失为 $10\log\left(\dfrac{N-n}{N}\right)$,阵列 EIRP 损失为 $20\log\left(\dfrac{N-n}{N}\right)$;当 10% 阵元数失效时,阵列增益损失 0.46 dB,EIRP 损失 0.92 dB。即使失效数目大到影响波束的性能,系统也可以降级使用,不会导致系统瘫痪。

（2）单元失效对波束指向的影响。由于阵列天线的每个阵元幅度相位控制独立完成,所以某些阵元失效并不影响其他阵元在目标处的场强的同相叠加合成,不会影响波束最大值的方向,即不影响波束的指向。

（3）单元失效对副瓣电平的影响。单元失效主要影响数字波束的旁瓣电平,根据分析,可以用副瓣与主瓣之比的方差 σ_R^2 衡量旁瓣电平的性能,亦称均方副瓣电平（MSSL）,它反映了 R 的起伏程度。其表达式为

$$\sigma_R^2 \approx \frac{1}{2}\left[\frac{f(\theta,\phi)}{f(\theta_0,\phi_0)}\right]^2 \cdot \frac{\varepsilon^2(\theta,\phi)}{p\eta N} \tag{2.221}$$

式中:p 为单元完好率;N 为单元总数;η 为天线效率;$\varepsilon^2 = (1-p) + \sigma_A^2 + p\sigma_{\Delta\phi_i}^2$,$\sigma_A^2$ 为幅度方差,$\sigma_{\Delta\phi_i}^2$ 为相位方差;$\dfrac{f(\theta,\phi)}{f(\theta_0,\phi_0)}$ 为单元方向图在副瓣方向与主瓣方向的电平比。

式（2.221）的物理意义在于:当没有幅相误差时,副瓣与主瓣的比值（副瓣在 (θ,ϕ) 方向,主瓣在 (θ_0,ϕ_0) 方向）σ_R^2 与天线阵单元中的单元损坏率 $(1-p)$ 成正比;σ_R^2 与单元的幅度方差 (σ_A^2) 和相位方差 $(\sigma_{\Delta\phi_i}^2)$ 之和 ε^2 成正比,即幅相误差越大,副瓣与主瓣比的方差则越大,也就是说,副瓣偏离无误差时的副瓣电平的程度也就越大。

例 2.28:为验证数字多波束天线系统中阵元失效对系统的影响,采用 Ansoft 的电磁场仿真工具 HFSS,以 6×6 矩形平面阵的模型为基础,仿真了不同阵元失效模式情况下阵列波束性能的变化,并与完好阵列的波束性能进行比较,证实了理论分析的正确性。

分别仿真了 1 个、2 个、3 个和 4 个阵元失效情况下对波束性能的影响,对于最恶劣的 4 阵元失效情况,分别仿真了多种组合的失效模式。几种典型失效模式的仿真结果比较如图 2.58 所示。

从仿真结果可以看出,即使在 4 个阵元失效（失效数 > 10%）后,在波束法线方向时,阵列的增益下降幅度不大（最大下降 0.6 dB）,波束的主副比和前后比略有变化（副瓣增高最大约 3 dB,降低最多约 2 dB;后瓣增大最多约 0.5 dB,降低最多约 0.4 dB）;当波束扫描 30°、60° 时（与法线方向夹角）,阵列的增益下降幅度最大为 0.84 dB,主副比变化最大为 1.2 dB,前后比变化最大为 2.2 dB,这些变化并不影响阵列的使用。

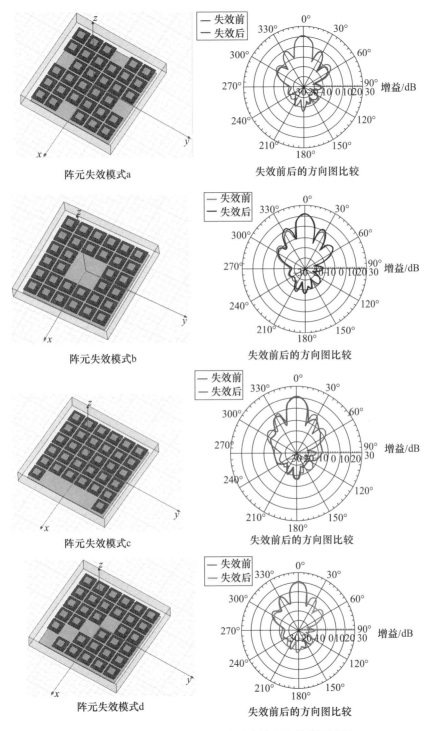

图 2.58　几种典型失效模式的仿真结果比较（见彩图）

参考文献

[1] HANSEN R C. Phased array antennas[M]. New York: John Wiley and Sons, 2009.

[2] MAILLOUX R J. Phased array antenna handbook[M]. Boston: Artech house, 2017.

[3] BHAT S, HERRMANN J, ARMISHAW P, et al. Single molecule detection in nanofluidic digital array enables accurate measurement of DNA copy number[J]. Analytical & Bioanalytical Chemistry, 2009, 394(2): 457-467.

[4] GABRIEL W. Preface- special issue on adaptive antennas[J]. IEEE Transactions on Antennas & Propagation, 1976, 24(5): 573-574.

[5] KELLY E J. Adaptive detection in non-stationary interference: part 1 and part 2[R]. Massachusetts Inst of Tech Lexington Lincoln Lab, 1985.

[6] LSDOREZ R, BOYD S P. Robust minimum, variance beamforming[J]. IEEE Trans Signal Processing, 2005, 53: 1684-1696.

[7] 王永良, 陈辉, 彭应宁, 等. 空间谱估计理论与算法[M]. 北京: 清华大学出版社, 2004.

[8] ZHU Z, HAYKINAY S. Radar detection using array processing[M]. Berlin, Heidelberg: Springer, 1993.

[9] 徐福祥, 林华宝, 候深渊. 卫星工程概论[M]. 北京: 中国宇航出版社, 2003.

[10] MARTIN R. The 5-km radio telescope at cambridge[J]. Nature, 1972, 239(5373): 435-438.

[11] SKOLNIK M I. Introduction to radar systems[M]. New York: McGraw Hill Book Co., 1980: 590.

[12] REED E J. The AN/FPS-85 radar system[J]. Proceedings of the IEEE, 1968, 56(11): 2038-2038.

[13] SHEPHERD T J, HAYKIN S, LITVA J. Radar array processing[M]. New York: Springer-Verlag, 1992.

[14] WAITE A D. Sonar for practising engineers[M]. New York: John Wiley&Sons, inc, 2002.

[15] SINGH H, SINGH S. Tone based MAC protocol for use with adaptive array antennas[C]// Wireless Communications and Networking Conference, WCNC 2004 IEEE, 2004.

[16] 张贤达, 保铮. 通信信号处理[M]. 北京: 国防工业出版社, 2000.

[17] KAK A C, HAYKIN S. Array signal processing[M]. Englewood Cliffs: Prentice-Hall, 1985.

[18] CAPON J, GREENFIELD R J, KOLKER R J. Multidimensional maximum-likelihood processing of a large aperture seismic array[J]. Prco. IEEE, 1967, 55(2): 192-211.

[19] MATSUMOTO M, HASHIMOTO S. A miniaturized adaptive microphone array under directional constraint utilizing aggregated microphones[J]. Journal of the Acoustical Society of America, 2006, 119(1): 352-359.

[20] ZHANG Y W, MA Y L. An approach for real-time narrow-band beamforming[J]. IEEE J Ocean Eng, 1994, 19(4): 635-638.

[21] 鄢社峰, 马元良. 传感器阵列波束优化设计及应用[M]. 北京: 科学出版社, 2009.

[22] TREES H L V. 最优阵列处理技术[M]. 汤俊, 译. 北京: 清华大学出版社, 2008.

[23] RISSANEN J. Modeling by the shortest data description[J]. Automatica, 1978, 14: 465-471.

[24] 吴海洲, 王鹏毅, 郭素丽. 全空域相控阵测控系统波束形成分析[J]. 无线电工程, 2011, 46(11): 13-15.

［25］耿虎军,郭肃丽,王鹏毅.相控阵多目标测控系统中的坐标转换［J］.飞行器测控学报,2010,
　　29(6):24-28.

［26］SETAL R L. Rapid convergence ratein adaptive radar［J］.IEEE Trans. on AES,1973,2:1973,2:
　　237-252.

［27］尹继凯,蔚保国,徐文娟.发射数字多波束天线技术研究［J］.无线电工程,2005,35(5):39-40.

［28］CHENEY E W. Introduction to approximation theory［M］.New York:McGram-Hill,1966.

［29］DAVIS R C,BRENNAN L E,REED L S. Angle estimation with adaptive arrays in external noise
　　fields［J］.IEEE Transactions on Aerospace & Electronic Systems,1976,AES-12(2):179-186.

［30］YAN S F,HOVEM J M. Array pattern synthesis with robustness against manifold vectors uncertainty
　　［J］.IEEE J Ocean Eng,2008,33(4):405-413.

［31］SMITH R P. Constant beamwidth receiving arrays for broad band sonar systems［J］.Acustica,1970,
　　23(1):21-26.

［32］CARLSON B D. Covariance matrix estimation errors and diagonal loading in adaptive arrays［J］.
　　IEEE Trans. on AES,1988,24(1):397-401.

［33］HAYKIN S. Advances in spectrum analysis and array processing(vol. Ⅲ)［M］.Englewood:Prentice
　　Hall,1995.

［34］廖桂生,保铮,张林让.基于特征结构的自适应波束形成算法［J］.电子学报,1998,26(3):23-26.

［35］SU G N,MORF M. The signal subspace approach for multiple wideband emitter location［J］.IEEE
　　Trans. Audio Speech Signal Process,1983,31(6):1502-1522.

［36］LEE T S. Efficient wide-band source localization using beamforming invariance technique［J］.IEEE
　　Trans. Signal Process,1994,42(6):1376-1387.

［37］LORENZ R,BOYD S P. Robust minimum variance beamforming［J］.IEEE Trans. Signal Process-
　　ing,1995,43(1):2453-2461.

［38］张光义.相控阵雷达系统［M］.北京:国防工业出版社,2001.

［39］束咸荣,何炳发,高铁.相控阵雷达天线［M］.北京:国防工业出版社,2007.

［40］FROST O L. An algorithm for linearly constrained adaptive array processing［J］.Prco. IEEE,1972,
　　60(8):926-935.

［41］MONZINGO R,MILLER T. Introduction to adaptive arrays［M］.New York:Wiley and Sons,
　　Inc,1980.

［42］SCHWARZ G. Estimation the dimension of a model［J］.Ann. Stat,1978,14:461-464.

［43］RISSANEN J. Modeling by the shortest date description［J］.Automatica,1978,14:465-471.

［44］TOMASIC B,TURTLE J,LIU S. A geodesic sphere phased array antenna for satellite control and
　　communication［C］//IEEE international symposium on phased array systems and technology,2003:
　　411-416.

［45］LEBRET H. BOYD S. Antenna array pattern synthesis via convex optimization［J］.IEEE Trans.
　　Signal Process,1997,45(3):526-532.

［46］LIU W. Blind adaptive wideband beamforming for circular arrays based on phase mode transforma-
　　tion［J］.Digital Signal Processing,2011,21(2):239-247.

［47］王永良,陈辉,彭应宁,等.空间谱估计理论与算法［M］.北京:清华大学出版社,2004:110-117.

[48] SUREAU J C, KEEPING K. Sidelobe control in cylindrical arrays[J]. IEEE Transactions on Antennas & Propagation,30(5):1027-1031.

[49] OLEN C A, COMPTON R. A numerical pattern synthesis algorithm for arrays[J]. IEEE Transactions Antennas Propag. ,1990,38(10):1666-1676.

[50] 陈宗欣,何振亚. 基于特征结构提取的盲自适应波束形成算法[J]. 东南大学学报(自然科学版),1998(5):39-43.

[51] HINTON G E, NOWLAN S J. The bootstrap Widrow-Hoff rule as a cluster-formation algorithm[J]. Neural Computation,2000,2(3):355-362.

[52] 翟江鹏,韩双林,郝青茹. 子阵协同作用的波束形成技术研究[J]. 无线电工程,2016,46(6):48-51.

[53] 肖遥,蔚保国,翟江鹏. 全空域球面数字多波束天线波束控制方法研究[J]. 无线电工程,2017,47(03):39-42,74.

[54] KAPLAN E D, HEGARTY C J. GPS 原理与应用[M]. 寇艳红,译. 北京:电子工业出版社,2007.

[55] 张小飞,汪飞,徐大专. 阵列信号处理的理论和应用[M]. 北京:国防工业出版社,2010.

[56] 肖秀丽. 干涉仪测向原理[J]. 中国无线电,2006(5):43-49.

[57] 张昕. 圆阵相关干涉仪测向算法及 GPU 实现[D]. 成都:电子科技大学,2013.

[58] ARASARATNAM I, HAYKIN S. Cubature Kalman Filters[J]. IEEE Transactions on Automatic Control,2009,54(6):1254-1269.

第3章　卫星导航数字多波束测量总体技术

数字多波束测量技术是随着相控阵技术和数字波束形成技术的发展而建立起来的一种新技术,它采用数字波束形成的方式可以同时产生多个独立波束,同时完成对多个目标的测量管理,具有灵活可控的特点,在工业生产、国防安全、航空航天测控、雷达目标探测、海洋勘探,以及移动通信等领域[1-9]有着广泛的应用。

导航星座运行过程中,地面段部分通常采用大口径高增益天线按照一定频度完成对卫星的电文注入和实时伪距测量任务,以维持整个星座的服务性能。导航星座卫星数量较多,每颗卫星都需要一副独立的大口径天线来进行管理调度,对地面段的管理任务提出了严峻挑战。采用数字多波束测量技术,可以依靠单副数字多波束天线同时完成对多颗卫星的测量管理,极大提升了地面站的工作能力。分布在不同地点的多套数字多波束天线可以组成一个分布式集群网络,多套天线统一调度、协同工作、联合运行、互为备份,同时完成对多颗导航卫星的连续跟踪测量,有效提升了地面站的可靠性。

本章从数字多波束测量系统基本原理、体系结构、测量与管理三方面介绍一种应用在卫星导航系统中的大规模数字多波束测量系统。基本原理方面主要介绍与多址技术相关的基本概念、系统组成及工作原理。体系结构方面介绍系统收发分置、收发一体的工作方式,系统架构、结构模型、信号数据流及系统功能算法体系。系统测量与管理方面首先从时间和空间两个基础维度入手介绍系统时空基准的建立与保持;随后围绕系统对精密时间测量的使用需求,介绍恒时延数字波束测量的工程化算法及数字多波束测量技术在信号发射和信号接收处理过程中的具体应用;针对数字多波束测量系统在设备时延管理方面的独有特色,介绍数字多波束设备时延管理方法;最后介绍系统的监控与数据处理功能设计,使大家对数字多波束测量系统建立一个清晰的总体认识。

3.1　基　本　原　理

3.1.1　多址技术

多址技术是指把处于不同地点的多个用户接入一个公共传输媒质,实现各用户之间通信的技术,它能够利用不同信号在信号空间或信道空间的正交关系降低不同信号之间的相互干扰。时分多址是将信道分成不同的时隙,利用时隙的切换实现多用户的同时通信;频分多址是利用不同的信道发射不同频率的信号实现多用户同时通信;码分多址是利用自相关尽量高,互相关尽可能弱的伪码信号实现多用户通信;空分多址在空域形成不同指向的波束实现多用户的同时通信。多址方式如图 3.1 所示。

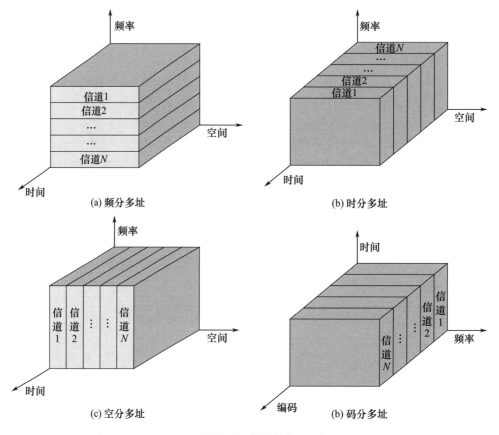

图 3.1　多址方式

　　卫星导航系统星地上下行链路采用不同频点进行双向伪距测量与数据传输任务,通过码分多址方式来区分不同卫星。在该技术体制约束下,可考虑通过时分或空分的方式来实现多个目标的测量和数传任务。由于星地伪距测量任务是一个连续不间断的过程,采用时分多址方式将导致任务的中断,不满足系统使用需求。并且导航星座在可视空域内呈分散式分布,因此可利用高增益指向性波束通过空分多址的方式实现同时多目标测量任务。

　　1) 频分多址

　　图 3.1(a) 中垂直于频率轴对多址立方体切割,时间、空间上则不分割,这样形成许多互不重叠的频带,称为频分多址。频分多址为不同用户分配不同的频率带宽,可最大限度利用时间和空间资源进行信号收发,可连续工作运行。频分多址方式下,能

够为用户分配的带宽资源有限,导致用户容量受限。

2）时分多址

图 3.1（b）中垂直于时间轴对多址立方体切割,频率、空间则不分割,这样形成许多互不重叠的时隙,可称为时分多址。时分多址将连续的时间离散化成互不重叠的时隙,分别为不同用户分配不同时隙进行信号收发,具有信号传输质量高、切换简单、不同信号之间无干扰等特点,但是它需要收发两端精确的定时和同步,技术实现上较为复杂。因航天测量具有远距离传输、信号连续传输测量的特点,时分多址无法满足使用需求,因此时分多址在航天测量领域应用较少。

3）空分多址

图 3.1（c）中垂直于空间轴对多址立方体切割,编码、时间则不分割,这样形成许多互不重叠的小空间,称为空分多址。空分多址通过对不同用户分配互不重叠的空域进行信号收发,可最大限度利用频率带宽,在空间不同方向上形成多个波束实现频率的复用,时间上可连续使用。该技术采用阵列天线的形式实现,理想条件下它需要给每一个用户分配一个波束,根据用户位置可以确定每个信号来自于哪个波束,从而实现多址划分。

4）码分多址

除频率、时间、空间分割外,还可以利用波形、码型等参量的分割来实现多址方式。码分多址就是各用户使用各不相同、相互正交的编码分别调制各自要发送的信息信号,抗干扰性能好。码分多址在用户数量多的情况下,由于不同编码信号之间很难做到完全正交,会产生多址干扰,影响通信测量性能。

采用"空分多址 + 码分多址"相结合的方式,可同时在不同卫星方向上形成多个指向性波束,分别搭载不同的扩频编码及数据内容,构建起针对多颗卫星接入管理的并行星地链路,实现同时对多颗导航卫星的连续测量与数据传输。

3.1.2　数字多波束测量系统原理

数字多波束测量系统采用基于"码分多址 + 空分多址"的数字波束形成体制,可通过对软件程序的控制同时产生多组收发波束。通常,数字多波束测量系统一般包括发射接收阵列天线、上下变频接收通道、数字多波束形成器、伪距测量、数据分析处理与监控设备等。在接收过程中,阵列天线接收空间的无线电信号,经过放大、滤波、下变频和数字 A/D 采样后变为基带数字信号,通过多波束形成器对各通道的加权控制实现阵列信号的空域滤波,从而实现波束增益指向不同方向的多个合成波束,最后通过精密伪距测量处理完成对多目标信号的接收测距。在发射过程中,根据任务要求生成所需要的基带发射信号,并在发射延迟器的控制下使每路信号实现不同的延迟,经过 D/A 转换为模拟信号,再进行上变频滤波放大后,通过阵列天线将无线电信号发射出去,在空域形成不同指向的发射波束。数字多波束测量系统原理框图如图 3.2 所示。

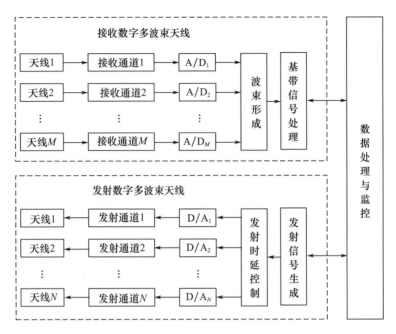

图 3.2　数字多波束测量系统原理

数字多波束测量系统可等效成一个线性系统,通过波束形成器的时延控制在作用区域内形成携带不同信息的多个波束,通过调整每个通道的时延可使波束指向不同的目标,从而进行多目标的通信与测控。

接收多波束形成的过程是利用管理控制系统下发的卫星轨道辅助信息,计算得出需跟踪卫星的方位角和俯仰角信息,再结合接收终端上报链路的标校信息,通过波束权值算法计算得出波束权值,下发给接收系统的接收终端,从而等效形成对应多颗导航卫星的独立数字波束信号,实现接收的空分多址;然后通过接收信号处理算法完成所有卫星信号的捕获、跟踪、位同步、帧同步、电文解调、信息上报等处理,实现接收处理的码分多址。

阵列天线发射波束形成可近似看作接收波束形成的逆过程。在该过程中,采用不同的扩频码序列在数字基带域对多个测量通信目标传输的信息进行扩频调制,实现码分多址;对数字多波束阵列天线的多路扩频调制信号分别进行幅相加权,实现空分多址;将加权后的多路扩频调制信号叠加求和,经 D/A 转换、射频调制后,由阵列天线向空间辐射出去,同时在不同指向上形成携带不同扩频码及传输信息的发射波束。

3.2　体系结构

数字多波束天线系统的本质是一种信号处理天线,它将传统的天线、射频信道、调制解调终端、数据处理系统等紧密集成,共同完成波束的形成、跟踪和信号传输等。因此,数字多波束技术的重点不仅是数字波束形成算法,而且还包括系统体系结构、信号传输与波束形成的复合、阵列系统多通道的标校等一系列技术问题。

3.2.1 基本工作方式

根据发射、接收设备的场站布局方式,数字多波束系统的基本工作可分为收发分置和收发一体两种方式,如图 3.3 所示。收发分置指发射设备和接收设备分别布置在两个不同地点。该工作方式的优点是发射设备不会对接收设备带来电磁干扰,无须额外电磁干扰抑制措施,设备实现较简单,缺点是占用场地范围较大,设备量较大。收发一体指发射链路设备同接收设备布置在同一个地点,收发天线阵元共阵或收发共用同一天线阵元。该工作方式的优点是有效降低了设备占用场地范围,减少了设备量,缺点是需要采取针对性措施降低发射设备对接收设备的电磁干扰,设备实现较复杂。

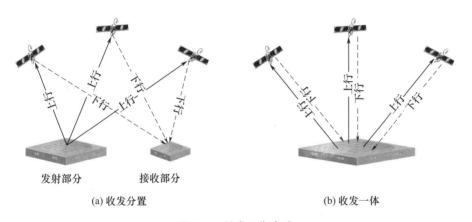

(a) 收发分置   (b) 收发一体

图 3.3 基本工作方式

收发分置和收发一体两种工作方式的设备组成分别如图 3.4 和图 3.5 所示。

收发分置工作方式下,发射设备与接收设备独立设计。信号发射过程中,发射部分由发射终端产生数字基带信号,经数模转换(DAC)输出中频模拟信号,发射信道对中频模拟信号进行滤波、上变频、功率放大后传输至单元天线,经单元天线辐射输出在空间形成指向性波束。信号接收过程中,接收部分的单元天线对空间信号进行接收,经接收信道进行滤波、低噪声放大、下变频至中频信号(IF),接收终端对中频信号进行离散采样、数字滤波、波束形成、解扩解调处理来完成测量及数据传输任务。

收发一体工作方式下,信号发射及接收处理的工作原理同上述过程相同,不同之处在于信号收发共用同一单元天线,通过双工器来完成上下行信号的隔离传输,收发终端同时完成基带发射及接收信号处理。

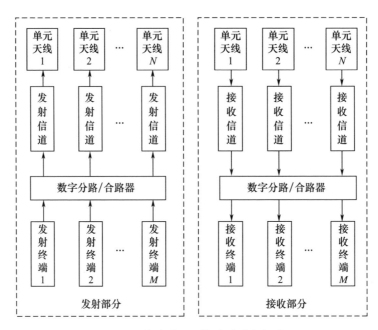

图 3.4　收发分置工作方式设备组成

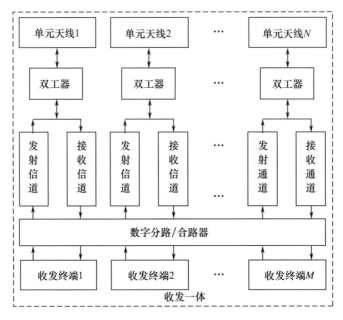

图 3.5　收发一体工作方式设备组成

3.2.2　全分散式系统架构

数字多波束系统常见的几种结构模型各有特点,对于工程化实现而言,现有的体系结构仍不能完全满足要求。突出表现在:系统的体系结构不适应大规模应用的要求,基带扩频信号和波束加权处理单元的集中处理无法解决信息和信号传递的瓶颈问题;缺乏在线的收发通道标校架构,无法解决波束通道时延稳定性和波束相位中心的校准问题;缺乏信息和信号并行处理和复合机制,难以解决 SDMA 与 CDMA 的信号复合问题。因此,工程化应用需要一种全新的数字多波束测量系统体系结构。

(1)"蜂窝式"全分散数字多波束系统架构。

该架构的基本思想是:从无线电导航系统的一般定义和基本构成出发,将数字多波束系统分解为"发射系统 + 接收系统 + 信息处理"三部分,各部分既相对独立又相互协同;将信号处理与信息处理分离,形成全分散式数字多波束系统。全分散式数字多波束系统定义为:由与天线阵元一一对应的并行全数字一体化通道完成全部导航信号处理和波束合成信号处理等工作,由独立的信息处理系统完成有关的导航信息处理和波束权值计算等工作,通过分布式传输分配网络广播发送相关信息至收发设备,再通过独立的测试系统完成必要的在线标校工作,这样系统具有全分布、软件可重配置和蜂窝状设备布局等特点,有利于解决系统的信息传输、在线标校、规模扩展等问题。

(2)SDMA 与 CDMA 的信号复合方法。

SDMA 与 CDMA 的信号复合问题本质上是数字多波束单通道激励信号的产生问题。蜂窝式架构组件内完成导航扩频信号产生与幅相加权处理,单组件内同时形成 M 个扩频基带导航信号,之后再进行 M 组幅相加权处理,形成 M 个加权处理后的扩频导航信号。

设数字多波束阵列天线具有 N 个阵列单元,需同时产生 $M(M < N - 1)$ 个波束指向其对应的目标,其中第 $m(m = 1, 2, \cdots, M)$ 个目标的信号为 $x_m(t)$。需要对不同指向分别采用数字波束形成的方法,在不同目标指向上形成波束,得到相对应的幅相加权因子 W_{nm}(W_{nm} 是指第 n 个通道信号在第 m 个目标指向下的幅相加权因子),然后将各个指向的目标信号由相应的幅相加权因子进行加权后叠加,再馈入阵列单元,其中第 n 个通道的合成信号为

$$S_n(t) = \sum_{m=1}^{M} W_{nm} x_m(t) \tag{3.1}$$

所有通道的合成信号经阵列天线单元辐射后在空间进行合成,从而在 M 个目标指向上形成波束。由于这 M 个波束的传输信号 $x_m(t)$ 之间互不相关,所以它们在空间形成的波束为标量叠加。应用叠加定理,将本来由多个天线阵产生的多个波束等效到一个天线阵上实现。

3.2.3　层次化的系统结构模型

为使数字多波束测量系统具有广泛的工程化应用价值,通用化是数字多波束测量系统体系结构研究的核心问题。只有通用化的体系结构模型才能对工程设计应用提供一般性的指导作用。实现通用化的基本思想是:立足于数字多波束系统的一般

组成和卫星导航系统多星测量管理的共性特点,构建可重配置的开放式体系结构。为此,数字多波束系统体系结构的建立遵循如下三项原则,其中首先是分层原则。

1)分层原则

借鉴国际标准组织开放系统互连模型的分层思想,将数字多波束测量系统分成若干个层次进行处理,并将各层功能和接口规范化、标准化,从而使系统通用化,满足未来系统和模块升级更新的需求。这是构建数字多波束测量系统体系结构的基本原则。

2)开放性原则

数字多波束系统可方便地接入新的通道(含阵元)设备,在线扩充软件功能,并与外部设备互连互通,系统规模可根据需求进行裁剪和扩展,以适应不同的应用场合。

3)可重配置原则

数字多波束系统的固定功能单元应具有可编程性,即可通过在线编程更改系统的参数设置和功能单元组成,提升系统模型应用的广泛性和普适性。

基于上述原则,数字多波束体系结构的分层模型如图 3.6 所示。

图 3.6　数字多波束体系结构的分层模型

数字多波束测量系统的分层模型由以下六部分组成。

1)应用管理层

面向卫星导航系统的多星测量管理业务,完成上行导航信号发射、下行导航信号接收、星地时间同步等方面的任务调度管理,以及相应的数据库管理、显示记录等功能。应用管理层直接定位于顶层业务处理,是数字多波束的人机交互接口。

2)数据处理层

面向数字多波束测量系统的多波束控制,完成跟踪引导信息处理、多波束权值计算、导航信息的处理、测试标校数据处理和过程管理等功能。数据处理层定位于传输控制的上层,是数字多波束测量系统的核心功能部分。

3)传输控制层

面向数字多波束测量系统的管理信息、业务信息、设备信息的传输控制,完成收发权值的广播发送、收发目标引导信息的传递、收发导航信息的传输、收发设备的工作参数配置等。传输控制层定位于数据处理的下层,是数字多波束测量系统完成具体收发波束形成功能的主体控制部分。

4)收发设备层

面向数字多波束测量系统的发送通道、接收通道和标校设备,完成扩频导航信号生成、发射通道激励信号生成和发送、发射通道及天线相位中心标校、接收阵列信号处理、接收波束形成、导航信号处理、接收通道及天线相位中心标校等功能。收发设备层定位于传输控制的下层,是数字多波束测量系统完成具体收发波束形成及导航信号处理功能的执行部分。

5)阵列天线层

面向接收阵列天线和发射阵列天线,完成发射阵列信号的空间辐射、空间导航信号的阵列接收、匹配连接转换、标校信号接口等功能。阵列天线层定位于数字多波束测量系统的空间信号收发控制,是数字多波束测量系统与空间对象、收发设备的连接接口。

6)空间对象层

面向空间导航卫星星座、应用卫星和空间飞行器等,提供空间多波束的收发信号。

3.2.4 系统信号控制与数据流

根据上述数字多波束测量系统层次模型,以发射数字多波束系统为例,围绕" M 个导航卫星的上行测控、 M 个发射数字波束形成、 N 路阵列信号形成、在线测试标校管理"等给出"蜂窝式"数字多波束测量系统的信号控制与数据流图,如图 3.7 所示。站在数字多波束测量系统体系结构角度,下面简要说明数字多波束测量系统的若干技术问题。

1)信息和信号传输

数字多波束测量系统信息和信号传递内容包括波束权值的分配和传递、导航信息的传递、导航基带信号的传递、单通道激励信号的传递等。以发射系统为例,在通道规模(成百上千)和目标规模(几十个波束)较大时,集中式的波束控制器和业务信号发射终端带来数据和信号传递带宽拥堵。全分散式系统架构将导航信号的产生和激励信号的产生置于单一通道内实现,且通道与天线阵元一一对应,形成全分散式并行发射通道阵列,避免了导航基带信号在不同设备之间的"一对多"传递;每个通道内产生携带全部目标信息的多个业务信号。信息的产生和分发由独立的信源设备和并行分配网络完成,分配网络和发射通道之间采用总线广播形式,既解决了传输瓶颈问题,又保证了信息传递的实时性。

2)波束通道时延稳定性的标校

数字多波束测量系统不仅关心通道之间一致性的标校,同时关心各波束时延零值,因此需要在系统体系结构中建立标校环路,以获得精密测距数据对波束时延零值

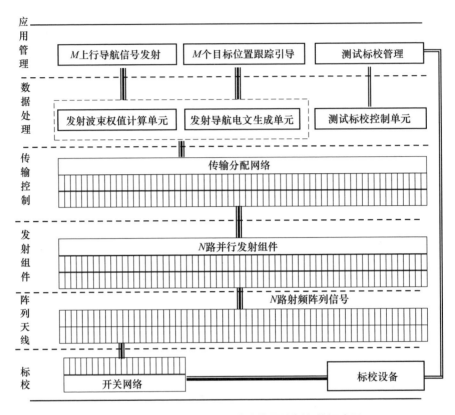

图 3.7 数字多波束测量系统的信号控制与数据流图

进行标定。标校环路包括有线和无线两种环路,标校范围从基带时频信号输入至天线辐射信号为止。采用的一体化分散式通道结构为设备零值标校提供了极大的方便,一体化标校通道通过开关网络选择与某一工作通道可在射频输出和基带输入端形成闭环,可获得精密时延测量数据。理论和试验研究表明,单个通道离线不会影响整个 DBF 系统的正常工作和技术性能。这样,在测试标校的管理控制下,可自动化完成所有工作通道的在线标校,从而实现波束通道时延稳定性的标校。

3.2.5 系统功能算法体系

数字多波束测量系统的各种算法是系统功能和性能实现的关键。按照不同的波束形成功能分类,系统具有收发阵元和通道标校算法、空间目标位置估计算法、接收数字波束形成算法、发射数字波束形成算法、导航信号处理算法等五类。各类算法有机组合构成的系统功能算法体系如图 3.8 所示。

1)收发阵元和通道标校算法[10-11]

可分为收发阵元的标校和收发通道的标校,收发阵元的标校包括阵元误差、位置和互耦效应三个方面,通道标校包括不同通道的时延、幅度相位畸变的标校。前者用

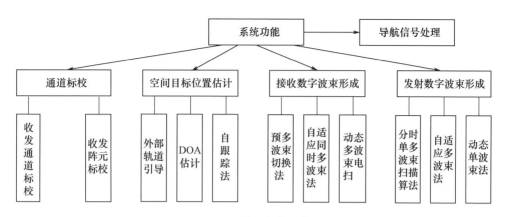

图 3.8　系统功能算法体系

于克服天线设计安装误差、天线互耦效应对空域波束形成的影响,后者用于克服收发通道间不一致对收发数字波束合成的影响。收发阵元和通道的标校补偿,需要充分考虑在线标校和离线标校两种模式,多种形式相互配合,提升标校的质量和性能。

收发通道一致性校正算法按接收通道和发射通道分类。通道校正算法包括有线闭环基准法、无线信标标校法等。有线闭环基准法可实时在线标校工作通道,但不包括天线阵元;无线信标标校法接近实际工作状态,可实时校正包括天线在内的全部收发设备。

2）空间目标位置估计算法[12-13]

根据系统需求分析给出的多星跟踪方式,空间目标位置估计算法分为两大类:轨道引导算法和自跟踪算法。前者是根据外部系统给出的引导数据(如轨道根数、卫星空间位置等)计算出对应的空间数字波束形成参数;采用卡尔曼滤波方法可进一步提高目标跟踪精度。后者依赖空间接收信号处理进行目标跟踪,常见空间二维离散傅里叶变换(DFT)方法、时空 DOA 方法和基于高阶累积量的空间谱估计方法等。对卫星导航系统而言,空间信号为特性已知的扩频导航信号,可采用阵列天线干涉仪测角自跟踪算法。

3）接收数字波束形成算法[14-15]

数字波束形成应具有以下两种工作模式:自适应同时多波束、动态多波束扫描。两种模式对应不同星座以及星座运行的不同阶段和不同状态;可根据系统状态自动或人工选择工作模式。同时或分时跟踪观测多颗卫星,视系统要求的工作模式而定。若要求全弧段跟踪,则同时形成多个波束进行多星同时跟踪;若过境时间较长,且测量任务可分时安排,则可分时对一组卫星进行跟踪观测。因此,从工程实现的灵活性来说,多种模式并存且可动态切换,是一种实用合理的最优选择。

(1)自适应同时多波束。接收多波束的形成和发射有较大区别,接收时不必一定要做到多目标的全局最优,事实上天线的入射信号可以同时供多个波束共同使用,换句话说,可以针对多波束中的每一个波束计算其最优权值,然后将入射信号和每一组权值分别叠加求和,就得到了多个波束。这里需要指出,接收多波束的技术关键有两点:其一是并行处理的使用,接收多波束形成有着天然的并行结构,各波束间关联少,操作并行度好,因此要使用并行处理的硬件平台和相应算法来完成权值计算;其二是波束之间的正交性应该尽量保证,波束的正交可以避免各个波束间的相互干扰,使一个波束的能量不会从另一个波束中泄漏。类 FFT 的多波束形成网络就是同时产生出了多个相互正交的波束,不过这些波束在电角上是等间隔的。一般说来,对于任意的方位角,波束间的彼此完全正交经常是无法保证的。解决方法是在计算最优权值的时候,将波束正交作为约束条件考虑在内。这样做虽然使算法的复杂度提高,但是提高了波束的性能。

(2)动态多波束电扫描。此种波束形成方式需考虑多个波束的最优形成,使波束主瓣对准目标,旁瓣和零陷对准干扰,且要求波束形成算法实时性好,动态跟踪性能强。动态多波束电扫描的数字波束形成算法是自适应同时多波束形成算法的特例。

4)发射数字波束形成算法

发射多波束可看作是接收多波束的逆过程,发射多波束形成算法包括自适应波束形成算法和分时单波束/多波束扫描算法,能够满足多星分时的功能要求。发射同时形成多波束的难度相比接收要大,需要考虑多个波束相互影响、波束宽度和增益下降等问题。

综上所述,收发天线阵列的校正、DOA 和收发数字波束自适应形成算法是系统算法体系的关键和难点。对于接收和发送数字波束形成,相应的阵列数字信号处理都要进行大量的矢量和矩阵运算。这是由阵列天线自身所具备的多维特性所决定的。特别是决定最优权值的时候,一般都涉及相关矩阵的求逆和特征分解等操作;而在做数字波束合成时,矩阵和矢量的乘法运算又是不可避免的。因此,采用并行处理的基本结构,将空间信道参数估计、下行接收多波束形成、上行发射多波束形成、收发信道校正等计算并行处理,提高算法执行效率和系统性能。

3.3　系统测量与管理

3.3.1　时空基准建立与维持

统一时空基准是卫星导航系统平稳运行的基础,时空基准的一致性直接影响到卫星导航系统的服务性能。时间基准指以地面数字多波束测量系统的时频基准为参考,将导航卫星的原子时向其溯源,建立统一的时间基准。空间基准是指导航卫星和地面站天线的坐标以大地坐标系建立,同时数字多波束测量系统将多个波束的空间基准统一到阵列天线相位中心,收发天线之间可根据天线的空间坐标位置关系进行空间统一。

3.3.1.1　时间基准统一

（1）时间基准统一是指以统一的时频系统为基准。

（2）通过数字多波束测量系统在地面时频系统和空间卫星原子时之间建立桥梁，实现了星地间高精度时间测量比对。

（3）将导航卫星的原子时同数字多波束系统溯源，建成星地统一的时间基准。

在发射波束形成过程中，发射多波束零值由基带信号处理时延、数模转换时延、信道处理时延、馈线传输时延、天线时延组成，如图 3.9 所示。其中基带信号处理部分，对硬件的逻辑资源采用时序约束，确保各个波束生成模块的时延一致性，另外各个波束模块时延精确可调，波束间的时延一致性精确到亚纳秒级。各路波束信号在基带信号处理部分进行求和输出一路合路信号，合路信号在数模转换、信道、线缆传输、天线发射等环节均产生时延。合路信号为各路波束信号的矢量和，且合路信号的传输链路为线性时不变系统，因此各路波束在发射链路中具有相同的时延[16]。

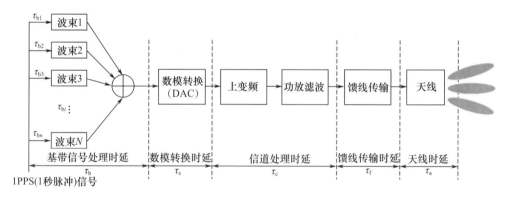

图 3.9　发射多波束系统零值

因此任意波束的发射链路时延可表示为

$$\tau_{Li} = \tau_a + \tau_f + \tau_c + \tau_s + \tau_{bi} \tag{3.2}$$

式中：τ_a 为天线时延；τ_f 为馈线传输时延；τ_c 为信道处理时延；τ_s 为数模转换时延；τ_{bi} 为第 i 个波束的基带处理时延；$i = 1, 2, \cdots, N$，其中 N 为波束数量；τ_{Li} 为第 i 个波束的发射链路时延。从图 3.9 可以看出：除了基带处理时延，其他时延由于不同波束经过的链路完全相同，通过对基带信号处理时延的精确控制就可实现发射多波束系统零值的统一。

接收多波束系统零值组成同发射多波束系统零值类似，如图 3.10 所示。由于在天线、线缆传输、信道、模数转换（ADC）环节，所有波束共用一个模拟链路通道，因此所有波束时延相同。在模拟中频信号数字化采样后，分别进入各个数字波束合成通道和接收处理通道，通过同样的硬件时序约束设计，保证各个波束的数字处理时延完全一致。

则任意波束的接收链路时延可表示为

$$\tau_{Ri} = \tau_a + \tau_s + \tau_c + \tau_f + \tau_{bi} \tag{3.3}$$

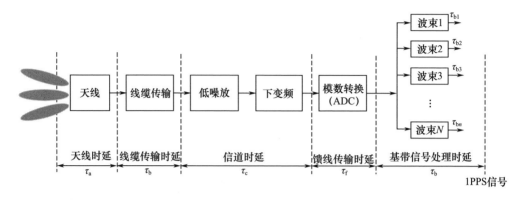

图 3.10 接收多波束系统零值

式中:τ_{Ri} 为第 i 条链路的接收链路时延。

3.3.1.2 空间基准统一

数字多波束系统的空间基准统一以大地坐标系为基准,包括场站天线坐标、阵列天线标识点坐标、阵列天线几何中心、阵列天线相位中心等方面的归算和统一,最终形成每个波束的相位中心。空间基准传递示意图如图 3.11 所示。

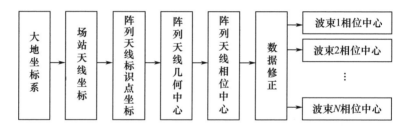

图 3.11 空间基准传递示意图

1) 标石中心

标石中心是指系统的测量参考点,是指在场站大地测量的区域范围内,布设测量参考点来完成对整个区域的测量作业。数字多波束系统的天线站址坐标点的测量是建立在场站大地坐标系基础上的。设备进场安装后进行大地坐标测量工作,以场站内的大地坐标参考点为参考,完成设备的空间坐标位置测量,测量的内容包括阵列天线的安装方向、姿态和天线几何中心坐标,以此可以推算出数字多波束测量系统的相位中心空间坐标。

2) 阵列天线几何中心

对平面阵列天线来说,通常使用天线的几何中心代表天线的位置坐标。阵列天线相位中心测试标定过程中以天线的几何中心点为参考,通过测量相位中心在不同方位、俯仰方向上距离几何中心点的变化,来表征阵列天线的相位中心位置。

在长期运行过程中,为了避免天线安装基础沉降对测量精度造成的影响,一方面要对安装基础的沉降提出要求外,另一方面还要定期对天线的坐标进行复测,并将沉降引入的空间坐标误差提供给导航系统作修正处理。

由于设备安装完成后,阵列天线将被天线罩覆盖,不方便进行几何中心坐标的测试,所以为了准确监测其运行期间天线几何中心坐标的变化,还需要设计沉降监测的手段。通过在阵列天线表面四角的位置以及几何中心位置分别设立标识点,并对其坐标进行测量,建立其坐标关系,事后通过周围标识点的测量来确定几何中心点的坐标。如图 3.12 所示,P_0 点为阵列天线几何中心,$P_1 \sim P_8$ 点为监测标识点。

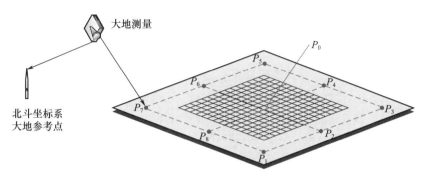

图 3.12 阵列天线几何中心标识(见彩图)

阵列天线结构设计具有足够的刚性,四角标识点坐标的变化反映了阵列天线所在平面的沉降变化,通常通过四角的标识点坐标来对天线安装地基的沉降进行监测。地基的沉降影响阵列天线几何中心点坐标的变化,定期对地基沉降进行监测符合,并通过沉降数据对几何中心坐标点进行修正更新。

(1)单元天线相位中心。

阵列天线的相位中心在不同方向上的变化是影响系统测量性能的主要因素之一,为提高数字多波束系统的测量性能,必须设计相位中心稳定的天线系统,并对天线相位中心变化(PCV)进行精密标定。

相位中心是指电波出发的位置或者等效原点,若一个天线辐射的电波是一个球面波,则称该球的中心为天线的相位中心。任意一个天线可能有相心,也可能没有相心,即它辐射的电波可能是一个球面波,也可能不是一个球面波。绝大多数天线是在主瓣某一范围内相位保持相对恒定,由这部分等相面求出的相位中心叫作"视在相心"。视在相心可用试验方法确定,即确定远场中的等相位面,如果等相位面是一个球,则球心就是相位中心,如果等相位面不是一个球面,可在天线有限的方向内用一个球近似等相位面,从而得出视在相位中心,在球面上相位的变化反映了阵元相位中心的变化。因此,单元天线的相位中心可能是变化的。

(2)阵列天线相位中心。

数字多波束阵列天线是一个多源辐射空间合成波束的系统,其合成波束相位中心与数字波束形成的机理密切相关,相位中心为全部通道综合作用下的电气中心。以数字发射波束形成为例,通过控制每通道发射信号的时延相位,使多个阵元天线发射的信号到达空间目标位置载波同相合成、调制伪码时延对准合成。所有这些时延相位的合成,都是以阵列天线特定位置(中心阵元的相心或几何中心)为位置参考,对每个阵元通道信号作时延相位加权修正而进行的。不论空间导航卫星的位置如何改变,参考位置不变,其余各通道通过时延调整和幅相加权处理实现信号相位对齐。

因此,从形成等相位面的角度来考察,数字多波束阵列天线的等效相位中心以位置参考(即参考阵元)为基准。这样从时延测量固定参考基准的机理出发,定义阵列天线的位置参考基准为等效相位中心,该等效相位中心的偏差大小能够精确反映阵列天线收发信号的等效时延零值误差大小。

(3)收发天线间坐标统一。

发射阵列天线与接收阵列天线位置分离带来的收发波束相位中心位置差异,将作为空间基准误差项影响系统的时间同步精度,该项偏差可以基于收发天线的精确位置标定来进行修正,如图3.13所示,时延修正量和收发天线相位中心空间位置和工作卫星方位角、俯仰角有关。为了简化起见,安装时可将收发天线相位中心安装到同一个水平面,具体修正精度分析如下。

以发射天线阵相位中心作为坐标原点,接收天线相位中心坐标位置为 $p(x_0, y_0)$,卫星的俯仰角为 ϕ_i,方位角为 θ_i。

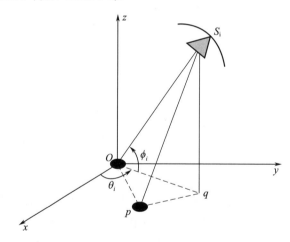

图3.13 收发阵列天线分置几何位置修正示意图

这样根据几何关系,得到收发相位中心的时延差为

$$\tau_i = \frac{x_0}{c}\cos\phi_i\cos\theta_i + \frac{y_0}{c}\cos\phi\sin\theta_i \qquad (3.4)$$

这样,可以在接收数字波束天线中,针对第 i 颗卫星增加时延修正量为 τ_i。进一步简化,通过合理设置收发阵列位置,令 $y_0 = 0$,简化修正量为

$$\tau_i = \frac{x_0}{c}\cos\phi_i\cos\theta_i \qquad (3.5)$$

对上式求导,得到

$$\tau_i = \frac{\sigma x_0}{c}\cos\phi_i\cos\theta_i + \frac{x_0}{c}\sigma(\cos\phi_i)\cos\theta_i + \frac{x_0}{c}\cos\phi_i\sigma(\cos\theta_i) \qquad (3.6)$$

3.3.2　恒时延数字波束测量工程化方法

波束合成是阵列信号处理的核心环节,通过波束合成可以形成指向性波束,实现发射或接收信号在某个方向的汇聚集中,其性能的优劣直接影响到系统测量程度。对于卫星导航精密测量领域的应用,需要重点考虑数字波束形成对伪距测量精度的影响。

1) 恒时延波束补偿算法工程化

数字波束合成工程化算法的技术难点主要表现在:一是在计算复杂度大为增加的情况下,如何实现实时波束权值计算;二是如何保证多波束之间的隔离度,满足波束质量要求;三是针对导航信号波束合成时,如何保持波束伪距性能稳定,即恒时延波束合成。

波束合成算法种类繁多,常用的有二维切比雪夫综合法[17-18]、泰勒综合法[19-22]、唯相位法[23-26]、自适应矩阵求逆法[27-31]、频域波束合成法[32-35]等,这些算法均可对波束的方向图特性实施良好的控制,但这些波束合成算法不能直接引入卫星导航领域精密测量系统中使用,其原因在于这些算法都没有考虑波束合成对测量精度的影响。

为保证阵列信号的测距性能不发生恶化,需要在波束综合算法中增加对测距性能的约束,波束综合算法满足阵列信号测距精度和时延不确定度的要求。因此,卫星导航数字多波束处理需要考虑在色散效应、单元失效、波束间干扰、指向误差修正、电平补偿、实时性等方面采取针对性补偿措施。

2) 时延加权处理

波束合成时,卫星信号带宽会对波束合成的精度和波束测量性能产生影响。因为在数字波束合成时,若信号频带较宽,则会产生明显色散效应。即由于信号带宽内的不同频率分量的波长不同,而阵列中各阵元间距固定,对应不同的频率分量其波束性能会产生变化,导致信号带宽内的能量合成产生误差,导致整体测量性能下降。

站在卫星导航信号时域测量的角度来看,信号带宽影响体现在阵列口径引起的信号渡越时延与信号周期的比例关系。即使发射阵列信号相对带宽为窄带,阵列通道时延对于精密伪距测量也不可忽视,必须对通道时延进行处理才能保障测量的精度。

恒时延波束合成是指数字多波束天线波束扫描过程中,波束时延保持不变。以发射数字多波束天线为例,分析多通道信号合成波束的时延特性。各通道发射信号在目标方向上传播过程存在光程差,以均匀线阵为例,相邻阵元间光程差为

$$\tau = \frac{d\cos\theta}{c} \qquad (3.7)$$

光程差随扫描角 θ 变化而改变,当 θ 扫描至端射方向时,光程差最大取阵元间距 d。

阵列系统伪距测量时,各通道伪码相位在阵列发射口面对齐。由于存在光程差,各通道伪码在目标方向叠加过程中伪码相位未对齐,导致目标的多通道合成信号出现码相位偏差,从而影响发射波束时延零值及接收测量精度。随着波束扫描角度增加,通道间伪码相位差也增加,导致波束时延零值发生相应改变。

对于伪距测量应用来说,除载波相位对齐外还应当考虑各通道测距码的对齐叠加。因此在进行波束合成过程中,除了进行幅相加权外,还需考虑伪码的时延加权,即将各通道伪码相位在发射波束目标方向对齐。具体实现时,对于波束时延,可根据伪码时延加权对发射通道进行时延调整,根据辐射阵元相对于阵列几何中心的位置以及目标方向计算光程差,并在各发射组件中相应调整时延延迟量实现伪码相位在目标方向的对齐。对于多波束情况,在发射组件内分别对各波束时延进行单独调整即可实现多波束的码相位对齐,确保各波束的时延恒定。通过高精度幅度、相位和时延加权,结合高精度标校,可以精确控制输出信号的生成,保证恒时延波束的合成。

3)通道失效时延补偿

在数字多波束系统中,各通道的群时延误差在波束合成输出端体现为统计平均效果。在通道幅度和相位精确校准的前提下,设 V_i 为通道 i 信号独立测量时的伪距,W_i 为其权值,则在各通道伪距 D_i 的偏差与码片宽度相比足够小的条件下,N 单元阵列合成波束的整体伪距测量结果 D_0 与各通道独立的伪距测量结果为

$$D_0 = \frac{1}{N}\sum_{i=1}^{N} W_i D_i \tag{3.8}$$

根据式(3.8)中描述的规律,当系统检测到某通道失效时,可以通过调整其他单元的权值来保持阵列整体测量值的稳定。因此,波束时延、波束增益、波束指向、旁瓣电平等作为恒时延波束合成算法的约束条件,可生成波束权值,提高波束时延稳定性。

3.3.3　数字多波束测量信号发射

数字多波束测量信号的发射是指根据测量任务要求,生成携带信息的测量信号,并经过波束加权、调制、上变频、滤波、放大等步骤将测量信号发射出去。测量信号的发射是数字多波束测量过程的一个重要步骤,发射信号质量和波束质量直接决定着数字多波束测量系统的测量精度、时延稳定性和数据传输性能。

3.3.3.1　选择性信号发射

发射数字多波束的重要特征是选择性发送,即利用用户的空间差异,在同一时间、同一载频上只用一副阵列天线形成多个互不相干的波束,分别指向不同目标,每个波束传输不同的信息,保证每个用户只接收到自己的信号而不受同一信道中发给其他用户信号的影响。

传统的相控阵天线中,发射波束形成所需的幅度加权和移相是在射频部分通过

衰减器和移相器来实现的,从数学意义上讲,在保证天线阵和信道等效为线性时不变的前提下,系统加权和移相可以在信号产生至天线阵元之间整个传输通道的任意一级进行,所以也可以将相移值等效地折合到基带信号中在数字域实现,而不必使用多个相移器对射频信号进行相移。射频信号的叠加等效于基带信号叠加后再进行射频变换。这样就使 M 路信号共用一个射频变换器,从而简化了硬件结构,从而实现数字多波束形成。

天线阵及空间信道可以等效为一个线性系统,对于多个目标的波束形成,可以应用叠加定理,将本来由多个天线阵产生的多个波束等效到一个天线阵上实现。

设有 M 个目标同时存在,可以分别采用单波束形成的方法,在 M 个目标方向上形成 M 个波束,得到 M 组阵列的加权因子,然后将各个目标的信号由相应的加权因子加权后叠加馈入阵元,各个波束所传输的信息互不相关,它们在空间形成的场为标量叠加。

3.3.3.2　发射多波束之间的隔离

多个目标波束形成权值计算时,每个目标可以设定自己的信号导向为主波束方向,其他目标的主波束方向为干扰方向,从而改善多波束之间的隔离性能。

发射和接收波束要保证对相邻卫星不产生干扰。因此,数字多波束合成时必须保证每个波束与其他波束之间不发生干扰,需要满足以下条件:

(1)在自身所对应目标方向增益最高(形成主瓣)。

(2)使方向图的旁瓣在其他目标方向上增益尽量小。在理想情况下,在其他目标方向上恰好产生零点,这时各个波束相互之间是正交的。

下面讨论这种工作模式下使各个波束间互不干扰所要满足的条件。

设共形成 M 个波束,为保证第 k 个波束与第 k 个目标以外的目标之间不发生干扰,需要满足以下条件:

$$p_{kl} = \begin{cases} 1 & k = l \\ \delta_{kl} & k \neq l \end{cases} \qquad (3.9)$$

式中:p_{kl} 为第 k 个波束在目标 l 方向上的归一化增益;$|\delta_{kl}|$ 为泄漏增益。

定义泄漏增益矩阵 $\boldsymbol{G}$ 为

$$\boldsymbol{G} = \begin{bmatrix} 1 & \delta_{12} & \cdots & \delta_{1M} \\ \delta_{21} & 1 & \cdots & \delta_{2M} \\ \vdots & \vdots & & \vdots \\ \delta_{M1} & \delta_{M2} & \cdots & 1 \end{bmatrix} \approx \boldsymbol{I} \qquad (3.10)$$

式中:$\boldsymbol{I}$ 为单位对角阵。在理想情况下,$\boldsymbol{G} = \boldsymbol{I}$,即各个波束相互之间是正交的,第 k 个波束在第 k 个目标方向产生主波束,而在其他目标方向恰好产生零点。

当天线同时给 M 个目标发送信号时,为使各用户正确接收,将各路信号按满足式(3.9)约束的权值矢量加权叠加后同时馈给各阵元。设第 k 个目标信号矢量为

$S(t)$,相应加权因子矢量为 $\boldsymbol{W}_k$,天线阵输入激励矢量为

$$S(t) = \sum_{k=1}^{M} \boldsymbol{W}_k x_k(t) \qquad (3.11)$$

第 l 个目标收到的信号为

$$r_l(t) = \boldsymbol{S}^{\mathrm{T}}(t)\boldsymbol{V}(\theta_l) = \sum_{k=1}^{M} \boldsymbol{W}_k x_k(t)\boldsymbol{V}(\theta_l) = \sum_{k=1}^{M} \boldsymbol{W}_k^{\mathrm{T}} \boldsymbol{V}(\theta_l) x_k(t) =$$

$$x_l(t)p_{11} + \sum_{\substack{k=1 \\ k \neq l}}^{M} \delta_{kl} x_k(t) = x_l(t) + \sum_{\substack{k=1 \\ k \neq l}}^{M} \delta_{kl} x_k(t) \qquad (3.12)$$

式中: $\boldsymbol{V}(\theta_l)$ 为第 l 个目标的方向矢量。当 $x_l(t) \gg \sum_{\substack{k=1 \\ k \neq l}}^{M} \delta_{kl} x_k(t)$ 时,即可以认为每个目标只收到发给自己的信号。

由式(3.12)知道,当目标数增多时,各个目标收到来自其他波束的非期望信号会增加,因为各个目标信号之间是不相关的,所以各个非期望信号的总作用效果为功率相加。功率相加的结果导致旁瓣电平抬升,引起旁瓣对主瓣的干扰。

为解决上述干扰问题,可以采取两类算法:

(1)采用等副瓣的方向图,且各波束的副瓣电平均小于系统的干扰抑制指标要求,即可控制波束之间的干扰,其关键在于天线低旁瓣方向图的设计。根据系统规定的多波束之间的隔离度指标,确定各个单波束的旁瓣电平,再使用低旁瓣方向图综合算法计算各波束的权值,然后用各组权值分别形成各个波束,通过相位控制实现波束扫描。可使用低旁瓣波束形成算法,该类算法比较成熟,具有计算简单、容易实现等优点,在保证低旁瓣电平的条件下可以使波束之间的干扰满足要求。

具体实现时,可以根据系统规定的多波束之间的隔离度指标,确定各个单波束的旁瓣电平,再使用低旁瓣方向图综合算法计算各波束的权值。然后用各组权值分别形成各个波束。合成后总的方向图的旁瓣电平比原来增高了 $10\log(M)\,\mathrm{dB}$,其中 M 是波束数目。图 3.14 是采用切比雪夫方向图综合算法合成的 3 个波束的仿真图。

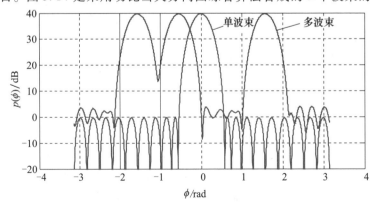

图 3.14 采用切比雪夫方向图综合算法合成的 3 个波束的仿真图(见彩图)

图 3.14 中的多波束是由三个单波束叠加产生的,叠加后与单波束相比,旁瓣电平不再是等副瓣的,比原来增加了 10log3 = 4.7dB。在保证合成后的旁瓣满足系统要求时,这种方法是一种合适的选择。

（2）使用正交波束类算法,所有波束之间相互正交,该类算法从理论上讲是最优的。对于导航中地球轨道卫星运动目标,工程上可采用"互增益"波束形成算法,该算法可针对多波束之间的隔离度要求进行综合幅相权值计算。

该方法的设计过程如下:

① 由给定的系统泄漏功率指标,求出单波束的最大增益泄漏;

② 将空间分成若干个空域,针对各个空域,根据最大泄漏增益和空域的方位设计综合满足功率泄漏要求的低副瓣方向图的阵列因子;

③ 根据目标所处空域的方位,配置相应的加权系数;

④ 当目标方位改变,移出当前波束落入相邻波束覆盖区时,切换到相应波束以跟踪目标。

3.3.4　数字多波束精密伪距测量

高精度伪距测量作为数字多波束接收系统最核心的业务功能。相比单波束的伪距测量,多波束的伪距测量需要考虑的因素更多,多波束精密伪距测量需要考虑热噪声和动态应力等通道一致性内部误差源,以及多径效应、电磁干扰等外部误差源[11]带来的影响。

使用数字波束形成技术的一个主要目的就是通过波束合成获得信号增益,进而在满足多个方向目标接收的基础上提高处理性能,获得更高的精密测距处理精度。同时通过空域信号处理增强信号的多径抑制与抗干扰能力,并采用高精度伪码和载波跟踪技术、抗干扰与干扰监测技术、抗多径技术和设备时延综合管理技术等,有效提高数字多波束接收系统的伪距测量精度。为了进一步提高伪距测量精度,可以采取一些后处理措施,利用高精度的载波相位对原始伪距进行平滑,获得比原始伪距更高的观测精度。

来自每颗卫星的下行信号均可以按照独立波束进行处理和考查,多通道波束形成的测距问题可归结为将来自多个阵元通道的信号合成一个信号的等效测距处理。

1）理想的数字多波束合成测距

在波束形成处理中,通过幅相加权处理可以获得指向特定方向的接收波束,获得合成接收信号。实际上,在该过程实现了在接收方向上各阵元通道信号的叠加,获得了信号接收处理增益,进而可提高接收信号的信噪比。由于测距处理性能依赖于环路跟踪精度,进而信噪比性能是影响测距的一个重要方面,因此,通过波束形成处理可以提高接收信噪比,获得较高的载噪比。

当接收到的导航信号没有多径和其他干扰时,导航接收机的测量误差主要由信号中的热噪声随机误差和动态应力误差决定。其中动态应力误差与码跟踪环的环路阶数有关,同时通过载波辅助技术能够将动态应力误差降低到很小,在码跟踪环分析过程中完全可以不考虑。在载波辅助的码环跟踪过程中,测量误差主要是由热噪声随机误差决定的。热噪声随机误差又与载噪比、积分时间和相关间距等相关。从伪距精度指标的分析中可以得出,通过波束合成增加信号载噪比、减小相关间距、适当加长积分时间、降低环路带宽,都可以降低延迟锁定环(DLL)环路的热噪声误差,从而提高伪距测量精度。

扩频信号接收通常使用延迟锁定环,延时锁定环的热噪声误差在选取超前/滞后型鉴别器时的计算式为

$$\sigma_n = \frac{1}{R_c}\sqrt{\frac{2d^2 B_n}{C/N_0}\left[2(1-d)+\frac{4d}{TC/N_0}\right]} \tag{3.13}$$

式中:R_c 为码速率;d 为相关间隔;一般取 0.5;B_n 为环路等效噪声带宽;T 为累加积分时间;C/N_0 为载波与噪声功率谱密度比。

可见,信噪比的提高可以直接提升跟踪精度,进而可以提高接收系统对导航扩频信号的接收能力,获得更高的测距精度。

在数字波束接收系统中,由于信号的接收处理是针对多个阵元通道的多路并行接收信号进行的,虽然最终的测距接收处理的输入波束信号为一路合成信号,但信号特性与各通道的接收特性有关,因此,在卫星导航系统中采用接收数字波束形成技术除了要解决传统测距接收系统的精密测距问题外,还需要考虑到多通道特性对测距处理的影响。

2)引入阵元时延通道误差的多波束合成测距

幅度及相位的不一致性对系统的影响仅局限于信噪比特性,会使理论上的处理增益具有一定的损失,这在工程中可归结为处理损失,可通过设计余量保证来解决。通道间的时延不一致性可直接影响到系统测量精度。波束合成加权算法仅对信号的相位和幅度进行处理,而未进行时延调整,因此,工程应用中需采取时延量的校准措施消除时延对测距的影响。

设数字多波束阵列天线各通道信号的时延量为 D_i,i 为阵元编号,在波束形成处理后,实际上进行测距处理的信号是上述多通道信号的加权叠加,去掉载波项后,包含时延信息的基带合成信号表示为

$$S = \sum_{i=1}^{n} W_{Ai} P(D_i) \tag{3.14}$$

式中:W_{Ai} 为信号幅度加权,伪码测距的基本理念是通过跟踪到接收信号的伪码,获得同步信息并测量时间基准到同步信号的时延量,设系统的接收基准时延为 D,实际上各通道在标校过程中均与之存在固定差,称为各通道的系统差,设为 $\Delta\rho_i$,则在不考虑波束形成处理的情况下,第 i 个通道接收的测距值为

$$D_i = D + \Delta\rho_i \tag{3.15}$$

显然,在波束合成处理后,测距处理采用的是多通道合成的信号。由于测距处理

受信号归一化能量的影响,因此在加权处理后,最终的测距值可表示为

$$D' = \sum W_i D_i \qquad (3.16)$$

式中:加权系数为各通道信号强度与最终信号强度的比值,为

$$W_i = \frac{E_i}{\sum E_i} \qquad (3.17)$$

式中:E_i 为各阵元在接收端辐射信号的强度。

加权的目的是将各通道的幅度、相位调整为一致,在各通道幅度严格一致的理想情况下,或近似一致时,最终的跟踪效果可认为与幅度无关,因此最后获得的跟踪同步信号应与多通道的平均时延特性相关,即最终的测距值应为各通道时延的均值,即测距结果可以表示为

$$D' = \frac{1}{n}\sum_{i=1}^{n} D_i = \frac{1}{n}\sum_{i=1}^{n} (D + \Delta\rho_i) = D + \frac{1}{n}\sum_{i=1}^{n} \Delta\rho_i \qquad (3.18)$$

式中:D 为基准通道时延理论真实值。由此可知在多通道接收系统中,最终获得的等效测距结果与真实值间的误差为各通道系统偏差的均值。

工程应用中,通过标校及校准处理,可以将各通道的系统偏差降低到一定的精度范围内,该精度即为标校及校准处理的精度,单通道接收系统的系统残余差与该精度一致。而在多通道接收系统中,各通道剩余的残余系统偏差可以认为具有随机特性,通过波束合成处理,可以将接收数字波束形成系统中的系统时延误差转换为随机差,体现出的误差结果是所有通道偏差的均值,进而可以降低整个接收链路的系统误差,获得更高的测距准确度。

3.3.5　数字多波束设备时延管理

无线电测距系统都是通过测量无线电波在空间传输的时间来计算距离的,卫星导航系统也是如此,测量信号不仅在空间进行传播,同时也在信号发射和接收设备中传输,精确的设备时延标定是精确测距的基础。因此,设备时延的管理是导航信号观测数据应用的基础。设备时延管理主要针对通道一致性设计、时延稳定性设计、零值标定技术和零值管理技术提出可靠解决方案。通过多通道时延控制技术的应用,解决设备的时延一致性问题。

目前,大多数时延测量都是在低频、同频、无调制状态下测量相对时延,采用的方法有示波器法、矢量网络分析仪、矢量信号分析仪、时间间隔计数器法等。除了矢量网络分析仪测量可以测量无源二端口网络外,其他只能测量信号产生设备的时延,而对于信号接收设备则需要采用时延传递的方法,即通过测量收发设备的组合时延和发射设备的时延,来获得接收设备时延。在卫星导航系统中,主要测量的时延有1PPS信号之间的时延、1PPS与射频信号之间的时延。

3.3.5.1　设备时延定义

导航系统的设备时延指的是导航设备的信号处理或传输过程对导航信号产生的

附加时延,它是导航设备的固有特性。根据测试方法的不同,设备时延分为单向时延和组合时延。

设备的单向时延是指被测设备的输入端到输出端产生的附加时延,设备的组合时延通常是指多个设备串接在一起得到总的设备时延。对于信号传输的电缆、放大器和变频器等设备,单向时延就是设备的群时延。而对于具有信号变换功能的设备,如调制设备、解调设备等,其设备时延需要严格定义其起始点与结束点。

单向设备时延分为发射单向设备时延和接收单向设备时延。

1)发射单向设备时延模型

发射单向设备时延可以定义为:起点为发射基准时刻信号前沿(即设备 1PPS 同步信号的输出接口处),终点为发射天线相位中心输出点的时延。发射单向设备时延组成如图 3.15 所示。

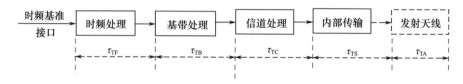

图 3.15 发射单向设备时延示意图

其中,导航设备的发射单向时延共包括以下五个引入时延的主要环节:

(1)发射时频处理时延(τ_{TF}):时频信号的同步及链路处理时延。

(2)发射基带处理时延(τ_{TB}):含时标的数字信号调制和输出的处理时延。

(3)发射信道处理时延(τ_{TC}):中频信号到射频信号的变频放大处理时延。

(4)发射内部传输时延(τ_{TS}):信号在设备内部经由电缆等环节的传输时延。

(5)发射天线传输时延(τ_{TA}):信号在天线内传播至电磁波辐射的传输时延,包含天线相位中心对传输时延的影响。

2)接收单向设备时延模型

接收单向设备时延可以定义为起点以接收天线相位中心,终点为接收机观测基准时刻前沿(即设备 1PPS 同步信号的输出接口处)的信号时延。接收单向设备时延组成如图 3.16 所示。接收单向时延需要基于发射单向零值和收发组合零值计算获得。

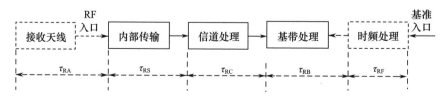

图 3.16 接收单向设备时延示意图

导航设备的接收单向时延组成与发射单向零值近似,包括以下五部分引入时延的主要环节:

（1）接收时频处理时延（τ_{RF}）:时频信号的同步及链路处理时延。

（2）接收基带处理时延（τ_{RB}）:含时标的数字信号跟踪处理时延。

（3）接收信道处理时延（τ_{RC}）:射频信号到中频信号的放大变频处理时延。

（4）接收内部传输时延（τ_{RS}）:信号在设备内部经由电缆等环节的传输时延。

（5）接收天线传输时延（τ_{RA}）:信号在天线内传播至电磁波辐射的传输时延,包含天线相位中心对传输时延的影响。

3.3.5.2　数字波束相位中心

数字波束相位中心及其变化是多波束通道时延的重要组成部分。本节给出数字波束相位中心的定义及其影响因素。

1）数字波束相位中心的基本概念

相位中心是指电磁波发出的起点位置或者等效原点,若一个天线辐射的电磁波是一个球面波,则称该球面中心为天线的相位中心。在卫星导航领域中的高精度测量和定位应用中,通常选取天线的相位中心作为基准点,相位中心的偏差将直接影响测量、定位的精度,对于精密测量应用领域,这种影响是不容忽视的,因此在天线使用前都需要进行相位中心的测试标定工作。

在卫星导航领域,定义相位中心的最终目的是便于分析天线对测距精度性能的影响。关心相位中心的根本原因是它可以表示信号在不同方向传播所产生的时延差异,时延测量的准确度和稳定度直接反映了设备的测量精度。因此,数字多波束天线的相位中心问题从测距应用的角度来看,可以归结为设备时延零值及其稳定度的问题。

数字多波束发射阵列天线是一个多通道辐射空间合成波束的系统,它通过控制每个通道发射信号的时延、幅度、相位,使多个阵元天线发射的信号到达空间目标位置载波同相合成、调制伪码时延对准合成,产生指向空间目标的波束。

根据上述数字多波束发射阵列天线的工作原理可知,波束在不同指向的时延测量差异除与阵列天线的自身特性有关以外,还同各个通道信号的伪码时延、载波幅相有关,针对这一特点,可将数字多波束发射阵列天线的相位中心同设备时延零值结合起来,将相位中心的含义从单纯的天线分机提升至数字多波束设备系统的层面,该相位中心的变化因素既包含了阵列天线的电气特性、结构安装误差,还包含了各个发射通道间的信号差异。

2）影响数字波束相位中心的若干因素

阵列天线的相位中心及其影响因素:数字波束天线相位中心能够反映阵列天线对数字多波束系统测距精度的影响,数字波束天线相位中心的偏离度能够表示在不同方向传播所产生的时延差导。通常测量系统对相位中心精度的要求比通信系统要高。数字多波束天线的相位中心问题从测量角度看,可归结为设备零值及其稳定性的问题。对于星地间高精度时间同步测量而言,天线相位中心的精度无疑是不可忽略的。

卫星导航系统的测距处理是通过测量电波的传播时延来计算距离的,电波传播分为两段路程,一段是在空间,另一段包括天线、传输线及接收机等终端设备(可以通过初始标校来消除时延对测距的影响),这就需要知道天线的相位中心在哪里,同时希望天线有固定的相位中心。从另一方面考虑,天线的相位中心可理解为天线相位方向图即时延相位在空域的响应。抛物面天线可以看作信号是从焦点上发射,而阵列平面天线是面天线,它不像抛物面天线那样在理论上就有焦点。面天线电波的发射是整个面发射的,理论上没有发射点源,所以面天线只有等效相位中心。

对阵列天线而言,如果满足以下条件:

(1)每个阵元天线的相位中心偏差为零,即每阵元都可等效为一点发射源;

(2)阵列的布阵加权是理想的,则数字波束形成的过程就是信号的"数字电聚焦"过程,汇聚的等效点源就是参考阵元的相位中心点。

那么,阵列的等效相位就是等效汇聚点(参考阵元的相位中心)。

图3.17给出了单元天线相位中心和天线俯仰角之间的关系。

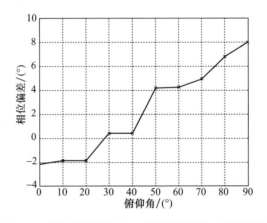

图3.17 单元天线相位中心和天线俯仰角之间的关系

实际上,每个阵元天线相位中心都有偏差,阵列的布阵加权也有误差,这两大因素是影响整个阵列天线的相位中心的关键。对于组成阵列天线的微带阵元天线而言,其相位中心随不同方向而变化,尤其是随俯仰角的变化而变化,实际测试结果也表明这一点。

数字多波束阵列天线可看作一个多源辐射空间合成波束的系统,其合成波束的相位中心必然与数字波束形成的机理密切相关。以数字发射波束形成为例,其机理是:通过控制每通道发射信号的时延相位,使多个阵元天线发射的信号到达空间目标位置进行载波同相合成、调制伪码时延对准合成。所有这些时延相位的合成,都是以阵列天线某位置(或某阵元)为参考基准,对每阵元通道信号作时延相位加权修正而进行的。不论空间导航星的位置如何改变,参考基准的位置不变,其余各通道通过时延调整和幅相加权处理与参考基准通道的发射信号相位对齐。

因此,从形成等相位面的角度来考察,数字多波束阵列天线的等效相位中心主要取决于参考基准(即参考阵元)。这样从时延测量固定参考基准的机理出发,可以定义阵列天线的参考基准为等效相位中心,该等效相位中心的偏差大小能够精确反映阵列天线收发信号的等效时延零值误差大小。

工程实现时,为便于系统的测试标定和通道间的平衡,选取参考基准与天线的几何中心重合。

针对阵列天线的特点,影响阵列天线等效相位中心的主要因素可概括如下:

(1)阵元特性不一致。数字多波束天线阵的相位方向图主要取决于各个单元方向图,在各个阵元完全一致的理想情况下,阵列天线的相位中心等于阵列的参考点(一般取阵列的几何中心)与单元相位中心的叠加,实际上由于各个单元之间会有一定的离散度,阵列天线的相位中心与理想值会有一定的偏差。

(2)单个阵元天线的相位中心偏差。微带天线的相位中心随卫星信号的方向改变而改变,此改变量与信号的仰角和方位角有关,相比之下由仰角带来的变化(一般 GPS 接收机天线最大可达 10cm)远大于由方位角带来的变化(毫米量级)。因此在工作中,PCV 主要依赖于卫星仰角,而方位角的影响只在某些天线位置的个别周围环境引入而且较小。

(3)阵元间距误差。阵元间距的安装不精确,会带来多通道之间的相位不一致性。通常带来的影响固定且较小。

(4)阵元间的互耦效应。天线单元间互耦可能造成天线相位方向图变化,其直接计算较为复杂,一般采用测量的方法。

(5)通道零值校正误差。数字波束算法中的时延加权修正,都是在扣除通道零值基础上进行的。通道零值校正误差会直接带入空间波束合成,从而造成天线相位中心与设定参考基准的偏差。

(6)加权算法时延控制精度的误差。如同通道零值校正误差一样,加权算法时延控制精度的误差会影响波束合成的时延精度,进而影响阵列天线相位中心发生变化。

3.3.5.3　系统零值管理

系统零值管理需要把影响系统零值的各个环节和各个要素进行在线的监测与处理计算,监控零值的变化,并进行统一汇总处理。具体包括:

(1)时间频率信号漂移引起误差。在数字多波束测量系统中,测量信号是以 10MHz 时频信号为基准产生的,卫星导航系统中的设备零值则以 1PPS 信号为参考。因此 10MHz 信号与 1PPS 信号之间的时延漂移也是设备零值需要考虑的一个重要漂移量。

(2)通道时延漂移引起误差。通道的时延漂移可以通过同时获取基准到标校终端的伪距值和基准到被测组件的伪距值的方式来计算。由于基准到标校终端的伪距值被认为能反映基准发射变化规律,因此将两变量相减所得结果就能反映被测组件的漂移量。

（3）各波束不同方向的零值。由于从波束形成算法来看,波束的数量、方向、功率都不影响其形成波束的相心,形成波束的相心只由天线阵的物理结构决定。即由于不同的天线阵元与安装方式会影响不同波束指向时的相心,因此应有一个波束指向零值修正表。通过不同来波方向,查表确定零值修正量 $\Delta(A, E)$。

（4）发射通道到单元天线的时延量。发射通道通过射频电缆连接至单元天线进行射频信号传输,需要对该段电缆的时延、幅度、相位进行标定,以保证通道的一致性,在设备零值计算时也应将此段电缆的时延量计算在内。

（5）基准的初始零值。利用以上信息可以计算得到归算到标校链路时延量的相对零值信息,由于系统中没有包含单向零值测试手段,尚不能计算得到发射组件设备单项零值。因此基准初始零值可以通过系统定期使用高精度示波器或时延传递进行测试获得。

3.3.6　系统监控与数据处理

监控与数据处理系统是数字多波束系统的管理控制中枢,其管理对象(数字多波束发射系统、数字多波束接收系统等)具有大规模多通道并行信号处理的综合业务特点,要求系统具有统一的信息处理和监控能力,并达到多通道"自动运行、自动监控、自动标校、自动测试"的管理目标。监控与数据处理系统与数字多波束发射和接收系统相互配合,充分发挥软件处理的灵活优势,自动完成多波束导航信号收发处理、调度和管理功能。

监控与数据处理系统是数字多波束测量系统监视、控制的中枢,担负着整个系统全部设备运行状态的监视、工作参数设置、系统设备配置等任务,负责接收并转发上级下发的业务数据、设备控制命令等,同时调度和控制系统内所有设备执行标校过程及各项业务流程,并向上级上报各种结果信息。

3.3.6.1　任务管理

多星管理是数字多波束测量系统的重要特征和突出优势,多星管理的工作方式能够极大提高地面测量系统的工作效率,满足对复杂星座管理的使用需求。下面主要从多星多模式分层管理与控制方面进行介绍。

与传统反射面天线系统相比,数字多波束天线测量系统的管理对象规模更大,复杂度更高,对星座业务管理、优化调度、协调控制、高效维护等方面的要求更高。为满足多目标管理要求,将采用多星多模式分层的运行管理体制。

多星多模式分层管理是对多颗不同类型卫星的并发测量管理以及多波束天线在不同工作模式下的运行管理与控制,支持完成测量任务。多星多模式分层管理与控制具体任务包括多波束协同控制、任务规划调度、业务管理控制、高精度测量、系统运行性能评估等。

1）多星管理

多星管理是指数字多波束测量系统能够对中圆地球轨道（MEO）、倾斜地球同步轨道（IGSO）和地球静止轨道（GEO）等多种卫星开展测量和数据传输任务。不同类型卫星在轨道高度、运行周期、业务模式等方面存在一定差异，如轨道高度差异则需要针对不同类型卫星设置不同的发射功率，运行周期差异则需要针对不同类型卫星采取不同频度的管理调度，业务模式的差异则需要针对不同类型卫星设计不同的业务管理流程。

2）多模式管理

多模式管理是指数字多波束测量系统根据系统的运行管理、任务规划以及可扩展要求，提供多种管理控制模式，满足系统一体化运行要求，在系统测试、常规运行、状态变更验证、应急管理等方面提供多种管理和控制模式。系统在不同的运行阶段和不同的工作模式下，具有不同的管理控制模式，包括试验验证模式、常规运行模式、应急运行模式等，多模式管理体制如图 3.18 所示。

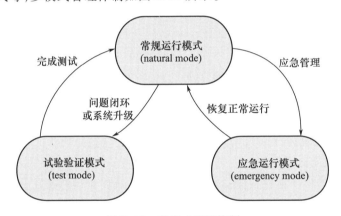

图 3.18　多模式管理体制

（1）试验验证模式。试验验证（管理）模式是服务于系统的测试及系统演进过程的测试验证。试验验证模式运行在系统测试和集成联调阶段，在测试阶段，试验验证模式可结合导航信号源和测试接收机对系统功能和性能进行广泛测试，同时能够针对空间导航卫星进行试验测试。在系统发展和演进过程中，数字多波束测量系统升级或改造后，接入测量系统前需转入试验验证模式对系统功能和性能进行全面测试验证，通过测试验证后，方可正式接入系统。在试验验证管理模式下数字多波束测量系统既可在上级调度下完成系统的测试验证，又可独立于上级单独运行。试验验证模式下数字多波束天线测量系统可以为用户提供制定试验任务规划、生成试验数传数据、对系统性能和业务进行评估等能力。

（2）常规运行模式。常规运行模式是系统的常态运行模式，具备泛在自动化特征，该模式下系统接收上级的任务规划，基于任务规划自动运行，自动完成测量、数据传输、设备零值监测、故障监测定位、系统性能评估等功能。数字多波束集群管理是常规管理模式的扩展,在该模式下,多套数字多波束测量系统集群管理,作为一个整体统一调度,协同完成对多个目标的测量管理任务。该管理模式提升了数字多波束天线测量系统的可靠性、灵活性和可扩展性。

（3）应急运行模式。应急运行模式是数字多波束测量系统的一种灵活应急使用模式,应急模式下,用户无须上级系统介入,即可在本地直接控制多波束系统的任务和业务参数,包括任务规划、发射功率、系统工作参数、系统重置、任务规划重发等。

多星管理技术体制设计除了完成任务层面需求,还要考虑两个重要的设计因素:首先多星管理设计要支持系统随时间的演进,其次多星管理设计需要兼容现有标准和管理模式。多波束系统采用多星多模式分层管理和控制体制。管理体制采用优化的数据拓扑结构和控制逻辑,通过减少中间传输节点,数字多波束测量系统收到上级的传输数据后直接通过发射业务管理单元分发给发射组件,由发射组件进行时间符合,可将传输数据发射实时性控制在毫秒量级,满足各类卫星数据传输的时间要求,并提供设计余量。

在多模式分层控制设计上,系统采用以业务管理控制单元为核心的控制-模型-过程设计模式。业务管理控制中心是整个系统的控制核心,负责整个系统的运行状态控制、状态转换迁移,并且为各个控制过程提供运行环境参数。平稳过渡模式控制、常规模式控制、集群模式控制、应急模式控制和测试验证模式控制等构成了系统的过程控制单元,过程控制单元封装了系统的所有主要管理控制模式的控制过程,为系统提供完备的运行过程控制。过程控制单元支持系统管理控制过程的演进和扩展,运行状态管理为系统运行提供了各个控制过程的特征状态矢量以及运行环境参数。

数字多波束测量系统管理业务主要包括数据传输管理、波束形成与调度管理、导航数据处理、测试标校管理和设备监控管理。在系统连续运转期间,监控与数据处理系统主要工作内容包括数据传输管理、下行接收信息、测试标校管理、设备监控管理、系统检修和维护、故障检测等。

3.3.6.2 集群波束调度管理

集群波束调度管理是指多套数字多波束测量资源的统一协调应对空间复杂星座的测控任务,相比独立的数字多波束测量系统可以通过对各站波束资源的调度和管理,实现系统的资源共享、负载平衡。集群多波束调度管理主要功能特点与使用模式如下。

1）作用空域扩展

多套数字多波束测量系统按集群的方式管理,除了波束数量的扩充之外,最重要的是提升了作用空域。数字多波束测量系统形成集群后,各个站节点之间的公共工作空域可以相互支撑和管理,各节点可以侧重各自地理位置方向上的卫星管理任务,在系统设计阶段,各节点通过向外围方向调整天线的作用空域,有效增加集群系统的作用空域。

通过改变多波束天线平面同安装地表平面的倾斜夹角以及倾斜的方位方向,可以实现作用空域的优化设计。其中倾角大小决定了作用空域翻转搬移程度,方位方向决定了作用空域翻转方位方向。针对数字多波束天线作用范围同导航卫星星下点轨迹范围不匹配的问题,可以分别将各站点的多波束天线设置一定的倾角,实现多波束天线作用范围的移动。

多波束天线作用范围为低仰角以上的立体锥空域,其与地表水平面的最佳倾角大于低仰角时部分作用空域处于地表水平面之下,减少了天线空域作用范围,如图 3.19 所示。

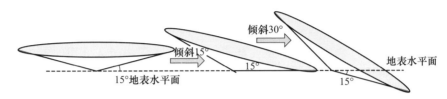

图 3.19 多波束天线作用空域翻转搬移

2) 任务均衡

集群系统中各个多波束测量系统能力相同、任务对等,可以同等地完成对导航卫星的测量和数传任务。可通过对资源的管理调度,合理分担任务负载,在确保系统服务能力不变的前提下,降低某个系统的负载,同时也就降低了其异常时对系统的影响风险。

任务均衡的另一方面可以使系统充分利用集群系统的能量资源,单套数字多波束系统内部的多个波束的能量是通过波束权值动态调配管理的,在系统"能量池"中根据要求产生不同 EIRP 的波束输出,既可以产生多个相同 EIRP 波束,也可以将能量集中起来产生单个波束。通过集群系统的能量管理,就可以对各站节点波束数目合理分配,生成增强波束,这在波束增强模式下非常重要。

3) 高可用性

通过对多套数字多波束测量系统资源的协调管理,数字多波束集群系统通过各站冗余资源的整合和任务调度实现了系统的高可用性和可靠性,确保系统连续可靠高性能测量和服务。正常运行时,可以调度不同的站节点跟踪同一颗卫星,使站节点之间进行相互检核,当某个站节点的设备出现故障时,可以将其从系统中隔离出去,快速将任务切换至其他站节点,完成新的任务分担。在集群管理的调度下,也可以实现计划内的停机,开展设备的检修和维护工作。

4) 可扩展性

数字多波束集群系统本身具有开放性和可扩展性,后期可以进行方便的扩充或级联,提高系统能力。一方面可以通过简单的节点数量的扩展提高系统能力,另一方面,可以通过节点能力的提升提高系统的能力和水平,有利于卫星导航系统将来的升级和改造,有利于技术更替和系统的升级换代。

5) 使用模式

使用模式主要包括均衡模式、维护模式、增强模式、检核模式、独立模式、扩展模式、平稳过渡模式,在正常工作的同时,选用多种不同的模式实现多种任务。

(1) 均衡模式。在均衡模式下,根据作用空域划分将导航卫星测量管理任务平均分配至各站节点,各站的任务负载基本相同,系统失效造成的风险相近,总的风险最低。

(2) 维护模式。当系统需要维护和保养时,数字多波束集群系统进入维护模式。在维护模式下,通过调度管理将待维护站节点的任务协调到其他站节点,对该节点开展停机、维护和保养工作,确保大规模的设备维护工作不会影响系统的连续运行。

(3) 增强模式。在增强模式下,通过对集群内冗余波束的任务规划和调度,适当减少某站节点的输出波束数量,将能量集中于少数波束,产生更高 EIRP 波束。

(4) 检核模式。在检核模式下,充分利用导航卫星载荷的通道资源,通过调度两个节点站跟踪同一颗导航卫星,对被检核设备进行检核,完成对卫星同地面间链路性能的验证。在数字多波束系统接入、切出系统时,通过检核模式确认设备工作状态,保证系统接入的可靠性和平稳性。

(5) 独立模式。独立模式适用于系统独立运行开展对星测量与数传的试验验证工作,待各项功能性能指标均达到使用要求后,再转为正常工作模式,切入集群系统正式运行。

(6) 扩展模式。扩展模式主要用于系统的升级和改造。当导航系统需要时,数字多波束集群系统通过节点的扩充、级联提高多星管理能力,比如两套系统级联后,就可以将管理卫星数目提高一倍。如果导航系统有新的功能和性能要求,就可以在数字多波束集群体制的管理下,在原有设备的基础上进行改进、升级、验证,实现技术升级和系统的现代化。

3.3.6.3 系统标校管理

数字多波束测量系统重点关注的是通道之间一致性的标校,并不关注单个通道的绝对时延。数字多波束测量系统需要在数字多波束中建立标校环路,以获得精密测距数据修正所需的波束零值(这一点区别于单通道零值)。标校环路的建立包括有线环路和无线环路两种。标校的范围从基带信息输入终端设备至天线辐射信号为止。"蜂窝式"数字多波束采用的一体化分散式通道结构为设备零值标校提供了极大的方便,建立的一体化标校通道通过开关网络选择与某一工作通道可在射频输出和基带输入端形成闭环,可获得精密时延测量数据。理论和试验研究表明,单个通道离线不会影响整个 DBF 系统的正常工作和技术性能(工程上该影响可忽略)。这样,在测试标校的管理控制下,可自动化完成所有工作通道的在线标校,从而实现波束通道时延稳定性的标校。

数字多波束测量系统的阵列处理有着丰富的阵元资源,可充分利用这些资源来为信道估计提供帮助。测量各天线单元通道之间的幅度与相位差异,必要条件是要有测试信号源、监测馈线、幅度和相位测试仪器、控制设备以及记录与显示设备。根据测试信号源的产生和放置位置的不同,监测方法可分为"内监测"和"外监测"两大类。

采用"内监测"方法时,测试信号源置于天线阵内,测试信号源可以是多波束阵列天线发射机,也可以是专用的测试信号源;采用"外监测"方法时,测试信号源置于天线阵的外面,测试信号源既可位于远场,也可放在近场。

图 3.20 和图 3.21 分别给出了发射阵和接收阵的"内监测"方法原理图。采用如图 3.21 所示的"内监测"方法,可以在多波束阵列天线处于正常工作状态下进行监测,即可实现在线监测。需要指出的是数字多波束发射/接收系统的标校开关矩阵以及连接电缆引入的时延需要提前用矢量网络分析仪进行标定。此外,由于测试信号不经过天线单元,故"内监测"方法对各天线通道的幅度和相位的测试,不包含天线单元的安装误差和天线单元方向图的不一致性测试。

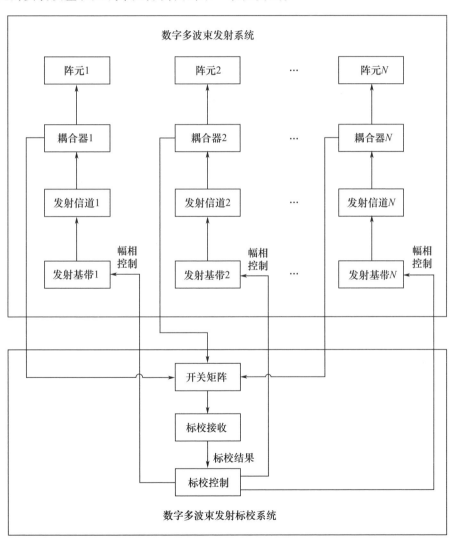

图 3.20　发射阵"内监测"方法原理图

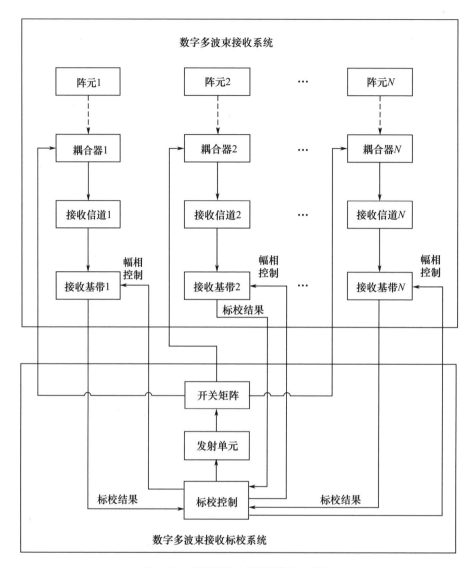

图 3.21　接收阵"内监测"方法原理图

　　为了使监测系统能测试包括天线单元在内的各单元通道的信号幅度和相位,必须采用"外监测"方法。在采用"外监测"方法时,为了保证标校准确性除了对数字多波束发射/接收系统的标校开关矩阵以及连接电缆引入的时延需要提前用矢量网络分析仪进行标定外,还需要将标校天线固定在转台上,通过精确控制标校天线的位置保证与被测阵元天线的相位中心距离"恒定"。数字多波束发射阵列"外监测"方法标校原理如图 3.22 所示,数字多波束接收阵列"外监测"方法标校原理如图 3.23 所示。

　　通过标校对各阵元的幅相误差进行了准确的标定,通过校正指令对各支路的幅相误差进行补偿,从而实现对数字多波束测量系统的标校管理。

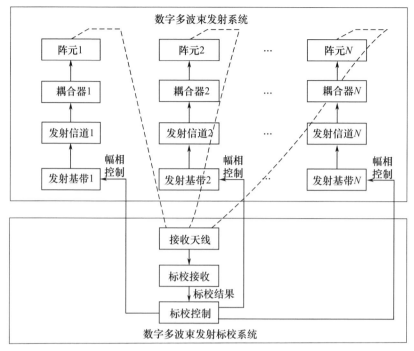

图 3.22　数字多波束发射阵列"外监测"方法标校原理图

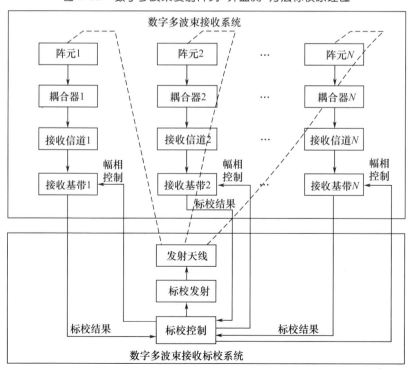

图 3.23　数字多波束接收阵列"外监测"方法标校原理图

参考文献

[1] 钱敏.美空军试验先进相控阵天线[J].军民两用技术与产品,2009(2):9-9.

[2] SKOLNIK M I. Introduction to Radar Systems[M]. New York:McGraw-Hill,1980.

[3] YAN S F,HOVEM J M. Array pattern synthesis with robustness against manifold vectors uncertainty [J]. IEEE J Ocean Eng,2008,33(4):405-413.

[4] SMITH R P. Constant beamwidth receiving arrays for broad band sonar systems[J]. Acustica,1970, 23(1):21-26.

[5] CARLSON B D. Covariance matrix estimation errors and diagonal loading in adaptive arrays [J]. IEEE Trans on AES,1988,24(1):397-401.

[6] WONG K M,WU Q,STOICA P. Generalized correlation decomposition applied to array processing in unknown noise environment[M]//Advances in spectrum analysis and array processing. NJ:Prentice Hall,1995.

[7] 廖桂生,保铮,张林让.基于特征结构的自适应波束形成算法[J].电子学报,1998,26 (3):23-26.

[8] SU G N,MORF M. The signal subspace approach for multiple wideband emitter location[J]. IEEE Trans Audio Speech Signal Process,1983,31(6):1502-1522.

[9] RAPPAPORT T S. Smart antennas:adaptive array,algorithms,and wireless position location [M]. New York:IEEE Press,1998.

[10] 柯炳清,丁克乾.天线相位中心的推算及标定[J].遥测遥控,2009(6):66-69.

[11] 赵强,侯孝民,焦义文.宽带干涉测量通道群时延非线性误差标校[J].系统工程与电子技术,2017,39(6):1221-1226.

[12] NARANDZIC M,KASKE M,SCHNEIDER C,et al. 3D-antenna array model for IST-WINNER [J]. Vehicular Technology Conference,2007(4):319-323.

[13] HOON A,TOMASIC B,Liu S. Digital beamforming in a large conformal phased array[J]. Phased array Systems and Technology (ARRAY),2010(10):423-431.

[14] CARTER G C. Coherence and time delay estimation[J]. Proceedings of the IEEE,2005,75(2):236-255.

[15] 吴淮宁,费元春.相控阵雷达发射波束自适应零点形成方法研究[J].现代雷达,2000,22 (2):49-53.

[16] 魏安全.几种扩频通信体制特性综合比较[J].无线电通信技术,2000(3):13-17.

[17] 韩春好,刘利,赵金贤.伪距测量的概念、定义与精度评估方法[J].宇航学报,2009,30(6):2421-2425.

[18] 沈锋,赵丕杰,徐定杰.多径干扰下扩频导航信号伪码跟踪性能仿真研究[J].系统仿真学报,2008,20(20):5630-5634.

[19] 张继浩,王化宇,李丽娴,等.赋形波束共形天线口径综合与方向图分析[J].无线电工程,2016,46(8):56-60.

[20] 马润波,闫建国,陈新伟,等.一种新型小型化交叉耦合带通滤波器的设计[J].测试技术学

报,2016,30(1):69-73.

[21] 郝延刚,陆敏.某型雷达对称振子阵列天线的设计与仿真[J].电子设计工程,2015(7):98-101.

[22] 李世超,侯培培,屈俭,等.基于波导缝隙阵列的新型太赫兹频率扫描天线[J].控制工程,2018,7(1):119-126.

[23] 诸赞,张美艳,唐国安.一种基于子结构界面动刚度的模态综合法[J].统计与决策,2015(6),28(3):345-351.

[24] 周清晨,丁桂强,徐海洲.粒子群算法用于相控阵雷达唯相位加权发射低副瓣的研究[J].信息通信,2016(6),162:46-48.

[25] 袁建涛,张文涛,粮华清,等.基于 NLSM+IWO 的非对称方向图唯相位优化[J].航空兵器,2018(6),3:49-52.

[26] 诸赞,张美艳,唐国安.一种基于遗传算法的唯相位宽零陷波束赋形方法[J].中国电子科学研究院学报,2011(12),6:634-638.

[27] 刘燕,郭陈江,丁君,等.唯相位方法实现方向图可重构阵列天线[J].现代雷达,2008(7):77-79.

[28] 胡皓全,曹纪纲.新型微带交叉耦合环微波带通滤波器[J].电子科技大学学报,2008,37(6):875-878.

[29] 曾祥华,李敏,聂俊伟,等.运动条件下的天线阵 SMI 算法性能分析[C]//第一届中国卫星导航学术年会论文集,2010:70-77.

[30] 李丽君.智能天线自适应波束形成算法的研究[J].通信技术,2009(4):13-15.

[31] 曾乐雅,许华,王天睿.自适应切换双模盲均衡算法[J].电子与信息学报,2016(11),38(11):85-91.

[32] 邓欣.一种线性约束连续自适应方向图控制方法[J].电讯技术,2016,56(7):777-782.

[33] 王书楠,余胜武,杨飞,等.基于集成光学的波束形成以及误差分析[J].太赫兹科学与电子信息学报,2018(8),16(4):637-644.

[34] 郭肃丽,夏双志,刘云飞.稳健的宽带信号接收波束形成方法[J].载人航天,2013,19(6):64-68.

[35] 邱冬冬,金华松,孙永江.自适应波束形成算法的研究[J].电子设计工程,2013(12),21(1):44-46.

第4章 数字多波束发射系统技术

数字发射波束形成是指通过一套发射系统同时在需要的方向上产生一个或多个波束,并根据导航星座测量需求快速改变波束的指向和形状。数字发射波束通过数字处理单元实现多通道幅度和相位的加权控制,相比传统的相控阵发射天线通过射频衰减器和移相器实现幅度相位控制的方式,具有处理精度高、灵活可扩展的技术特点。

数字多波束发射系统用于多目标测量通信信号的生成、处理及发射传输,具有多目标实时测控管理能力,能够在作用空域中同时产生多个独立发射波束,每个波束搭载不同信息,分别完成对多个空间目标的连续跟踪、测量及数据传输任务[1];具有波束捷变扫描能力,能在多目标之间快速切换,且可动态进行波束加权控制,改善波束性能。

数字多波束发射系统将幅相加权控制从射频域转移到基带数字域,当基带信号包含多个目标信号时,分别对信号进行幅相加权控制后,基带数字信号经上变频转换为射频信号,由天线阵元辐射,即可同时在作用空域内形成多个独立发射波束。数字多波束发射系统的技术难点体现在两个方面:一是如何降低不同发射波束之间的相互干扰,提升多波束测量传输性能;二是大规模发射阵列通道的工程实现及管理控制。

本章首先介绍数字多波束发射系统模型和信号生成,对发射多波束通道时延调整方法、发射多波束跟踪方式及特点进行探讨,分析发射 EIRP 和链路计算方法,最后介绍数字多波束发射系统架构、误差模型和基本组成等。

◢ 4.1 系统模型与信号生成方法

4.1.1 数字多波束发射系统模型

数字多波束发射系统的天线阵及空间信道可以等效为一个线性系统,对于多个目标的波束形成,可应用叠加定理,将本来由多个天线阵产生的多个波束等效到一个天线阵上实现。设有 M 个目标同时存在,可以分别采用单波束形成的方法,在 M 个目标方向上形成 M 个波束,得到 M 组阵列的加权因子,然后将各个目标的信号由相应的加权因子加权后叠加馈入阵元,各个波束所传输的信息互不相关,它们在空间形成的能量场为标量叠加[2-3]。

数字多波束发射模型如图 4.1 所示。

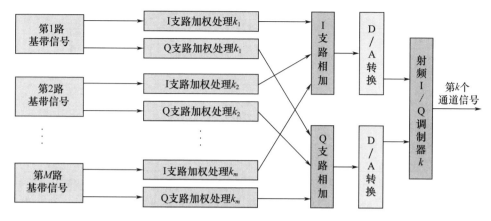

图 4.1　数字多波束发射模型(见彩图)

基带信号处理部分同时产生多个目标的数字基带信号,分别对各目标基带信号进行加权处理及相加求和,并将合路信号上变频后传输至阵列天线的一个单元天线,向空间辐射发出。按照此种方式,全阵每个单元天线馈入一路加权后的多目标合路信号,辐射发出的各路信号在空间不同方向同相叠加,即可同时形成多个波束。该模型支持多目标信号与多波束的任意组合,可显著提升数字多波束测量系统的多任务工程管理能力。

4.1.2　数字多波束发射信号生成方法

数字多波束发射信号通过在数字域对多通道信号的幅度和相位进行控制,产生方向可变的波束,实现空分多址,即同一时间、同一载频上只用一部阵列天线即可形成多个波束。其理论依据是:在保证天线阵列和信道等效为线性时不变系统的前提下,射频信号的叠加等效于数字基带信号叠加后再进行变频转换,因此通过在数字域对多个目标的处理,就可以在天线阵面同时形成多个携带不同信息的波束。通过控制波束权值,可以实现波束扫描跟踪,完成同多个目标的测量和通信[4-5]。

以正交相移键控(QPSK)调制方式产生 M 个发射波束为例,QPSK 信号可理解为二路载波正交的二进制相移键控(BPSK)之和,即

$$S(t) = I(n)\cos(\omega t + \varphi) + Q(n)\sin(\omega t + \varphi) \tag{4.1}$$

式中: $I(n), Q(n) = \pm 1$; φ 为初相,则

$$S(t) = \pm\cos(\omega t + \varphi) \pm \sin(\omega t + \varphi) = \sqrt{2}\sin\left[(\omega t + \varphi) + m\frac{\pi}{4}\right] \qquad m = 1,3,5,7 \tag{4.2}$$

I 和 Q 的四种组合分别对应四种相位,实现四相调制。

当已调信号带宽远小于调制载波频率时,对于任意已调信号来说,都可以用

$S(t) = R(t)\cos(\omega_c t + \theta(t))$ 来表示,其中幅度 $R(t)$ 和相位 $\theta(t)$ 为基带信号的全部特征,$R(t)$ 为该信号的幅度调制信息,$\theta(t)$ 为该信号的相位调制信息,将上式展开后有

$$S(t) = I(t)\cos(\omega_c t) + Q(t)\sin(\omega_c t) \tag{4.3}$$

式中:$I(t) = R(t)\cos\theta(t)$、$Q(t) = -R(t)\sin\theta(t)$ 分别为 I、Q 的分量。

换算得到相位,即

$$\theta(t) = \arctan(Q/I) \tag{4.4}$$

幅度为

$$R(t) = \sqrt{I^2 + Q^2} \tag{4.5}$$

由式(4.3)~式(4.5)可知,通过调整 I 和 Q 的权值可以达到调整调制信号的相位 $\theta(t)$ 和幅度 $R(t)$ 的目的。调制的方法是根据该通道的相位参数 $\theta(t)$ 和幅度参数 $R(t)$ 先求出 $I(t)$ 和 $Q(t)$,然后分别与两个正交本振 $\cos(\omega_c t)$ 和 $\sin(\omega_c t)$ 相乘并求和,即可得到调制信号 $S(t)$。

基于上述信号生成方法,发射通道可通过现场可编程门阵列(FPGA)实现幅度相位控制。以 M 个目标形成 M 个发射波束为例,数字多波束测量信号产生单元如图4.2所示。

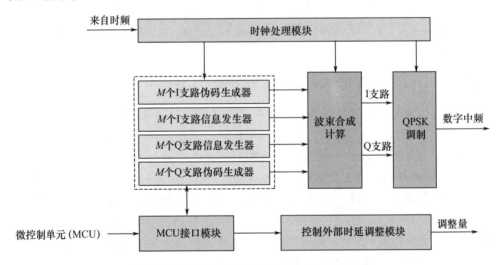

图4.2　数字多波束测量信号产生单元(见彩图)

数字多波束测量信号产生单元主要完成时钟信号处理、基带伪码产生、电文处理、波束权值合成计算、数字化 QPSK 调制输出等功能。时钟信号处理模块以外部参考时钟为基准产生所需的工作时钟信号,基带伪码产生模块和电文处理模块以工作时钟为基准产生伪码和电文等基带信号,波束合成计算模块完成 M 个不同目标的波束权值以及 I 和 Q 权值量化值,合成得到 I 和 Q 两路数字信号,经 QPSK 调制模块生成数字中频信号。

◢ 4.2　发射通道时延调整方法

数字多波束发射系统实现高精度空间信号合成的先决条件是所有通道的时延、幅度、相位均保持一致。系统可以通过幅相加权控制实现空间波束合成和扫描,基于数字合成波束实现精确空间测距所需的时延加权处理。因此发射通道时延精确调整非常关键。

发射通道时延的高精度调整实现方法如下[4,6]。

发射信号采用正交调制方式,信号可以表达为

$$S(t) = I\cos(2\pi ft + \varphi) - Q\sin(2\pi ft + \varphi) \qquad (4.6)$$

式中:I 和 Q 为基带正交信号;f 为射频信号频率;φ 为初始相位偏移。

为便于工程实现,将射频频率分为 $f = f_I + f_R$,其中 f_I 为中频频率,该频率选择较小数值便于在基带实现,实现过程如下:

$$
\begin{aligned}
S(t) = &\ I\cos(2\pi(f_R + f_I)t + \varphi) - Q\sin(2\pi(f_R + f_I)t + \varphi) = \\
&\ (I\cos(2\pi f_I t + \varphi) - Q\sin(2\pi f_I t + \varphi))\cos2\pi f_R t - \\
&\ (Q\cos(2\pi f_I t + \varphi) + I\sin(2\pi f_I t + \varphi))\sin2\pi f_R t
\end{aligned}
\qquad (4.7)
$$

令

$$
\begin{cases}
I' = I\cos(2\pi f_I t + \varphi) - Q\sin(2\pi f_I t + \varphi) \\
Q' = Q\cos(2\pi f_I t + \varphi) + I\sin(2\pi f_I t + \varphi)
\end{cases}
\qquad (4.8)
$$

则公式可表示为

$$S(t) = I'\cos(2\pi f_R t) - Q'\sin(2\pi f_R t) \qquad (4.9)$$

如上分析,累加在射频上由伪距变化产生的相位变化,经变换完全反映在参数 I' 和 Q' 上,通过 I' 和 Q' 的表达式可知,已调制射频信号时延调整可等效为伪码相位和 f_I 中频载波相位的调整。上述相位的精确调整通常基于数字中频载波参数的高分辨控制实现。

◢ 4.3　发射多波束跟踪

数字多波束测控主要针对两类目标:一是合作目标测控,具备测控目标先验知识,如当前位置、运动速度、姿态等信息,不需要对目标进行测角即可获取目标具体方向;二是非合作目标测控,该类测控缺乏目标先验知识,需要在发射多波束跟踪目标前先对目标方向进行测量和运动状态的预测,从而实现对目标的跟踪。航天及卫星导航系统中均是合作目标跟踪,因此本节主要针对合作目标发射多波束跟踪方式进行说明。

4.3.1　发射波束跟踪方式

发射波束跟踪按照引导方式可分为外部引导跟踪和自跟踪两种跟踪方式。对于

合作目标跟踪而言,需要多目标实时空间位置参数作为发射波束的引导信息,进而通过多组权值计算和实时更新下发至发射阵列通道,实现多波束同时捷变扫描跟踪。数字多波束发射系统以外部引导跟踪模式为主,当外部引导异常时,应急采用自跟踪引导方式。

1）引导跟踪

引导跟踪是多目标星地测量系统的主要跟踪方式,如图4.3所示。该跟踪方式适合合作卫星跟踪,卫星每天的空间位置可通过星历信息进行预先计算,根据预测的卫星运动模型、当前可见星标号、任务需求与目标,设定多波束目标跟踪程序,进行多波束发射系统跟踪。

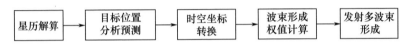

图4.3 引导跟踪原理框图

多目标引导跟踪时,首先根据先验的卫星星座位置信息确定发射多波束与跟踪目标映射的关系,再利用多目标星历和地面站址坐标解算出多目标方向信息,通过时空坐标转换以及多波束权值形成计算,引导发射阵列系统在多目标方向形成数字多波束,且随着卫星运动而改变波束指向,实现对多星的同时引导跟踪。

2）自跟踪

自跟踪是多目标星地测量系统的另一种跟踪方式,如图4.4所示。该方式利用多波束系统特有的阵列天线形式进行多目标实时测角,主要应用于星历信息缺失或星历信息异常等场景。

图4.4 自跟踪原理框图

对空间多目标的自跟踪可采用基于阵列信号的干涉仪综合测量体制,通过地面接收多波束阵列系统对空间卫星进行精确角度测量,实时确定多目标多波束指向,据此综合计算得到发射波束形成权值,实时引导发射多波束动态合成,从而实现多目标自跟踪。

4.3.2 发射多波束跟踪实时性设计

发射多波束跟踪实时性主要体现在两方面:波束管理的实时性以及波束形成的实时性。提高实时性的设计思想是:立足波束跟踪的提前规划计算和并行业务处理,基于波束管理计算、权值并行传输分配网络、多组件实时加权基带处理等相对分离,实现多波束跟踪业务的计算、传输和处理的并行处理,以提高发射波束跟踪实时性。

1）波束管理的实时性

数字多波束发射管理是指根据测控目标特性和发射任务需求,动态调配数字多波束发射系统的工作方式和系统参数。数字多波束管理的实时性包括基于任务规划提前进行波束跟踪调度计算、设计专门的数传通道和协议确保提前进行波束指向计算参数的下达、波束权值的实时分配、波束形成的实时计算、波束加权的基带信号实时处理等环节。数字多波束根据卫星的轨道预报数据或从数字多波束自身获得的卫星测角数据，提前由波束生成单元计算不同发射通道的幅相加权系数，根据任务规划确定同时形成波束的数量，并将权值以实时广播的形式发送给数字多波束发射系统。每路通道完成多路信号的调制和加权，合成复激励信号经过上变频、滤波和功率放大后，馈电给发射阵元向空间辐射，在自由空间形成指向不同卫星的波束，实现实时的发射波束管理。

2）波束形成的实时性

波束形成时间包括三个部分：波束形成算法处理时间、权值的传递时间及加权处理时间。波束形成算法处理时间是指形成指定特性波束的权值计算过程所需的时间，权值传递时间是指将权值数据由权值计算处理主机送给执行加权处理单元的传输时间，而加权处理时间为获得权值后的波束形成执行时间。采用 M 个单波束叠加的方法形成多波束，系统只需分别单独形成 M 个满足要求的波束，具有较快的并行处理速度；由于空间目标运动是连续的，初始权值计算后，将其作为后续权值计算的初始值，可提高算法收敛速度。同时也可通过内插的方法计算两组权值之间的中间变化过程，实现波束的快速扫描跟踪。

4.4　发射 EIRP 与链路设计

卫星星座一般由地球静止轨道（GEO）、中圆地球轨道（MEO）和倾斜地球同步轨道（IGSO）三种不同轨道卫星组成，不同轨道卫星距离地面的空间信号传输链路存在一定差异。数字多波束发射系统根据卫星运行轨道实时计算星地信号传输链路距离，并相应配置发射功率大小，来保证地面发射信号到达卫星后的功率满足使用需求。

卫星运行过程中，随着运行弧段的变化，其相对地面站点的俯仰角也在实时变化，数字多波束天线的增益随仰角变化而变化，因此同样需要随卫星轨道的变化来实时调整发射功率大小，对天线增益在低仰角下的下降进行补偿。

多波束发射链路需要考虑卫星轨道不同所带来的链路差异及高低仰角天线增益差异所带来的影响，将系统总功率在多个波束间进行动态分配调整。

4.4.1　发射 EIRP 计算

阵列合成增益 G_a 与阵元数 N 的关系为：$G_a = 10\log N$，设单个阵元的增益为 G_e，阵列天线总增益 G 为

$$G(\text{dB}) = G_a(\text{dB}) + G_e(\text{dB}) \tag{4.10}$$

阵列天线各通道的合成功率同单通道输出功率相比放大倍数为 N，则 $G_p = 10\log N$，在单通道输出功率 P 一定的条件下，有源阵列天线的 EIRP 表达式为

$$\text{EIRP(dBW)} = P + G_a + G_p + G_e = P + G_e + 20\log N \tag{4.11}$$

式中：单阵元天线增益 G_e 在不同方位（A）和俯仰（E）条件下增益值不同，即

$$G_e = f(A, E) \tag{4.12}$$

该增益值可以通过单元天线的增益二维表（方位维度和俯仰维度）进行查找得到。

特别需要说明的是，为保持发射波束 EIRP 在扫描跟踪过程中的恒定，EIRP 计算时需要进行动态修正。这是因为阵列天线产生波束的方向图是权值综合方向图与单元方向图的乘积，在低仰角下，会由于单元天线增益的降低导致生成波束的峰值电平降低。解决这一问题可以采用修正方法补偿，即将发射二维波束扫描空域网格化，记录生成波束峰值电平的实际值和理论值的差异，建立二维波束电平修正表，通过查表和内插的方法对波束电平进行实时修正，使发射波束 EIRP 在作用空域扫描过程中不同方向保持一致。

4.4.2 发射链路计算

数字多波束发射系统的发射链路计算需要考虑从单通道发射功率到星上的接收口面功率，发射链路计算需要考虑的因素包括工作频率、波束指向、发射 EIRP、上行链路损耗、卫星接收灵敏度电平等因素，多波束发射链路计算参数如表 4.1 所列。

表 4.1　多波束发射链路计算参数

链路参量	波束 1	波束 2	…	波束 N
上行链路	发射波束不同，其链路计算参数不同			
工作频率/GHz	f_L	f_L	…	f_L
发射 EIRP/dBW	EIRP_{U1}	EIRP_{U2}	…	EIRP_{UN}
卫星接收功率/dBW	P_{T1}	P_{T2}	…	P_{TN}
卫星接收天线增益/dB	G_{T1}	G_{T2}	…	G_{TN}
上行信号链路损耗/dB	L_{U1}	L_{U2}	…	L_{U1}

数字多波束与单波束链路计算方法相同。以单波束发射链路为例，上行发射功率电平可由下式计算：

$$\text{EIRP}_U = P_T - G_T + L_U \tag{4.13}$$

式中：EIRP_U 为地面阵列天线的有效辐射功率；P_T 为卫星接收功率；G_T 为卫星接收天线增益；L_U 为上行信号链路的能量损耗。

上行链路在空间传输过程中会受到各种衰减，主要包括自由空间损耗与大气影响。其中大气影响又主要分为雨衰损耗、大气吸收损耗、极化损耗、冰雾的影响、闪烁影响等[7-8]。因此，上行链路的总损耗为

$$L_U \approx L_F + L_G + L_P + L_{other} + L_{Rain} \tag{4.14}$$

式中：L_F 为自由空间损耗；L_G 为大气损耗；L_P 为极化损耗；L_{other} 为剩余的其他损耗；L_{Rain} 为雨衰损耗。由于其他损耗相对于自由空间损耗、大气吸收损耗和极化损耗较低，实际应用中可近似忽略。

1）自由空间损耗 L_F 是信号传播过程中的主要损耗，可由下式计算：

$$L_F = 92.45 + 20\lg(d \times f) \tag{4.15}$$

式中：d 为星地距离（km）；f 为信号频率（GHz）。

2）雨衰损耗

降雨引起的衰减值 L_{Rain} 计算，具体步骤如下：

（1）确定平均年份中超出 0.01% 时间的降雨率 $R_{0.01}$。

可由当地气象部门获得降雨率，也可由降雨率分布图查出。

（2）计算有效降雨高度 h_R。

根据地面站位置及 ITU - R P839 - 3 给出的 0℃ 平均等温线海拔高度曲线查出 h_0，则

$$h_R = h_0 + 0.36 \tag{4.16}$$

（3）计算降雨高度下穿过的雨区斜距 L_S。

当天线仰角大于 5° 时，可由下式计算

$$L_S = (h_R - h_S)/\sin\theta \tag{4.17}$$

式中：h_S 为地面站的高度。

（4）计算斜距的水平投影距离。

$$L_G = L_S\cos\theta \tag{4.18}$$

（5）计算降雨衰减系数 γ_R。

参考 ITU -R P.838 中的方法：

$$\gamma_R = k\,(R_{0.01})^{\alpha} \tag{4.19}$$

式中

$$k = \left[\,k_H + k_v + (k_H - k)\cos^2 e_1 \cdot \cos(2\theta_p)\,\right]/2 \tag{4.20}$$

$$\alpha = \left[\,k_H\alpha_H + k_v\alpha_v + (k_H\alpha_H - k_v\alpha_v)\cos^2 e_1 \cdot \cos(2\theta_p)\,\right]/2k \tag{4.21}$$

式中：k_H 为 k 的水平极化系数；k_v 为 k 的垂直极化系数；α_H 为 α 的水平极化系数；α_v 为 α 的垂直极化系数；e_1 为天线仰角；θ_p 为极化仰角。

（6）计算 0.01% 时间的水平衰减因子 $\gamma_{0.01}$。

$$\gamma_{0.01} = \left[\,1 + 0.78\sqrt{L_G\gamma_R/f} - 0.38(1 - e^{-2L_G})\,\right]^{-1} \tag{4.22}$$

（7）计算 0.01% 时间的垂直调整因子 $\nu_{0.01}$。

$$\nu_{0.01} = \left[\,1 + \sqrt{\sin\theta}\,(31(1 - e^{-\theta/(1+\chi)})\,(\sqrt{L_R\gamma_R}/f^2) - 0.45)\,\right]^{-1} \tag{4.23}$$

式中

$$\chi = \begin{cases} 36 - \alpha & \alpha > 36 \\ 0 & 其他 \end{cases} \tag{4.24}$$

$$\begin{cases} L_R = L_G \gamma_{0.01}/\cos\theta & \zeta > \theta \\ L_R = (h_R - h_S)/\sin\theta & 其他 \end{cases} \tag{4.25}$$

$$\zeta = \arctan\left(\frac{h_R - h_S}{L_G \gamma_{0.01}}\right) \tag{4.26}$$

（8）有效路径长度 L_E 为

$$L_E = L_R \nu_{0.01} \tag{4.27}$$

（9）不超过年平均 0.01% 的降雨衰减为

$$L_{Rain,0.01} = \gamma_R L_E \tag{4.28}$$

3）大气吸收损耗

大气吸收损耗与频率、地面站仰角等参数有关,可由下式计算:

$$L_a = \frac{0.042 \cdot e^{0.0691f}}{\sin\theta} \tag{4.29}$$

式中:θ 为天线仰角(°);f 为频率(GHz)。

根据式(4.13)可以计算出发射单波束的 EIRP,然后根据 4.4.1 节对单通道发射功率的计算方法可以得到单个发射通道的输出功率 P。

4.5 数字多波束发射系统设计

4.5.1 系统架构

根据数字多波束发射系统工作原理,系统架构一般可划分为七部分,分别为发射阵列天线、发射组件、数传与监控分配网络、本振(LO)信号分配网络、时频信号分配网络、标校网络和电源分配网络等。系统架构如图 4.5 所示。

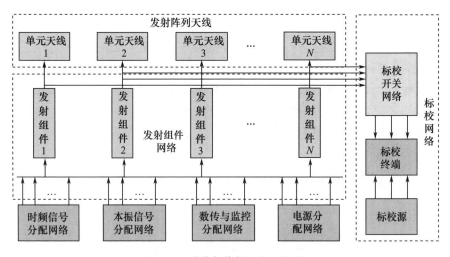

图 4.5　系统架构框图(见彩图)

发射阵列天线用于将射频信号以电磁波形式在空间辐射发出;N 通道发射组件由发射终端和发射信道两部分组成,发射终端可产生幅相加权数字基带信号,经 D/A 转换后,由发射信道部分进行上变频、滤波和功率放大处理;数传与监控分配网络是发射组件与监控数据处理平台之间实现通信和波束管理控制的中间链路设备,主要用于完成状态监视、工作控制和数据传输任务;本振信号分配网络为全阵发射组件提供同源相干本振信号,保障 N 通道质量一致性;时频信号分配网络为全阵发射组件提供时频基准信号;标校网络完成全部发射组件的通道一致性校准;电源分配网络为发射组件提供成组电源。

4.5.2　误差分析

对于数字多波束发射系统而言,其系统测量误差主要包括以下三个方面:发射设备时延误差 σ_T、发射链路零值误差 σ_L、发射阵列天线误差 σ_A,如图 4.6 所示。

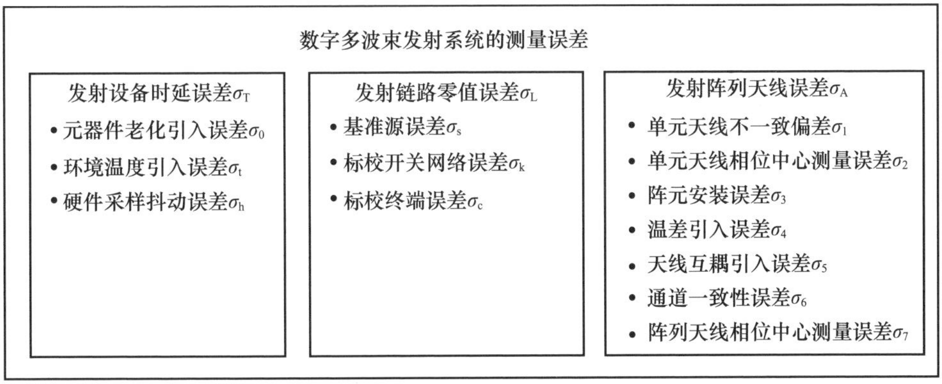

图 4.6　数字多波束发射系统测量误差框图

数字多波束发射系统的测量误差 σ 可以表示为

$$\sigma = \sqrt{\sigma_T^2 + \sigma_L^2 + \sigma_A^2} \qquad (4.30)$$

1)发射设备时延误差 σ_T

发射设备时延误差主要受元器件老化误差 σ_o、环境温度误差 σ_t、硬件采样抖动误差 σ_h 等影响。由于元器件老化是个缓慢变化过程,且元器件在使用前都会进行老化筛选试验,因此对设备时延的影响已经很小。发射设备工作环境温度的变化会引起发射设备固有时延特性的变化,导致发射设备时延变化。发射设备采用全数字处理电路,与发射设备时延有关的是数字处理硬件采样时钟前沿抖动引起的误差。

$$\sigma_T = \sqrt{\sigma_o^2 + \sigma_t^2 + \sigma_h^2} \qquad (4.31)$$

2)发射链路零值误差 σ_L

发射链路零值稳定性是通过发射标校来保持的。发射标校设备主要包括标校源、标校开关网络、标校终端组成,标校各设备都会对发射链路零值引入误差。发射链路零值误差主要包括基准源误差 σ_s、标校开关网络误差 σ_k、标校终端误差 σ_c[9]。

（1）基准源误差 σ_s：基准源是系统标校的参考基准，其误差直接影响各个发射通道，是系统误差的一部分。通过采取适当恒温措施，可以保证基准源零值相对稳定[10]。

（2）标校开关网络误差 σ_k：标校开关网络的标定误差。温控环境下标定后的标校开关网络以及传输电缆引入的误差，通常可以满足工程系统使用需求。

（3）标校设备误差 σ_c：标校设备本身的测时精度误差。由于标校信号条件良好，无空间动态和干扰，标校过程为同源接收处理，可通过降低环路带宽、增加积累时间提高处理增益和精度，同时可以通过数据平滑或平均处理，进一步提高标校测量的精度。

通过上述分析可求得发射链路零值误差为

$$\sigma_L = \sqrt{\sigma_s^2 + \sigma_k^2 + \sigma_c^2} \qquad (4.32)$$

3）发射阵列天线误差 σ_A

发射阵列天线误差主要指数字波束天线相位中心误差。该误差可表示信号在不同方向传播所产生的时延差异，是影响系统误差的关键因素。下面对该误差进行分析，首先分析单元天线的相位中心误差，然后分析阵列天线的相位中心误差[11]。

（1）单元天线不一致偏差 σ_1。

单元天线相位中心随方向变化。不同单元天线相位中心的变化呈现出个体差异。通过对大量阵元的测试建立起阵元标准模型，工程使用时通过模型加以修正来消除偏差。同时，单元天线可采用一致性好的微带天线，其制造采用数控和光绘工艺，可保障阵元间误差很小。工程应用时经过精密加工和一致性筛选，单元天线不一致偏差会进一步减小。

（2）单元天线相位中心测量误差 σ_2。

单元天线相位中心测量可以在微波暗室中进行。测量误差包括电气测量误差和机械测量误差两部分，其中电气测量的主要误差因素有：

① 相位测量仪的引入相位中心测量误差 σ_{21}。

② 系统失配引起的相位中心测量误差 σ_{22}。

③ 信号源不稳定引起的相位中心测量误差 σ_{23}。

④ 电缆摆动引起的相位中心测量误差 σ_{24}。

⑤ 有限测量距离引起的相位中心测量误差 σ_{25}。

⑥ 多径反射引起的相位中心测量误差 σ_{26}。

机械测量误差为 σ_{27}，单元天线相位中心测量误差为

$$\sigma_2 = \sqrt{\sigma_{21}^2 + \sigma_{22}^2 + \sigma_{23}^2 + \sigma_{24}^2 + \sigma_{25}^2 + \sigma_{26}^2 + \sigma_{27}^2} \qquad (4.33)$$

（3）阵元安装误差 σ_3。

阵元安装因素导致的阵元实际位置和设定位置偏差定义为阵元安装误差 σ_3，该

误差可由阵元加工制造工艺和安装精度来保证。

（4）温差引入误差 σ_4。

温度变化带来的结构变形引起的误差为 σ_4，以炭钢结构支架为例，其膨胀系数按 $\alpha = 10.2 \times 10^{-6}/{}^\circ\!C$ 计算，当温差为 50℃ 时，长度为 3m 的结构支架变化约为 1.5mm。

（5）天线互耦引入误差 σ_5。

阵元天线之间会发生互耦，天线互耦引起的相位中心测量误差为 σ_5。

（6）通道一致性误差 σ_6。

通道一致性误差是由各个通道幅度、相位时延不一致带来的误差，通过对发射通道的一致性进行校正可降低该误差，经过校正后通道一致性误差为 σ_6。

（7）阵列天线相位中心测量误差 σ_7。

阵列天线相位中心测量误差包括电气测量误差 σ_u 和机械测量误差 σ_v。

① 电气测量误差 σ_u，与单元天线的误差分析相同。

② 机械测量误差 σ_v 主要为转台误差。对于发射阵列天线，必须在大型测试转台上完成阵列天线相位中心的测量，天线转台误差主要包括方位转轴与大地垂直误差、转台中心误差，以及加装天线后产生的偏心差。

根据以上分析，发射阵列天线误差为

$$\sigma_7 = \sqrt{\sigma_u^2 + \sigma_v^2} \qquad (4.34)$$

通过上述分析可求得发射阵列天线误差 σ_A 为

$$\sigma_A = \sqrt{\sigma_1^2 + \sigma_2^2 + \sigma_3^2 + \sigma_4^2 + \sigma_5^2 + \sigma_6^2 + \sigma_7^2} \qquad (4.35)$$

4.5.3 发射阵列天线

数字多波束发射系统对星作用空域通常为水平面以上全空域，要求阵列天线阵元的辐射特性尽量接近半球特性。即阵列天线对单元天线的要求是波束扫描范围宽、作用空域内方向图平滑、增益高且一致性较强[12]。

阵元设计中需要考虑的重要因素主要包括电气性能和非电气性能两类，其中任何一类都和天线的总体性能密切相关，都对设计有着不可忽视的影响。电气性能主要包括阵元阻抗匹配、阵元频率特性、阵元带宽特性、栅瓣消除、极化方式控制、单阵元增益、阵元方向图盲点、阵元间互耦以及阵元功率容限等[13]。

阵元阻抗匹配涉及将信道传来的射频信号以尽可能高的效率向外辐射的问题，通常考虑的因素包括阻抗匹配程度随阵元发射信号的频率以及波束指向角度的变化规律。阵元的频率特性是阵元的增益以及辐射效率随发射信号频率变化的规律。阵元的带宽特性是阵元所能够承受的发射信号的带宽允许范围。栅瓣的消除意味着在自由空间中形成唯一的波束，可以避免发射和接收时的定向模糊以及相应的功率损失。栅瓣的产生则源于阵列的布置形式、阵元的选取和相位加权的方式。极化方式的适当确定可以提高阵列天线的效率，而功率容限则直接决定着阵列天线的总体辐射强度的大小。过低的功率容限将会使天线的作用距离受到严重限制;而过高的功率容限则会导致其他问题,例如阵元间距密集时可能导致电弧激发,同时对制作阵元所用的材料也会有进一步的要求[14]。

与电气性能同等重要的考虑因素还有非电气性能,环境因素(包括环境气候、安装位置、执行任务的性质)和单阵元的成本,都直接影响阵元的最终选择。

与常规的阵元类型相比,微带阵元的优点十分明显,结构最简单的微带阵元是由贴在带有金属地板的介质基片上的辐射贴片构成[15-16]。其主要优点如下:

(1) 体积小,重量轻;

(2) 剖面薄,易于安装和构成共形天线;

(3) 单元制造成本低,易于构建大型的阵元数目较多的阵列;

(4) 极化特性好,稍加改变馈电的位置就可获得线极化和圆极化;

(5) 比较容易构成双频工作模式,非常适合于航天卫星领域应用;

(6) 不需要天线背腔,降低了系统复杂程度。

常见的微带天线形状有矩形和圆形。天线贴片可以由与之共面的微带连线提供馈电,也可以由连接在金属地板上的中心导体延伸至微带贴片上的同轴电缆提供馈电。微带贴片的极化方式及方向图特性和半波长偶极子及波导裂缝基本相同。矩形微带贴片的零阶方向图公式为

$$E_x = \cos\theta \mathrm{sinc}\left(\frac{kLv}{2}\right)\cos\left(\frac{kWu}{2}\right) \qquad (4.36)$$

式中:$u = \sin\theta\cos\varphi$;$v = \sin\theta\sin\varphi$。对于半径为 a 的圆形贴片来说,如果令 $\beta = ka\sin\theta$,则可以得到其零阶方向图为

$$E_x = (\cos\theta)\left[\mathrm{J}_0(\beta) - \cos(2\varphi)\mathrm{J}_2(\beta)\right] \qquad (4.37)$$

微带阵元的简单分析可以用传输线模型作为基本手段。当电压驻波比(VSWR)小于 2 的时候,阵元带宽(BW)的近似公式为

$$\mathrm{BW} \approx \frac{4t}{\sqrt{2\varepsilon}\,\lambda} \qquad (4.38)$$

可以看出:带宽和贴片的宽度 t 成正比,和介电常数 ε 的平方根成反比,和自由空间的波长 λ 成反比。当 VSWR 增大的时候,上述公式可以有如下修正:

$$\mathrm{BW}' = \mathrm{BW}\,\frac{\sqrt{2}\,(\mathrm{VSWR} - 1)}{\sqrt{\mathrm{VSWR}}} \qquad (4.39)$$

带宽在 VSWR 较大的时候也比较大。

为实现对空间卫星的连续跟踪,要求阵列天线具有三维波束扫描能力。工程实现时,对各种常用的阵列形式(如平面阵、圆线阵、圆面阵、圆柱阵、圆球阵、拱形阵等)进行性能比较研究和仿真分析后,按照一些基本原则(如阵元之间互耦要尽量小、形成波束在工作空间没有栅瓣、阵列波束形成算法简单、安装加工方便等)确定阵列形式。

以常见的平面阵列为例,如果发射阵列天线拼阵为 $(2N+1)\times(2N+1)$ 方阵,每行(列)均为奇数,这样在方阵几何中心正好有一个阵元天线,可以把它作为阵列天线的几何中心,使天线的相位中心与几何中心尽量重合。这样做的好处是阵元天线围绕相心对称均匀分布,使波束形成算法简单方便、容易实现。

一般情况下,阵元波瓣都较宽,与阵因子相乘后,对阵列波瓣形状的影响较小。假设阵列中各单元都具有同样的波瓣,阵因子的波瓣特性,基本决定了阵列波瓣的特性。

在控制波束扫描时,为限制栅瓣的出现,必须控制辐射元之间的间距,对于矩形栅格阵最大阵元间距为

$$dx = dy = \frac{\lambda}{1 + \sin\theta_{\mathrm{m}}} \tag{4.40}$$

式中: θ_{m} 为最大扫描角(波束与法线的夹角)。

4.5.4　发射组件

发射组件是数字多波束发射系统的核心设备,每个发射组件可以同时产生针对多个目标的发射信号,经发射阵列天线辐射输出在空间合成多个波束,分别指向不同卫星,进行空间无线电测量及信息传输。发射组件是一个集信息处理、信号调制、数字波束形成、功率放大为一体的设备,主要完成电源处理、监控与业务信息处理、扩频调制、时延调整、频率变换、功率放大及滤波等功能。

典型的发射组件设备组成如图 4.7 所示。

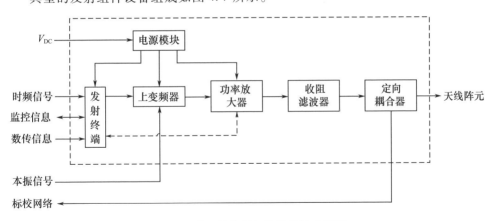

图 4.7　典型的发射组件设备组成框图

发射组件接收上位机发送来的导航电文和该通道的权值参数,被本地产生的伪码扩频信号调制到中频,送给上变频器,经混频、滤波、放大处理后,将满足一定电平和带外抑制要求的射频信号送给功率放大器,经功率放大后进行收阻滤波处理,在收阻滤波器后面接有定向耦合器,耦合器的直通信号送天线发射,耦合信号送标校系统使用。

发射组件配合数据处理与监控系统和标校终端完成通道一致性的标校工作:接

收数据处理与监控系统发送来的标校数据,调整该通道的载波相位和信息时延。发射组件同时接收数据处理与监控系统的参数配置命令,进行设备状态参数的在线配置,并采集组件设备本身的工作状态,上报给数据处理与监控系统。

按照功能划分,发射组件由发射终端和发射信道两部分组成。

4.5.4.1　发射终端

发射终端的主要功能是接收上层数据传输设备送来的电文、权值、伪码结构、伪码初相、控制命令,生成包含载波幅度和相位可调、信息时延可调的多个波束的数字中频信号。除此以外,发射终端具有设备自我监视和控制功能,并将有关信息送给数据处理与监控系统,且能接收执行其对本系统设备的控制指令。

发射终端针对导航信号发射的特性,模块内部对信息流处理必须保证与秒脉冲同步。通过时序控制发出的中频信号与外部基准时钟严格同步。发射终端原理如图4.8所示。

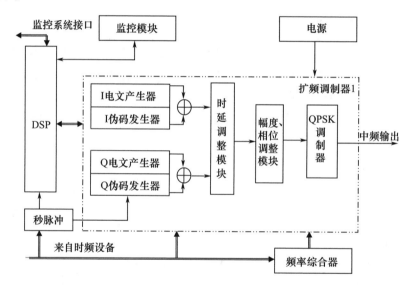

图 4.8　发射终端原理框图

图中各部分工作原理如下:

(1)频率综合器:根据外部送来的基准时钟和同步脉冲综合出终端所需的伪码时钟、I 支路信息时钟、Q 支路信息时钟,根据码钟综合出 D/A 芯片所需的高速时钟[17]。

(2)数字信号处理器(DSP)模块:DSP 控制器接收电文、标校、监控等相关信息,按协议拆包处理后,将数据按种类及约定的地址顺序送到 FPGA 各相应存储器。

(3)伪码发生器:接收频率综合器送来的伪码码钟、信息时钟、帧同步信号等一系列时钟,根据 DSP 发送的伪码配置参数和导航电文产生多个目标的基带扩频信号供QPSK 调制器使用。对于每个目标信号,I 和 Q 两支路传输的信息不同,伪码也不同[18]。

（4）电文产生器：对每个目标的电文都开辟两个先进先出数据缓存器（FIFO）缓冲区，轮流接收控制器送来的导航电文，轮流将数据送到并串变换逻辑，在数据钟驱动下输出符号比特流，按一定的时序关系与伪码模二相加，获得基带扩频信号。

（5）时延调整模块：通过数字延迟的方法调整信号时延。

（6）幅度、相位调整模块：通过正交调制改变权值的方法来对多路 I 和 Q 基带扩频信号进行不同的幅度、相位调整。

（7）QPSK 调制器：将扩频后的 I 和 Q 两支路基带扩频信号进行 QPSK 中频调制。

4.5.4.2　发射信道

发射信道由上变频器、功率放大器、收阻滤波器、耦合器共同组成，如图 4.9 所示。上变频单元负责将终端送来的中频信号变换到射频信号，并进行滤波放大处理后输出给功率放大器。为便于对其工作状态进行实时监控和故障定位，上变频单元工作的同时将上报电源状态、本振输入、信号输出等参数发送给数据处理与监控系统。功率放大器负责将上变频器送来的射频发射信号放大到一定的功率电平后送给天线阵元。收阻滤波器安装在功率放大器的输出端，负责降低发射信号对同站接收设备的影响。定向耦合器主要对经过放大滤波的发射信号进行小功率取样，以供日常维护的信号检测使用，如图 4.9 所示。

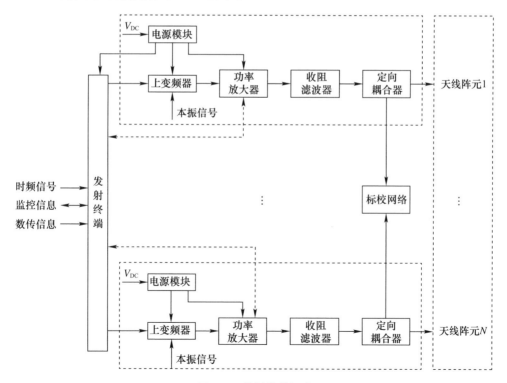

图 4.9　发射信道组成

4.5.5 时频信号分配网络

时频信号分配网络是发射多波束系统的基础保障设施,其作用是为全阵发射组件提供频率和脉冲参考信号。时频信号分配网络包括频率信号分配网络和脉冲信号分配网络。

频率信号分配网络设备组成包括顶层频率信号分配单元和底层频率信号分配单元,频率信号分配网络的组成如图4.10所示。

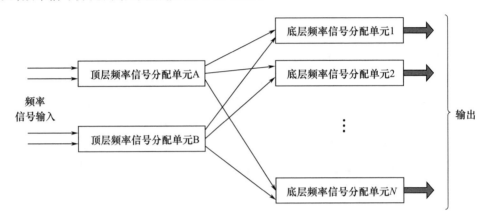

图 4.10 频率信号分配网络组成

脉冲信号分配网络设备组成包括顶层脉冲信号分配单元和底层脉冲信号分配单元,脉冲信号分配网络的组成如图4.11所示。

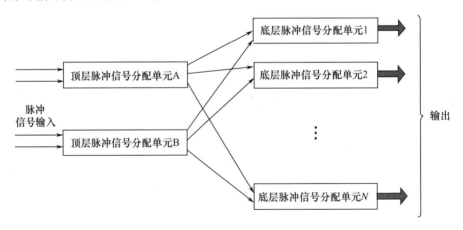

图 4.11 脉冲信号分配网络组成

时频信号分配网络设备主要包括频率信号分配单元和脉冲信号分配单元。

(1)频率信号分配单元。频率信号分配单元接收输入的频率信号,经选择、放大与分路输出,提供多路高精度的频率信号。频率信号分配单元主要由频率信号切换器、频率信号分路器、监控单元、面板指控、电源模块等组成。

（2）脉冲信号分配单元。脉冲信号分配单元接收输入的脉冲信号,经选择、放大与分路输出,提供多路高精度的脉冲信号。脉冲信号分配单元主要由脉冲信号切换器、脉冲信号分路器、监控单元、面板指控、电源模块等组成。

频率信号分配单元与脉冲信号分配单元电路原理类似,通常采用时延稳定性好以及通道间幅度、相位、时延一致的射频器件实现,以保证后端波束形成效果。

4.5.6　本振信号分配网络

本振信号分配网络主要由本振信号产生单元和本振信号分配单元组成,主要功能是为全阵发射组件的上变频器提供统一的本振信号。参考时频信号送入发射本振单元中的本振模块,锁相产生本振信号,经过激励通断开关后送入本振功放,再经过滤波处理后送入功分器分路输出至本振信号分配单元。本振信号分配网络原理如图4.12所示。

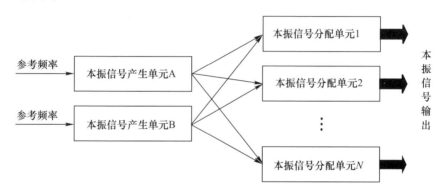

图 4.12　本振信号分配网络原理

1）本振信号产生单元

本振信号产生单元形成 A/B 备份。单套发射本振单元由发射本振、切换开关、负载、本振功放、耦合器、滤波器组成。发射本振采用锁相环与压控振荡器(VCO)分离的结构,这样本振相对于集成 VCO 锁相环(PLL)本振来说,适用于频段窄、功耗低、相噪高的场合[19-20]。

2）本振信号分配单元

本振信号分配单元采用高可靠性的大功率二选一开关以及多个一分多功分器组成。大功率二选一开关为高隔离度开关,有效保证本振 A 和本振 B 切换时不会相互影响。

要特别关注发射本振单元频率信号质量问题,其直接影响空间合成信号质量。相位噪声和杂散是衡量频率源的两个重要指标,大的相位噪声会造成时域的抖动,导致采样数据的信噪比恶化,而大的杂散会影响混频后信号的纯度,降低接收机灵敏度。所以必须使这两者尽可能低,这样才能使系统指标得到优化设计,满足更高的性能要求。

基本 PLL 原理框图如图 4.13 所示。

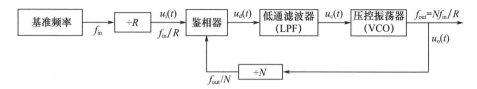

图 4.13　基本 PLL 原理框图

理想条件下,本振信号源是一个纯净信号。在频域,其为一根谱线;在时域,其正弦波的周期为恒定值。它们在混频器中进行频率变换时,不会使输出信号产生畸变,所有的信息都能够被恢复。实际工程中,本振信号源不可能绝对纯净,总会受到各种噪声的调制而产生调制边带,本振信号源使输出的信号产生畸变,从而降低系统的解调性能。本振信号源对信号的恶化,主要表现为随机相位抖动,也就是通常说的相位噪声。这样,任何一输入信号经过本振信号源下变频后的输出信号都带有随机相位噪声。接收系统的相位噪声通常专指本振信号源的相位噪声,而本振的相位噪声是衡量其短期稳定的一个技术指标。相位噪声早期也称为相位抖动,时域多用阿伦方差表示,在频域用相位噪声表征载波某个频偏处单位带宽(1Hz)内的相位噪声功率谱密度,单位为 dBc/Hz。本振信号源输出的伴有随机相位干扰的载波信号可以表示为

$$c(t) = A\cos[2\pi f_0 t + \phi(t)] \tag{4.41}$$

式中:A 为信号幅度;f_0 为载波频率;$\phi(t)$ 为随机的相位干扰,即相位噪声。在电子系统中,热噪声及相关噪声一般是具有零均值正态分布的平稳随机过程,在频域中可用功率谱密度表示。一般相位噪声 $\phi(t)$ 的功率谱密度函数可以表示为

$$\rho(\phi) = \frac{1}{\sqrt{2\pi}\sigma}e^{\frac{-\phi^2}{2\sigma^2}} \tag{4.42}$$

1)降噪处理

针对 PLL 系统的相位噪声来源,在参考输入、反馈分频、VCO 等方面采取减小相位噪声的措施,包括增大鉴相频率、缩小环路带宽、参考晶振选用更低噪声的产品等。

工程设计时应保证 PLL 芯片工作的电源纹波足够低,这样就不会恶化噪声基底,环路滤波器屏蔽也足够好,VCO 的控制线上不会串入其他干扰信号。环路滤波器良好的布局布线可防止来源于数字电路的窄脉冲出现在滤波器输入端或直接耦合到输出端。

2)杂散处理

主要针对 PLL 本身引入的杂散、小数分频锁相环的固有杂散,以及最常见的以鉴相频率为间隔的杂散。根据工程经验,减小杂散对输出影响的首要设计是使电路具有良好的电源退耦;其次是良好的布局布线会提升整个电路的杂散抑制指标。应

选用阶数更高、带宽更窄的环路滤波器,并提升鉴相频率以使参考杂散落在环路带宽以外。

4.5.7　数传与监控分配网络

数传与监控分配网络是发射组件与数据处理与监控设备之间实现数据传输的中间链路设备,主要实现监控数据收发、码参数分发、业务数据分发功能。

数传与监控分配网络采用一体化设计,如图 4.14 所示,整个数传与监控分配网络可采用高速局域网和高速串行专用接口传输。

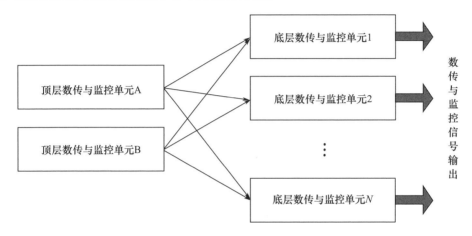

图 4.14　数传与监控分配网络架构

1)顶层数传与监控单元

顶层数传与监控单元采用一体化设计,完成监控与业务数据分发。

监控与业务处理模块可采用 DSP + FPGA 架构,监控与业务数据经网口进入 DSP 完成业务数据解析,写入 FPGA 缓存并经分路后输出 N 路权值数据和 N 路电文数据。

2)底层数传与监控单元

底层数传与监控单元完成数据的分发功能,将 1 路数据分发到 N 个发射组件。

两个输入端子同时接入顶层数传与监控单元实现在线热备份。底层数传与监控单元选择其中一个端子作为正常工作通道,对监控和业务信息分别处理完成信息分路功能。

4.5.8　标校网络

标校网络主要由标校设备和标校开关网络组成。标校设备的基本组成包括处于恒温环境的基准通道、开关网络、数控衰减器、标校信道和标校终端等设备。标校开关网络根据标校的需要,在发射通道前通过射频开关选择输入需要校准的发射通道信号,以完成系统发射通道时延、幅度、相位的测量。标校网络工作原理如图 4.15 所示。

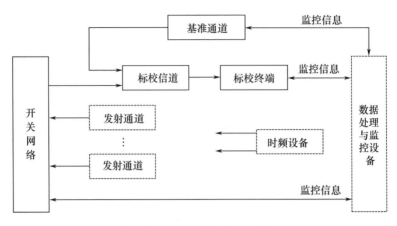

图 4.15　标校网络工作原理框图

基准通道置于恒温环境中,其电性能变化较小;基准信号的时延、相位、幅度较为稳定,将其作为标校的参考信号。设备在线标校时,在数据处理与监控设备的控制下,标校终端接收基准通道的信号,测出幅度、相位、时延参数作为参考基准,然后通过开关网络从阵列通道中的顺序取出每个发射通道的信号,再测出通道的幅度、相位、时延参数送给数据处理与监控设备,通过与基准通道的比较获取偏差信息,数据处理与监控设备将偏差信息发送给发射组件进行时延、相位、幅度的调整,完成发射通道的一致性标校[10]。

4.5.9　电源分配网络

数字多波束发射系统电源分配网络如图 4.16 所示,它将交流电源信号转换为直流电源信号供发射组件使用。电源分配网络由 N 个组件电源单元组成,组件电源单元由两个电源分配单元组成,实现并机均流。正常工作时 A/B 机各承担 50% 的负载,当其中一个发生故障时,另一个可以单独提供设备所需要的电压,不影响设备的工作。

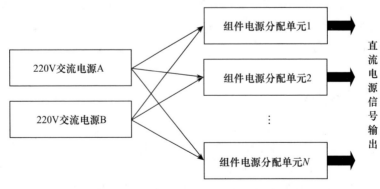

图 4.16　数字多波束发射系统电源分配网络

电源分配单元内部由滤波电路、功率因数校正电路、DC/DC转换电路、稳压控制器和控制及辅助电源组成。系统供电由不间断电源(UPS)提供稳定可靠的交流电源,典型供电设备由断电路器、交流滤波器、AC/DC模块和DC/DC模块组成。系统供电原理如图4.17所示。

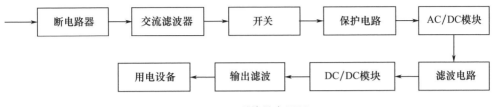

图4.17 系统供电原理

交流电经断路器,送到交流电滤波器,再经交流滤波器送到设备的开关后到AC/DC模块,AC/DC模块负责把交流电源变成直流电源,DC/DC模块再把AC/DC模块送来的直流电源换成设备所需的电源并经过滤波后送给设备。断电器具有过欠压和短路保护,交流滤波器可以防止设备电源对供电电源的传导和辐射干扰。

参考文献

[1] 尹继凯. 发射数字多波束天线技术研究[J]. 无线电工程,2005,35(5):39-40.

[2] 江天洲. 相控阵雷达发射数字波束形成的设计与实现[D]. 西安:西安电子科技大学,2014:51-56.

[3] FARINA A. Antenna-based signal processing techniques for radar systems[M]. Boston:Artech House,1992.

[4] 翟健. 基于DDS的发射数字波束形成技术研究[D]. 南京:南京理工大学,2012:29-34.

[5] GARROD A. Digital modules for phased array radar[C]// IEEE International Symposium on Phased Array Systems and Technology,Boston,USA,1996:81-86.

[6] 韩双林,翟江鹏,魏海涛. 数字多波束发射终端的通道一致性研究[J]. 无线电工程,2016,46(9):73-75.

[7] 刘会杰,顾学迈. TDRSS中星间链路信号的衰减特性研究[J]. 无线电通信技术,2000(5):61-63.

[8] 张垚,薛杨,胡红军. 基于电磁波链路损耗模型的空间隔离度算法研究[J]. 无线电工程,2019,49(2):150-154.

[9] 尹继凯,蔚保国. 数字多波束天线精密测距精度分析[J]. 无线电工程,2012,42(3):27-30.

[10] 耿新涛. 相控阵发射系统中幅相校准方法研究[J]. 无线电通信技术,2008,34(1):59-61.

[11] 见伟,张玉,韩名权. 阵列天线通道误差对波束性能的影响分析[J]. 无线电工程,2014,44(11):45-48.

[12] 魏文元. 天线原理[M]. 北京:国防工业出版社,1985:62.

[13] 袁飞,王长焕,熊键,等. 阵列天线互耦补偿技术研究[J]. 电子信息对抗技术,2009,24(4):

34-38.

[14] JAMES J R,HALL P S,WOOD C. Microstrip antenna theory and design[M]. England:IEE Peter Peregrinus,1981:140.

[15] 牛传峰,耿京朝,毛贵海. 单片微带全向天线的分析与设计[J]. 无线电通信技术,2003,29(5):59-60.

[16] 牛传峰,耿京朝,毛贵海. 一种赋形波束高增益微带天线[J]. 无线电通信技术,2007,33(1):37-38.

[17] 贾振安,杨晓晶. 浅析 AD9522 时钟分频电路原理[J]. 电子世界,2013(14):21-22.

[18] MONMASSON E,CIRSTEA M N. FPGA design methodology for industrial control systems—a review[J]. IEEE Transactions on Industrial Electronics,2007,54(4):1824-1842.

[19] CRANINCKX J,STEYAERT M S J. A 1.8-GHz low-phase-noise CMOS VCO using optimized hollow spiral inductors[J]. IEEE J. Solid-State Circuit,1997,32(5):736-744.

[20] TIEBOUT M. Low-power low-phase-noise differential tuned quadrature VCO design in standard CMOS[J]. IEEE Journal of Solid-State Circuits,2001,36(7):1018-1024.

第5章　数字多波束接收系统技术

在卫星导航测量领域,数字多波束接收系统要满足多目标的同时精密测量需求。在系统设计方面,既需要保证多任务同时执行时,各任务之间互不干涉、不影响,又需要考虑如何通过信号处理方法提高波束间、信号间的相互隔离,提升多波束接收系统的测量精度。

数字多波束接收和发射波束形成处理具有一定的互逆性。发射波束形成算法同样适用于接收数字多波束的形成处理,但是由于应用需求不同,接收多波束的核心问题是如何实现对期望信号的高增益接收,同时对干扰信号进行抑制,以取得高精度的测量与跟踪效果。

接收数字波束形成技术[1-2]就是利用数字信号处理技术,产生空间定向波束,使天线波束对准信号到达方向,抑制其他方向的干扰信号,以达到高效接收期望信号并抑制干扰的目的。近年来,现代数字信号处理技术[3-5]发展迅速,数字信号处理芯片能力不断提高,使得许多硬件资源开销小、实时性好的数字波束形成算法越来越多地出现在实际工程应用中。

本章从工程应用角度介绍数字多波束接收技术[6],从数字多波束接收系统定义出发,介绍数字多波束接收系统模型,并行接收数字多波束形成方法、接收多波束跟踪方式和接收链路载噪比计算,最后给出数字多波束接收系统架构、误差分析和系统组成等。

◢ 5.1　数字多波束接收系统模型

数字多波束接收是指通过空间分布的天线阵列,采集包含期望信号和噪声的空间信号数据,通过后端阵列信号处理得到多波束信号的加权输出。该过程能够在指定的空间方向实现信号能量合成,并对其他方向信号能量进行抑制,提高信噪比,同时实现来波方向估计。通过接收多波束信号处理,可实现对目标的检测、通信、测距、测向及目标的定位[7-9]。

卫星导航数字多波束接收系统模型如图5.1所示。

假设空间有 M 颗需要观测的卫星,阵列由 N 个阵元组成,每一阵元都接收 M 颗星的下行辐射信号。对接收系统而言,阵列接收信号下变频后经过模数转换变为数字信号,经过数字分路分别送给 M 个波束形成器,根据波束控制器生成的 M 个指向权值分别对 N 路信号进行加权波束合成,最后形成 M 路下行信号,分别对 M 个信号

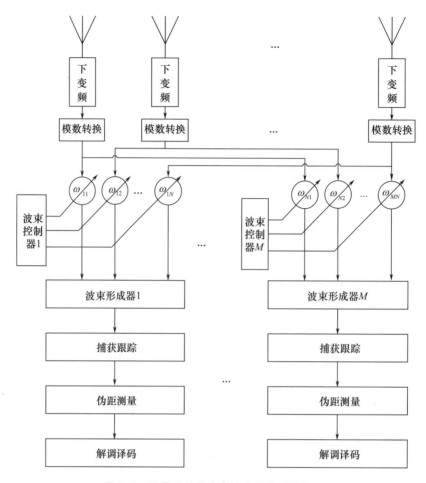

图 5.1　卫星导航数字多波束接收系统模型

进行捕获跟踪、伪距测量和信号解调译码等工作。接收数字波束合成的优点是可以同时实现多个波束的无能量损失合成。

5.2　并行接收数字多波束形成方法

　　数字波束形成的算法体系已经比较完善,目前工程应用中重点关注数字多波束接收系统的稳健性、降低波束合成的复杂度、适应更加复杂的环境等方面。在卫星导航测量领域,主要考虑在保证测量精度的条件下如何降低波束形成的复杂度,系统的波束形成更强调的是波束合成的实时性和整体性能,工程应用中特别关注并行接收波束合成方法[10-12]。

　　数字多波束形成方法按多目标时间分配方式,可分为分时多波束和并行多波束两种。分时多波束形成是指利用波束的快速灵活性,在不同的时隙设置不同的目标。

为每个目标分配一个固定的地址码和时隙区间,在时隙区间内波束指向目标方向,完成测距、测角、控制等任务,从而实现多目标测量。并行多波束形成是指在同一时间形成多个不同指向的波束,通过对多个目标指向的波束之间相互独立的原则以实现各个波束性能最优的目的。

　　并行多波束形成实现了通过一套接收阵列天线同时接收多个期望信号的目的。假设数字多波束系统期望生成 M 个波束,阵列接收信号经放大、下变频、模数转换采样后变为数字信号,将每路数字信号分给 M 个不同的数字波束合成器,通过多波束权值调整模块的控制实现 M 个波束形成器同时形成不同方向的 M 个波束,每个波束形成器均是特定目标最优的单波束形成器,从而实现多个方向的多个信号同时最佳接收,实现形式如图 5.2 所示。

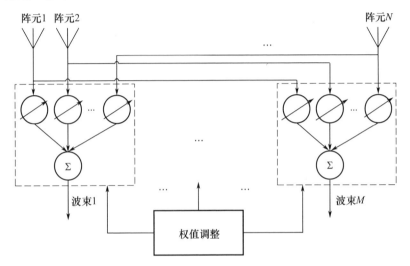

图 5.2　并行多波束合成实现形式

　　该实现形式可与多种数字波束形成算法相结合,可同时求解不同算法的阵列最优加权权值,单波束幅相权值通过矢量描述,多波束幅相权值通过矩阵描述。加权系数可表示为

$$\boldsymbol{W} = \begin{bmatrix} w_{11} & w_{21} & \cdots & w_{M1} \\ w_{12} & w_{22} & \cdots & w_{M2} \\ \vdots & \vdots & & \vdots \\ w_{1N} & w_{2N} & \cdots & w_{MN} \end{bmatrix} = \begin{bmatrix} \boldsymbol{W}_1 & \boldsymbol{W}_2 & \cdots & \boldsymbol{W}_M \end{bmatrix} \quad (5.1)$$

式中:$\begin{bmatrix} \boldsymbol{W}_1 & \boldsymbol{W}_2 & \cdots & \boldsymbol{W}_M \end{bmatrix}$ 为 M 组权值,形成不同波束指向的 M 个单波束,同时形成 M 个多波束可表示为

$$\boldsymbol{Y} = \boldsymbol{W}^{\mathrm{T}} \boldsymbol{X} \quad (5.2)$$

式中:X 为 M 个波束合成器的输入信号矢量组合;Y 为 M 个波束合成器经过信号加权后的 M 个波束信号矢量。

通过数字多波束幅相加权模型可以看出：多波束合成的关键是基于幅相加权矩阵生成多波束。并行多波束形成方法幅相权值算法灵活,针对不同波束可采用不同自适应波束形成算法[13-14]。该种方式可在不损失波束合成增益的条件下同时形成多个最优数字合成波束,从而保证空间多目标精密测量所需的最佳信号接收条件。

5.3　接收多波束跟踪

接收多波束对空间多目标的连续跟踪问题,可以在并行多波束方式下转化为单目标空间轨迹驱动的单波束实时扫描跟踪问题。该问题的解决需要卫星空间位置信息作为实时引导参数,通过星地指向计算和权值计算,实时产生相应指向的波束。按照接收多波束系统的工作模式,空间目标运动轨迹获取具有外部测量和自测角等两种引导方式,其中以外部引导跟踪模式为主,当外部引导跟踪模式出现异常或故障时,可以应急切换为自跟踪引导模式。

5.3.1　引导跟踪

外部引导跟踪是卫星导航测量系统的主要跟踪方式,该种方式实现如图5.3所示。

图5.3　外部引导跟踪实现方式

引导跟踪过程如下：数字多波束接收系统接收到外部系统推送来的多颗卫星的引导跟踪信息后,通过本地监控计算机计算得出多颗卫星的位置参数信息,根据接收阵列天线的点位坐标,计算得到卫星相对接收阵列天线的方位和俯仰信息,然后实时完成 N 路接收通道幅相权值计算,并将权值通过本地监控计算机实时传送给接收终端,接收终端对 N 路数字化采样后的信号进行加权处理,形成 M 个接收波束信号,实现接收波束的引导跟踪处理。

5.3.2　自跟踪

自跟踪引导模式用于多波束系统星历信息缺失或星历信息异常等场景,需要多波束系统利用自身特有的阵列天线形式,通过满足跟踪需要的测角精度设计测量基线,对空间卫星进行相对地面测站的角度测量,利用测量得到的方位和俯仰角度信息分别计算接收系统的权值数据,生成捷变波束,进而实现对全系统的多目标跟踪引导。自跟踪业务流程如图5.4所示。

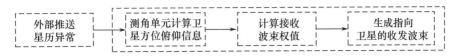

图 5.4　自跟踪业务流程

接收多波束系统设计专门的测角单元,能够基于接收阵列天线实现对空间卫星的角度测量。测角单元采用基于阵列信号的干涉仪综合测量体制,可对全空域的空间卫星进行实时角跟踪测量。空间卫星信号经接收下变频后,经过模数转换采样,输出多路数字信号,送测角处理单元进行角度计算。测角信息送到监控与数据处理设备进行接收系统的权值计算,通过综合计算得到接收多波束的权值信息,为接收系统提供实时连续角度引导,从而实现自跟踪。

5.4　接收链路计算

数字多波束接收系统在设计时,根据系统的探测距离、应用模式、测量灵敏度和测量精度需求,需要对整个接收传输链路各部分的增益及衰减进行计算,以保障数字多波束接收系统的正常工作。接收链路计算需要考虑的主要参量如表 5.1 所列。

表 5.1　接收链路参量

链路参量	波束 1	波束 2	$\cdots$	波束 M
卫星信号发射功率/dBW	P_{T_1}	P_{T_2}	$\cdots$	P_{T_M}
卫星发射天线增益/dB	G_{T_1}	G_{T_2}	$\cdots$	G_{T_M}
空间传播损耗/dB	L_{D_1}	L_{D_2}	$\cdots$	L_{D_M}
接收系统合成波束增益	G_{R_1}	G_{R_2}	$\cdots$	G_{R_M}
接收系统 G/T 值/(dB/K)	$[G/T]_{R_1}$	$[G/T]_{R_2}$	$\cdots$	$[G/T]_{R_M}$
下行信号载噪比/dBHz	$[C/N_0]_{R_1}$	$[C/N_0]_{R_2}$	$\cdots$	$[C/N_0]_{R_M}$

根据表 5.1 接收链路参量,经链路计算可得出接收系统每个波束的接收载噪比。下面以单个波束为例说明接收链路的计算过程。

由导航卫星到接收系统的链路载噪比可以由下式计算:

$$[C/N_0]_R = P_T + G_T - L_D + [G/T]_R - k \tag{5.3}$$

式中:P_T 为卫星信号发射功率;G_T 为卫星天线发射增益;L_D 为下行信号链路衰减;$[G/T]_R$ 为接收系统的品质因数;k 为玻耳兹曼常数。

(1)卫星信号发射功率 P_T 由实际卫星的性能确定。

(2)卫星天线发射增益 G_T 由发射天线设计特性决定。

(3)下行信号链路衰减 L_D 为

$$L_D = L_F + L_A \tag{5.4}$$

式中：L_F 为空间传播损耗；L_A 为大气吸收损耗。

$$L_F = 20\lg\left(\frac{\lambda}{4\pi d}\right) \tag{5.5}$$

式中：d 为传播距离；λ 为信号波长。

（4）接收系统 G/T 值为

$$[G/T]_R = G_R/T \tag{5.6}$$

式中：G_R 为接收阵列波束增益；T 为折算到天线口面的等效噪声温度。

$$G_R = G_C + G_A \tag{5.7}$$

式中：G_C 为接收阵列单元天线增益；G_A 为接收阵列天线增益。其中单个阵元天线的增益 G_C 在不同方位角（φ）和俯仰角（θ）条件下的增益值不同。

$$G_C = f(\theta, \varphi) \tag{5.8}$$

该增益值可通过单元天线的增益二维表（方位维度、俯仰维度）进行查找得到。

$$G_A = 10\lg N \tag{5.9}$$

式中：N 为阵列天线阵元数量。

$$T = T_a + (L-1) \times T_0 + L \times T_t \tag{5.10}$$

式中：T_a 为单元天线噪声温度；L 为单元天线与射频前端之间的电缆损耗；T_0 为环境温度；T_t 为射频前端到接收终端链路的等效噪声温度。

（5）玻耳兹曼常数为

$$k = -228.6\mathrm{dBW/Hz \cdot K} \tag{5.11}$$

◤ 5.5　接收多波束测量系统设计

5.5.1　系统架构

根据卫星导航数字多波束接收系统工作原理,可将接收多波束测量系统划分为:接收阵列天线、接收信道、接收终端、时频分配设备、导航信号基准设备、监控与数据处理设备等六部分,接收多波束测量系统架构如图 5.5 所示。

接收阵列天线用于接收空间导航信号;接收信道包括多通道射频前端和多通道下变频器,完成接收阵列信号的限幅、滤波和放大处理,多通道下变频器主要完成接收阵列信号的频率变换、滤波、放大处理,输出多路模拟中频阵列信号;接收终端主要完成模拟中频阵列信号的数字化、数字波束形成、卫星方位角和俯仰角信息测量、标校处理、接收信号测量等工作;时频分配设备为接收系统提供稳定可靠的时频信号;导航信号基准设备主要用于产生标校信号,完成对接收系统所有接收链路的相位、时延、幅度的精密测量和校准;监控与数据处理设备主要完成各设备的工作状态参数及业务数据采集,以及权值计算、控制参数配置等。

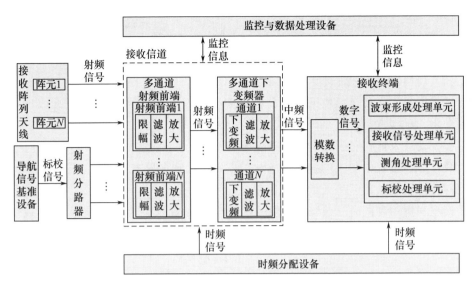

图 5.5　接收多波束测量系统架构

5.5.2　误差分析

数字多波束接收系统测量误差主要包括接收设备时延误差 σ_R、接收链路零值误差 σ_L、接收阵列天线误差 σ_A，这些误差最终都反映在多波束接收系统的测量结果上，如图 5.6 所示。

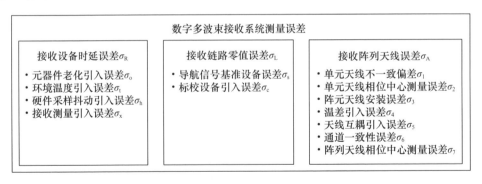

图 5.6　数字多波束接收系统测量误差框图

基于上述误差因素，可确定接收多波束测量系统的总误差公式为

$$\sigma = \sqrt{\sigma_R^2 + \sigma_L^2 + \sigma_A^2} \qquad (5.12)$$

式中：σ_R 为接收设备时延误差；σ_L 为接收链路零值误差；σ_A 为接收阵列天线误差。

1）接收设备时延误差 σ_R

接收设备时延误差主要受元器件老化 σ_o、环境温度 σ_t、硬件采样抖动 σ_h 和接收测量 σ_x 带来的误差等影响。

（1）元器件老化引入的时延误差 σ_o。

元器件老化过程缓慢，且元器件在使用前要经过老化筛选，因此对设备时延影响较小。

（2）环境温度引入的时延误差 σ_t。

接收设备工作环境温度的变化会影响接收设备固有时延特性，导致接收设备时延的变化，该误差可通过采取温控措施来减小。

（3）硬件采样抖动引入的时延误差 σ_h。

硬件采样过程中引入的抖动误差与采用的芯片和电路有关。

（4）接收测量误差引入的时延误差 σ_x。

接收测量精度同时受热噪声、动态应力、伪距测量算法等因素影响，在实现伪码捕获并跟踪后，其环路跟踪精度 σ_x 可由下式进行计算：

$$\sigma_x = T_c \sqrt{\frac{B_n d}{2C/N_0}\left[1 + \frac{1}{TC/N_0}\right]} \tag{5.13}$$

式中：T_c 为码片宽度；B_n 为环路滤波等效噪声带宽；d 为超前支路与滞后支路间的相关器间隔；C/N_0 为载噪比；T 为预检测积分时间。

综上所述，接收设备时延误差可表示为

$$\sigma_R = \sqrt{\sigma_o^2 + \sigma_t^2 + \sigma_h^2 + \sigma_x^2} \tag{5.14}$$

2）接收链路零值误差 σ_L

接收链路零值是通过接收系统标校来测量和保持的，接收标校设备主要包括导航信号基准设备、标校设备组成，其中各设备都会对接收链路零值引入误差。接收链路零值误差主要由导航信号基准设备误差 σ_s、标校设备引入误差 σ_c 组成。

（1）导航信号基准设备误差 σ_s。

导航信号基准设备是系统标校的零值基准，其误差直接影响系统接收链路零值。根据工程经验可采取缩短基准设备"电长度"以及恒温等措施，将其设备时延控制在较小范围内。

（2）标校设备引入误差 σ_c。

标校设备引入误差取决于标校设备本身精度，可通过器件筛选、环境温度控制和优化标校信号接收方法等措施减小该误差的影响。

接收链路零值误差可表示为

$$\sigma_L = \sqrt{\sigma_s^2 + \sigma_c^2} \tag{5.15}$$

3）接收阵列天线误差 σ_A

接收阵列天线误差主要指接收阵列天线相位中心误差，该误差可以表示信号在不同方向传播所产生的时延差异，是影响系统误差的关键因素。接收阵列天线误差分析与发射阵列天线误差分析相同，可参考 4.5.2 节的发射阵列天线误差分析。

5.5.3　接收阵列天线

接收多波束测量系统中应用的阵列天线由多个相同的阵元天线拼阵组成,用于接收空域内的导航卫星下行信号。接收单元天线和阵列形式的设计原则与数字多波束发射系统类似。接收阵列通常由天线骨架、反射面板、接收天线、天线围边、除雪装置、天线罩等组成。

典型的接收阵列天线架构如图 5.7 所示。

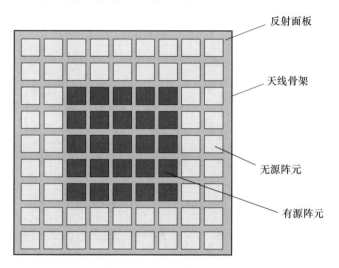

图 5.7　接收阵列天线架构示意图(见彩图)

接收天线要求阵列中各单元具有较高一致性,单元的电特性要一致,单元结构要易于加工制造。其设计方法参见 4.5.3 节发射阵列天线的阵元设计。

接收阵列天线布阵时,为了使阵元周围的环境尽量一致,在接收阵列天线有源单元天线周围加一圈无源阵元,无源阵元端接匹配负载,使内部阵元趋近"无限阵"条件,改善波束形成性能[15-17]。同时,阵列天线外围加装围边,用于隔离副瓣方向可能引入的干扰。

接收阵列天线需重点关注接收阵列天线的相位中心。在卫星导航领域,定义相位中心的目的是说明天线对测距精度性能的影响。关心相位中心的原因就是它可以表示信号在不同方向传播所产生的时延差异,相位中心的标定精度直接反映了设备的测量精度。

目前测量天线相位方向图的方法主要有远场法、近场法和紧缩场法。对于多波束测距系统,不同方向波束相位中心是移动变化的,其变化直接反映在距离测量值上。因此,接收多波束天线相位中心的测定也可以采用远场无线精密伪距测量的方法,检测出不同空间方向上数字波束扫描对应的设备零值的变化,进而利用此变化量来达到多波束相位中心的校准。

5.5.4 接收信道

接收信道由多通道射频前端和多通道变频器组成。为提高接收信道的灵敏度，将低噪声放大器射频前端单独设计，靠近天线端放置。接收信道应具有如下功能：

（1）能够对天线阵元接收到的信号分别进行滤波、放大和下变频处理；

（2）每个接收信道输出到接收终端的信号为多路幅相一致的中频信号；

（3）具备一定的射频前端抗强信号损毁能力。

5.5.4.1 多通道射频前端

多通道射频前端包含滤波器、限幅器、低噪声放大器、增益放大器、电源处理电路等功能模块，经过多级滤波放大后送多通道下变频器，其架构如图5.8所示。

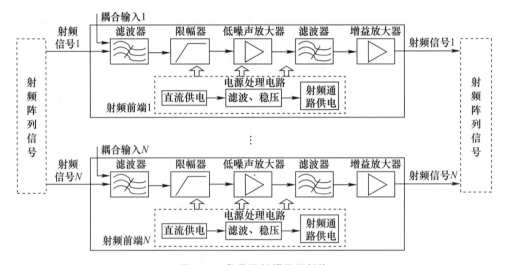

图5.8 多通道射频前端架构

多通道射频前端的关键指标是通道增益、接收噪声系数。多通道增益和噪声控制指标决定了输出阵列信号的信噪比。通道增益 G 可由下式计算：

$$G = -L_1 - L_2 + G_1 - L_3 + G_2 \qquad (5.16)$$

式中：L_1 为第一级滤波器损耗；L_2 为限幅器插入损耗；G_1 为低噪声放大器增益；L_3 为第二级滤波器插入损耗；G_2 为增益放大器增益。

接收链路的噪声系数可由下式计算：

$$N_r = L_1 + L_2 + N_r^1 + \frac{N_r^2 - 1}{G_1 - L_3} \qquad (5.17)$$

式中：N_r^1 为低噪声放大器噪声系数；N_r^2 为增益放大器噪声系数。

工程设计时需重点关注通道一致性、通道增益和噪声控制、干扰抑制等。主要采取通道设计优化、放大器和滤波器一致性测量筛选、通道内外隔离匹配、限幅滤波等综合措施。

5.5.4.2　多通道下变频器

多通道下变频器是接收多波束系统的重要组成部分,具有阵列集成化特点。多通道下变频器主要由接收本振单元、本振分配单元、变频单元组成,其组成框图如图 5.9 所示。

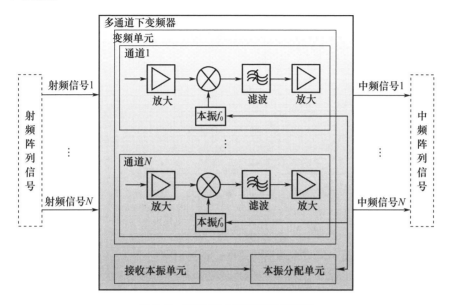

图 5.9　多通道下变频器组成框图

多通道下变频器针对 N 路阵列信号变频处理,设计时重点关注各通道一致性和本振信号质量。多通道下变频处理采用统一时频基准即统一本振的方式,集中由设备内的接收本振单元和本振分配单元进行分配,通过设计相同等长的本振信号分配路径,对所有通道进行严格的器件一致性测量筛选,从而最大限度地保证各通道的相位时延一致性。接收本振单元需采用降噪处理和减少杂散处理等措施来保证产生本振信号的质量。

5.5.5　接收终端

接收终端完成多路中频阵列信号接收处理,包括信号数字化采样、数字波束形成、测角处理、标校处理、信号捕获跟踪、电文解调等,从而实现对视界内多颗导航卫星的并行跟踪。接收终端主要由波束形成处理单元、测角处理单元、标校处理单元、接收信号处理单元等组成,其基本架构如图 5.10 所示。

接收终端的核心是波束形成处理单元,其接收多通道中频阵列信号,经数字波束合成处理后输出多目标波束信号,送给接收信号处理单元完成导航信号接收处理,并选择多路信号分别送给测角处理单元和标校处理单元,完成多目标的测角处理和自动标校处理。上述单元彼此间紧密配合完成阵列信号的并行接收处理和测量。

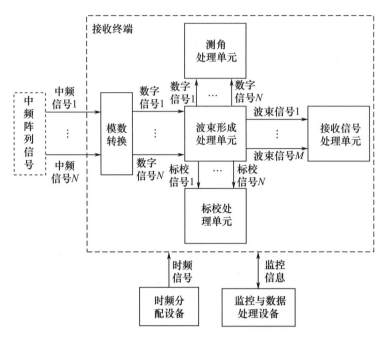

图 5.10　接收终端基本架构

5.5.5.1　波束形成处理单元

波束形成处理单元对数字化采样后的多路数字信号进行数字下变频和波束形成处理,输出与空间卫星信号对应的多路数字波束信号。通过使用数字波束合成技术灵活实现多波束指向的实时调整和动态跟踪控制,同时跟踪多个卫星目标。其原理框图如图 5.11 所示。

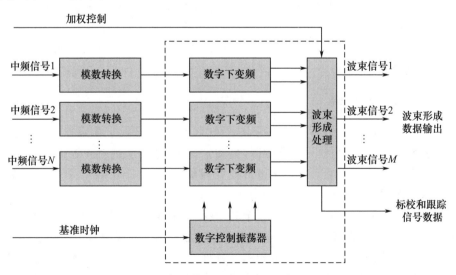

图 5.11　波束形成处理单元原理框图(见彩图)

波束形成处理单元设计需重点关注数字波束形成的实时性和波束零值的稳定性。接收数字波束形成处理中,数字正交下变频处理为波束加权、测角处理和标校处理提供原始待处理信息。基于数字正交相参检波技术,通过将模数转换器前置,传统的模拟正交双通道混频器和模拟低通滤波器(LPF)将被数字混频器和数字低通滤波器所取代。由于数字器件所具有的高度一致性和稳定性,从而可以使得正交双通道输出的通道平衡指标和相位误差精度指标得到显著提高,有利于数字波束零值的稳定性。

5.5.5.2　接收信号处理单元

接收信号处理单元接收来自波束形成单元输出的多路波束信号,进行捕获跟踪、电文解调等处理,并将原始观测信息上报给监控与数据处理设备。其原理如图 5.12 所示。

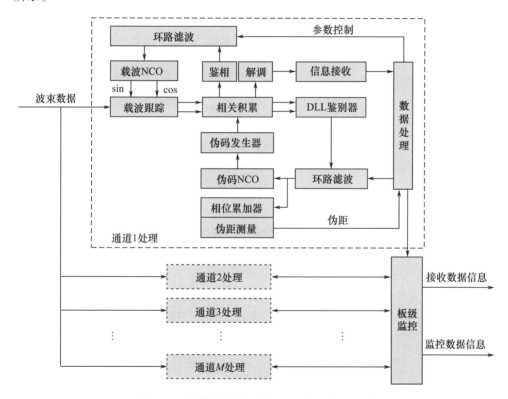

图 5.12　接收信号处理单元原理框图(见彩图)

各处理支路均包括载波数字控制振荡器(NCO)、伪码 NCO、可配置伪码发生器、可配置相关器、伪距测量等部分。信号跟踪控制采用数字化处理,具有较高的灵活性和可升级性。

伪码发生器在参数控制下可以实现不同伪码的生成,以适应不同伪码输入信号的要求。相关处理可根据要求实现不同相关间隔的相关处理,以满足不同跟踪精度的要求。

高精度测距功能为处理单元的核心功能,该功能通过调频环路的相位累加器技术实现。NCO 采用高分辨频率控制字产生伪码时钟。在理想的延迟锁定环(DLL)跟踪环路控制下,可以实现高分辨率的码跟踪精度,且可避免积累效应。

监控与数据处理设备实现通道工作调度、伪码参数、环路滤波参数(载波环和DLL)、相关处理间隔、处理时钟控制、伪距输出控制等一系列重要工作参数控制,以实现最优接收状态。同时,接收信号处理单元监控模块对各卫星通道信号电平、信噪比、工作状态等信号特性进行检测采集,与原始观测信息一同上报给监控与数据处理设备,实现全面监控。

接收信号处理单元重点关注测量精度指标。单元设计在相关通道上采取减小相关间距、优化积分时间的措施;在环路控制上采取优化 DLL 和 PLL 参数等措施提高码和载波跟踪性能,从根本上提高测量精度;在空间信号处理上设计采用干扰抑制算法和多径抑制算法可有效减弱空间干扰信号强度、降低多径信号影响,增强信号接收处理的工作稳健性;利用高精度载波相位对原始伪距进行平滑,可获得更好的观测值,从而有效提高测量精度。

5.5.5.3 测角处理单元

接收终端的测角处理单元完成对数字化采样后的多路数字信号进行测角处理,监控与数据处理设备利用测角结果计算得到波束权值信息,并下发给波束形成处理单元进行波束形成,从而实现对空间多颗卫星的同时跟踪。传统的测角技术有多种,如天线最大值跟踪法、单脉冲比幅测角方法、干涉仪测角方法等;对于阵列形式的数字波束天线,除以上方法外还有 DOA 等现代谱估计方法,对来波方向进行估计从而得到目标角度[18-21]。

5.5.5.4 标校处理单元

为保证接收数字波束的精确形成及波束零值的长期稳定,需要对接收通道的相位、时延、幅度进行精密测量和标校。接收多波束测量系统采用并行标校的方式,可同时处理多个接收链路的相位、时延和幅度,在较短的时间内得到所有接收链路的标校测量结果,有效缩短各接收链路的标校时间。接收系统标校原理如图 5.13 所示。

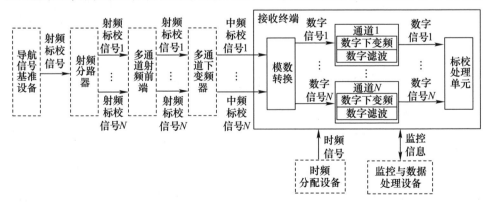

图 5.13 接收系统标校原理框图

接收标校一般采用等效空间信号特性的本地专用信号测量方式,导航信号基准设备产生标校信号,与空间导航信号共信道并保持信号间良好的兼容性。标校信号通过射频分路产生 N 路射频标校信号馈入多通道射频前端及多通道下变频器,经过与业务信号相同的处理后,输出 N 路中频标校信号给标校处理单元进行幅度、相位、时延测量,并同时完成所有 N 路接收通道的幅度、相位和时延信息的计算处理,再将得到的标校处理结果上报监控与数据处理设备[22]。计算标校信号与基准信号的时延、幅度和相位差值和修正量,完成接收链路校正。

5.5.6　时频分配设备

时频分配设备是接收多波束测量系统的基础组成部分,其主要作用是为接收系统的各组成设备提供足够路数的频率和脉冲参考信号。其组成如图 5.14 所示。

图 5.14　时频分配设备组成

时频分配设备由频率信号分配单元和脉冲信号分配单元组成。频率和脉冲信号分配单元设计与发射系统相同,详见 4.5.5 节的频率信号分配单元和脉冲信号分配单元设计。

5.5.7　导航信号基准设备

导航信号基准设备是接收多波束系统标校的零值基准,主要由基带信号处理模块和射频模块等主体功能单元组成,用于产生稳定的标校基准信号,为标校处理提供参考相位、参考时延和参考幅度。导航信号基准设备原理如图 5.15 所示。

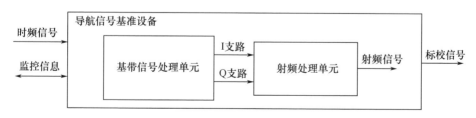

图 5.15　导航信号基准设备原理

导航信号基准设备重点关注基准信号的稳定性。稳定性的提高通常要从导航信号基准设备稳定性、环境稳定性、外部参考信号稳定性、电源稳定性等方面精细控制。为此,导航信号基准设备的高度集成性、基带射频一体化处理、特定恒温环境控制、时频信号监测与调整、电源信号的滤波处理等措施均是导航信号基准源保持高性能的重要条件。

5.5.8 监控与数据处理设备

监控与数据处理设备是接收多波束测量系统的本地监控和业务中心,实现对接收多波束测量系统的接收终端、导航信号基准设备、接收信道和时频分配设备的监控与数据处理。其原理框图如图 5.16 所示。

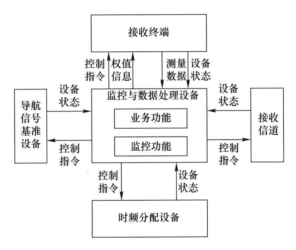

图 5.16　监控与数据处理设备原理框图

业务功能主要包括用户管理、运行日志生成、异常告警、本地数据文件储存、双机同步与主备切换、软件版本查验、工作参数配置保持、下行数据测量、接收设备标校、接收波束管理、引导跟踪控制、自跟踪控制、波束权值计算等。

监控功能主要包括工作参数配置保持、下行测距监视、接收零值监视、波束信息监视、标校信息监视、设备状态信息监控、运行参数信息监视、设备控制等。

监控与数据处理设备重点关注如何保障系统的稳定运行和自动化维护。该设备针对影响系统运行的关键因素进行实时监测和综合分析,根据制定的自动处理策略进行及时的故障恢复或告警来提高系统运行的稳定性和可靠性。

参考文献

[1] DOLPH C L. A current distribution for broadside arrays which optimizes the relationship between beam width and side-lobe level[J]. Proc. IRE 1946,34(6):335-348.

［2］ REED I S. Rapid convergence rate in adaptive antenna［J］. Aerospace and Systems Electronic,1974, 10(6):853-863.

［3］ XIANG J B,MA X Y. A fully-digital processing approach for radar IF signal direct quadrature sampling［J］. CIE International Conference of Radar Proceedings,1996:413-416.

［4］ CHARLES M. Rader,a simple method for sampling in-phase and quadrature components［J］. IEEE Transactions on Aerospace and Electronic Systems,1984,20(6):821-824.

［5］ BELLANGER M. Digital processing of signals ［M］. 2nd ed. Hoboken:John Wiley & Sons, Inc. ,1989.

［6］ 向海生,杨宇宸,夏润良. 基于多波束网络的宽带阵列接收系统［J］. 雷达科学与技术,2018, 16(5):118-122.

［7］ 蔚保国,姚奇松. 基于数字多波束天线的多星测控系统［J］. 飞行器测控学报,2004,23(3): 55-59.

［8］ 吴伟仁,董光亮,李海涛,等. 深空测控通信系统工程与技术［M］. 北京:清华大学出版社,2015.

［9］ 高耀南,王永富,等. 宇航概论［M］. 北京:北京理工大学出版社,2018.

［10］ MAYHAN J T. Area coverage adaptive nulling from geosynchronous satellites:phased arrays versus multiple-beam antennas［J］. IEEE Trans. Antennas Propagate,1986,34(3):410-419.

［11］ GABRIEL W. Preface—special issue on adaptive antennas［J］. IEEE Transactions on Antennas & Propagation,1976,24(5):573-574.

［12］ LEE J H,HSU T F. Adaptive beamforming with multiple-beam constraints in the presence of coherent jammers［J］. Signal Process,2000(80):2475-2480.

［13］ 王永良,陈辉,彭应宁,等. 空间谱估计理论与算法［M］. 北京:清华大学出版社,2004.

［14］ 王德纯. 宽带相控阵雷达［M］. 北京:国防工业出版社,2010.

［15］ 王建,郑一农,何子远. 阵列天线理论与工程应用［M］. 北京:电子工业出版社,2015.

［16］ HILBURN J,KINNEY R,EMMETT R,et al. Frequency-scanned X-band waveguide array ［J］. IEEE Transactions on Antennas & Propagation,2003,20(4):506-509.

［17］ 李秀萍,安毅,徐晓文,等. 多层微带贴片天线单元和阵列设计［J］. 电子与信息学报,2002, 24(8):1120-1125.

［18］ 王伟. 相控阵大角度扫描技术研究［D］. 南京:南京航空航天大学,2017.

［19］ 陈虎,郑雪飞,何丙发. 数字多波束阵列天线方位测角误差分析［C］//全国天线年会,成都,2009.

［20］ 肖秀丽. 干涉仪测向原理［J］. 中国无线电,2006(5):43-49.

［21］ 张昕. 圆阵相关干涉仪测向算法及 GPU 实现［D］. 成都:电子科技大学,2013.

［22］ 张红梅,赵建虎,柯灏,等. 精密多波束测量中时延的确定方法研究［J］. 武汉大学学报(信息科学版),2009,34(4):449-453.

第6章 数字多波束测量系统标校技术

数字多波束测量系统采用软件无线电技术实现数字信号处理,控制基带的波束合成处理,实现多个指向不同目标的发射和接收合成波束[1]。在空间测量应用中,对数字多波束天线提出了比一般通信系统更为苛刻的测量精度要求,与传统天线系统相比,数字多波束测量系统特有的多通道结构和波束跟踪扫描工作模式使其精密测量功能的实现变得更为复杂,通道间的幅度、相位和时延一致性以及相位中心特性对测距性能的影响必须加以重点考虑和解决[2]。数字多波束测量系统的阵列天线由若干电气特性相近的接收/发射通道构成,每个通道的天线单元、馈线、信道和终端等都会存在一定的差异,各通道信号会存在幅度、相位和时延误差,其中幅度和相位误差会对波束合成性能产生影响,时延误差则直接影响系统的测量精度。因此,数字多波束测量系统必须进行标校,消除系统内通道差异和变化。

可以认为,数字多波束接收/发射系统进行波束合成的前提是具有高精度的通道一致性,阵列的误差主要包括阵元位置误差、通道间不一致误差、阵元互耦误差等[3],尽管误差来源很多,但均可归结于天线阵列单元的幅相误差[4]。采用多通道一致性标校技术可准确标定各个通道与基准参考通道的偏差,通过相应补偿可实现系统各通道间一致性。

在无线电测量应用中,通常选取天线的相位中心作为发射信号或接收信号在空间的起止点,相位中心偏差将直接影响系统的测量精度。采用阵列天线相位中心标校技术可准确标定接收/发射天线在不同空域的相位中心偏差,从而形成面向不同空域的相位中心补偿表,实现阵列天线不同空域指向的相位中心校准。

系统单向零值是指被测系统输入端到输出端产生的附加时延;系统组合零值通常是指被测系统的收发设备串接在一起得到的总时延。采用系统零值在线标校技术可准确标定系统全链路的组合零值,通过补偿可有效降低系统零值误差,提高系统测量精度。

数字多波束测量系统在实际安装运行后,随着时间的推移,可能会有新的系统误差产生,因此,需要对系统再次进行标校。由于系统运行具有连续性,标校过程应独立进行,且不能影响数字多波束测量系统的正常工作,因此在线标校成为必备功能之一。

本章将从通道一致性、阵列天线相位中心、系统零值等方面阐述系统在线标校技术。

6.1　数字多波束标校设计原则

数字多波束测量系统的标校应保持相对独立,其方法和流程设计需遵循"标校流程科学规范、标校过程快速高效、标校结果准确可信可溯源"等原则。

1）标校流程科学规范原则

建立一套科学有效、可靠规范的标校流程,确保标校后系统工作的稳定性。采用从分机到系统自下而上的标校流程,逐步消除各级单元链路误差对系统测量性能的影响。

2）标校过程快速高效原则

标校过程可自动运行,尽可能减少人为干预,确保标校准确性。系统标校需具备多线程并行工作能力,多通道同时标校,保障标校过程的快速、可靠、高效运行。

3）标校结果准确可信可溯源原则

标校结果应是高精度的、准确可信的。标定精度应优于系统测量精度指标一个数量级(在极难达到情况下优于系统测量精度3倍以上)。标校结果应是可复现、可信的,多次标校的结果应基本保持一致,可通过多次标校取均值的方法降低单次标校引入的随机误差。系统设计应预留标校接口,这是系统保证测量精度的关键因素。

标校链路必须准确表征自身的测量精度指标,且应在稳定性和测量精度方面优于被标校链路。因此,标校链路须经第三方标准仪器直接测量,或向更高一级的基准溯源。

6.2　多通道一致性标校技术

6.2.1　通道一致性标校原理

目前对相控阵天线的幅相标校可通过多种测量手段求解阵面单元通道幅相分布。目前常见的标校方法有近场扫描法[5-9]、互耦法[10-14]、旋转电矢量法[15-19]以及最大值法[20-22],这些方法对于数字多波束测量系统的标校都有很好的参考意义。卫星导航领域通常采用"基准参考法"完成多通道之间的一致性标校和系统零值标定。其基本原理是构建一个高精度的"基准参考源",该参考源的时延零值可以保持在系统要求的精度之内,通过比较被标校设备零值与"基准参考源"零值的差异来确定被标校设备的零值变化。

数字多波束测量系统的通道一致性标校原理如图 6.1 所示,其基本组成包括标校信号基准源、标校开关、标校终端、标校数据处理设备等。通过对多通道的标校测量与对基准源标校测量结果的比较,获得各个通道之间测量结果的差异,再使用差值对各个通道进行补偿修正,从而完成系统通道间的一致性标校。

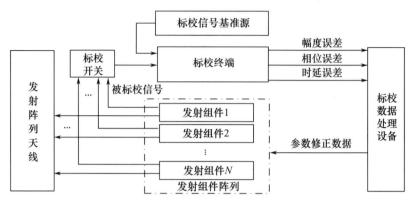

图 6.1 通道一致性标校原理框图

标校系统控制基准信号源产生发射标校信号,标校监测系统在天线射频前端耦合得到阵列发射通道信号,通过处理后得到通道间观测量并送标校数据处理系统。标校处理根据基准信号和由标校监测系统提供的实测数据,计算各发射通道的幅相校正系数[23]。

采用与接收阵幅相校正相同的基准参考信号,则第 (i,j) 个阵元的基准参考信号为

$$r_{ij}(t) = A_0 \cdot \cos[\omega_0 t + \phi_0(i,j)] \tag{6.1}$$

式中:A_0 为统一的基准信号幅度;$\phi_0(i,j)$ 为第 (i,j) 个阵元基准参考信号的初始相位。

类似地,设第 (i,j) 个阵元经过其发射通道和标校监测系统得到的基带信号为

$$s_{ij}(t) = A_{Tij} \cdot e^{j[\omega_0 t + \phi_0(i,j) + \phi_T(i,j) + \phi_s]} = A_{Tij} \cdot e^{j\Phi_{ij}(t)} \tag{6.2}$$

式中:$\Phi_{ij}(t) = \omega_0 t + \phi_0(i,j) + \phi_T(i,j) + \phi_s$,是实测信号的相位,$\phi_s$ 是由标校监测系统引入的相位偏移量,$\phi_T(i,j)$ 是由第 (i,j) 个阵元发射通道引入的相位偏移量。

标校监测系统必须保证对于每个阵元发射通道而言,其传输特性一致,即保证对于每个阵元发射通道 ϕ_s 都是一个常数。

以第 $(0,0)$ 个阵元作为基准阵元进行校正,对于第 (i,j) 个阵元,需完成的幅相校正过程可表示为

$$s_{ij}(t) = A_{Tij} \cdot e^{j[\omega_0 t + \phi_0(i,j) + \phi_T(i,j) + \phi_s]} \Rightarrow s'_{ij}(t) = A_{T00} \cdot e^{j[\omega_0 t + \phi_0(i,j) + \phi_T(0,0) + \phi_s]} \tag{6.3}$$

$$s'_{ij}(t) = s_{ij}(t) \cdot \mathrm{CT}_{ij} \tag{6.4}$$

式中:CT_{ij} 是第 (i,j) 个阵元发射通道的幅相校正系数,可表示为

$$\mathrm{CT}_{ij} = \frac{A_{T00}}{A_{Tij}} \cdot e^{j[\phi_T(0,0) - \phi_T(i,j)]} = \gamma_{Tij} \cdot e^{j\Delta\phi_{Tij}} \tag{6.5}$$

式中:$\gamma_{Tij} = \dfrac{A_{T00}}{A_{Tij}}$;$\Delta\phi_{Tij} = \phi_T(0,0) - \phi_T(i,j) = \Phi_{00}(t) - \Phi_{ij}(t)$。

由于标校处理系统对发射通道的幅相校正需要通过发射通道的波束控制单元来

完成,得到的幅相校正系数CT_{ij}必须转换成直接数字合成(DDS)的调幅控制字和调相控制字。

设第(i,j)个阵元的调幅控制字为A_{ij},调相控制字为P_{ij},则校正后的调幅控制字A_{Cij}和调相控制字P_{Cij}可以表示为

$$A_{Cij} = A_{ij} \cdot \gamma_{Tij} \tag{6.6}$$

$$P_{Cij} = P_{ij} + \frac{\Delta\phi_{Tij}}{\Delta\phi_{min}} = P_{ij} + \Delta P \tag{6.7}$$

式中:$\Delta\phi_{min} = \dfrac{2\pi}{2^M}$为 DDS 的最小相位偏移量,$M$为 DDS 相位加法器的字长,它也是 DDS 波形存储器存储地址的字长。

6.2.2　发射通道一致性标校方法

发射数字多波束系统结合了阵列天线和数字信号处理技术[24],其基带信号产生和波束合成均在数字域实现[25],不同阵元通道间软硬件不可能完全一致,从而造成通道间信号幅度、相位和时延不一致,继而影响合成波束的性能和指向精度[26]。

对数字多波束发射通道标校时,由标校网络从发射阵列天线取出待标校通道的信号,送入信道设备完成频率变换,由标校终端分别完成对被测通道和基准发射通道的幅度A、相位θ、时延τ的测量和比较,以基准发射通道为参考,获得被标校信道的修正量,经标校数据处理调整各个发射通道的可调部件,使输出信号幅度、相位和时延与基准信号对准,实现通道间一致性标校,其标校方法如图 6.2 所示。

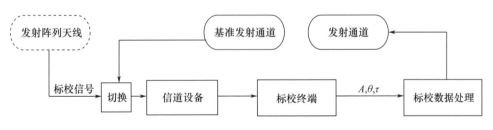

图 6.2　发射通道一致性标校方法框图

发射通道一致性标校环路的每一路标校馈电网络的固定幅度、相位和时延零值需要预先标定,作为标校设备的零值存储在计算机中,在线标校时予以扣除。标校馈电网络属于无源宽带通道,安装固定好后可认为其零值相对稳定,也可定期维护复核。

6.2.3　接收通道一致性标校方法

数字多波束测量系统接收链路标校时,可采用自身的接收处理设备完成标校信息的提取,通过控制标校网络将被标校设备与标校设备形成闭环,被测信号由多通道模数转换采样处理,"标校信号基准源"参考信号馈入接收阵列后,经过不同的接收通道进入后端的标校信号处理单元,获得各个通道的不一致信息,完成各个通道之间

幅度、相位和时延校正量的提取。

标校基准参考通道需要严格控制温度影响,并采用群时延稳定度高的宽带设计方法,保证系统零值稳定。同时比较观测量与"标校信号基准源"标定值的差异,得到需要修正的偏差量。接收通道标校设备标校方法如图 6.3 所示。

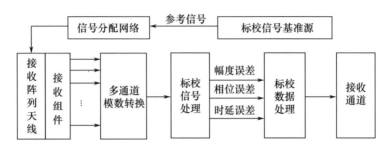

图 6.3 接收通道标校设备标校方法框图

6.2.4 通道一致性修正方法

各通道之间的时延差异获取之后,通过通道时延调整功能完成各通道的时延一致性校准,即各通道具有一致的相对于基准通道的时延值,如图 6.4 所示。

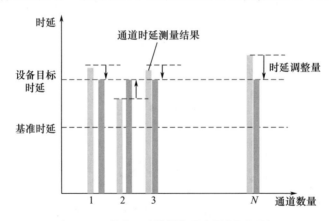

图 6.4 通道一致性标校示意图(见彩图)

通道一致性修正方法主要包括时频信号漂移修正、通道时延标校残差修正、阵列天线时延"网格"修正等三个方面。

1)时频信号漂移修正

系统业务和标校工作的正常运行都是在系统基准时间频率信号驱动下完成的,时间频率信号的稳定性直接影响系统测量性能。因此,数字多波束测量系统时延除了标校设备测量的系统业务设备时延之外,还必须包括时频信号引入的时延变化量。通过时差测量设备测量系统时标信号与系统定义的零值起点之间的偏差,将该偏差作为系统时延的一个分量,与其他标校观测量一起综合处理,最终得到系统的时延漂移量。

2）通道时延标校残差修正

在通道幅度和相位精确校准的前提下,设 D_i 为通道 i 信号独立测量时的伪距,在各通道伪距 D_i 的偏差与码片宽度相比足够小(小于码片宽度的 1/10)的条件下,可以证明在均匀加权时,N 单元阵列合成波束的整体伪距测量结果 D_0 与各通道独立的伪距测量结果有如下关系:

$$D_0 = \frac{1}{N} \sum_{i=1}^{N} D_i \tag{6.8}$$

式(6.8)表明,在一定的通道时延偏差范围内,各通道的群时延误差在波束合成输出端表现为统计平均效果。换言之,合成波束的整体测距误差会因统计平均效果而得到改善,合成波束整体测距误差也可以由通道时延的偏差来估计。在实际系统中,通道校准后的残留测距偏差可以利用上式对合成波束测距结果进行修正。

3）阵列天线时延“网格”修正

天线时延的修正主要包括阵列天线的相位中心偏差和通道时延两项构成,数字多波束测量系统整机测试时,通过对阵列天线的通道时延和相位中心进行测试校准装订,将发射/接收阵列天线相位中心的校准结果(在不同方位角、俯仰角下天线相位中心偏差的存储记录)和发射/接收通道整体零值集中管理,生成对应不同方位、俯仰方向的网格化“二维时延零值表”。实际应用时需要根据波束指向查表修正发射/接收系统零值。

◢ 6.3　阵列天线相位中心标校技术

在卫星导航领域,定义阵列天线相位中心的目的是准确表征阵列天线对测距精度性能的影响。阵列天线辐射的信号在不同方向传播时所产生的时延存在差异,时延的差异体现了相位中心的变化,相位中心的标定精度直接影响着系统的测量精度。因此,卫星导航高精度测量领域对天线相位中心及其标校技术尤为关注。

6.3.1　相位中心标定原理

1）阵元相位中心标定原理

天线相位中心是指天线电磁辐射的等效点源的位置,如果一个天线辐射的电波是一个球面波,则该球面的中心即天线的相位中心,如果辐射的电波不是一个球面波,则天线没有确定的相心,天线的相位中心可能随着辐射方向是变化的。如图 6.5 所示,将待测发射天线(E 点)与辅助接收(B 点)的主瓣对准,原点 O 与转轴重合,ABC 是以 O 点为中心的距离 R 处的等相位线,根据两个等相位线在某一角度上径向差值 d,就可确定相心与转轴差距 a。差距 a 可由接收天线(B 点)的相位计测得,$d = \frac{\phi}{2\pi} \lambda$。当发射天线由 E 点转至 D 点时,在所得到的三角形 BOD 中,根据余弦定理有 $(r + d)^2 = R^2 + a^2 - 2Ra\cos\theta$,把 $r = R - a$ 代入得

$$a = \frac{d\left(1 + \dfrac{d}{2R}\right)}{1 - \cos\theta + \dfrac{d}{R}} \qquad (6.9)$$

当 $R \gg d$ 时

$$a \approx \frac{d}{1 - \cos\theta} \qquad (6.10)$$

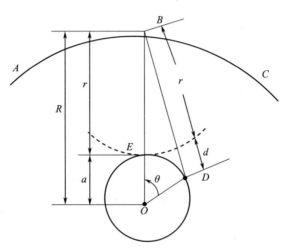

图 6.5　天线相位中心测试示意图

在偏离轴线的几个对称点上求出几个 a 值,再取平均可得 $\bar{a}$,从而获得阵元相位中心与转轴中心的平均偏差。

2) 阵列相位中心标定原理

数字多波束测量系统阵列天线相位中心是一个理论上的点,在理论上认为天线辐射的信号是以这个点为球心,向外辐射,这个点就是相位中心。但是在实际天线中不存在这一点,实际天线的相位中心是一个区域。

利用远场格林函数公式,可以得到天线等效相位中心的表达式,即

$$E(r) = \left[\theta E_\theta(\theta, \varphi) + \varphi E_\theta(\theta, \varphi)\right] \exp\left[-jk(r - r_0)\right] \qquad (6.11)$$

在微波暗室通过天线的等效磁矢量测量可拟合出阵列的等效相位中心。

根据阵列天线在卫星导航数字多波束测量领域的应用特点,利用相位中心偏差和伪距测量值之间的关系推导计算得到阵列天线的相位中心。

6.3.2　相位中心标定方法

1) 相位中心近场标定方法

近场标定方法为:在微波暗室内利用平面近场扫描系统,用测试探头对被测天线口面近场的辐射信号进行采样,通过傅里叶变换,经计算反演得到天线的远场特性,

由远场特性分析计算得到天线的相位中心,相位中心近场标定方法如图6.6所示。

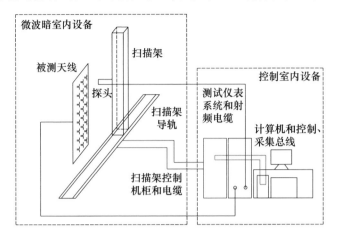

图 6.6　相位中心近场标定方法框图(见彩图)

2)相位中心远场标定方法

天线相位中心的测试实际上就是天线相位方向图的测量,其方法类似于幅度方向图的测量,如图6.7所示,由于相位是一个相对量,可将待测信号与参考基准信号进行比较从而得出其相位值的相对量,再根据测试出的相位方向图平均变化趋势来拟合出相位中心。

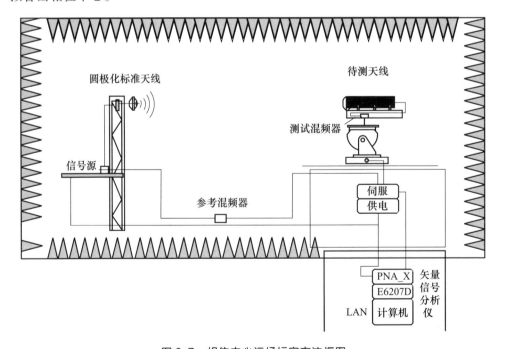

图 6.7　相位中心远场标定方法框图

对于高方向性的阵列天线,可对天线远场主瓣半功率波束宽度内的相位分布进行测试,阵列天线相位中心的测试方法与宽波束单元天线的测量方法相同,只是其相位方向图只在波束宽度范围内测量,通过设置波束指向完成作用空域内各方向上相位中心的标定。

对于多波束测距系统,波束相位中心随波束指向改变,其变化反映在波束测距值上,因此,根据波束在不同方向测距值的变化即可完成多波束相位中心的校准。

6.3.3　相位中心偏差修正

1)天线相位中心偏差修正

天线相位中心偏差修正通过查表法实现,在数字多波束测量系统出厂测试时,在作用空域内对阵列天线相位中心进行网格化测量,形成相位中心偏差数据库,通过对阵列天线的相位中心进行测试校准装订,将发射/接收阵列天线相位中心的校准结果(在不同方位角、俯仰角下天线相位中心偏差的存储记录)和发射/接收通道整体零值集中管理,生成对应不同方位、俯仰方向的"二维时延零值表"。应用时根据波束指向查表修正发射/接收系统零值。

2)收发天线位置差修正

数字多波束天线系统要完成星地之间精确测量,数字多波束天线是收发分置的,需要考虑将收发天线相位中心归算到一个基准点。不失一般性,将基准点定到发射天线的相位中心,如图6.8所示,时延修正量和收发天线相位中心空间位置和工作卫星方位角、俯仰角有关。实际安装时可将收发天线相位中心安装到同一个水平面,计算如下:

以发射天线阵相位中心作为坐标原点,接收天线相位中心坐标位置为 $p(x_0, y_0)$,卫星的俯仰角为 ϕ_i,方位角为 θ_i。

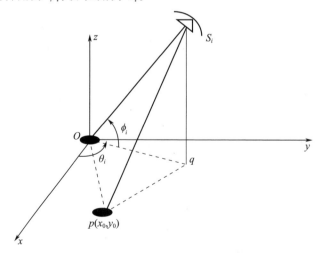

图 6.8　收发阵列天线几何位置差修正示意图

根据几何关系,得到收发相位中心的时延差为

$$\tau_i = \frac{x_0}{c}\cos\phi_i\cos\theta_i + \frac{y_0}{c}\cos\phi_i\sin\theta_i \tag{6.12}$$

在接收数字波束天线中,针对第 i 颗卫星增加时延修正量为 τ_i。进一步简化,通过合理设置收发阵列位置,令 $y_0 = 0$,简化修正量为

$$\tau_i = \frac{x_0}{c}\cos\phi_i\cos\theta_i \tag{6.13}$$

对式(6.13)求微分,得到

$$\delta\tau_i = \frac{\delta x_0}{c}\cos\phi_i\cos\theta_i + \frac{x_0}{c}\delta(\cos\phi_i)\cos\theta_i + \frac{x_0}{c}\cos\phi_i\delta(\cos\theta_i) \tag{6.14}$$

6.3.4　波束相位中心校准

对于导航系统而言,天线相位中心校准工作十分重要,需要精确获知天线相位中心在不同俯仰、方位上的偏差。

天线相位中心偏差的校准方法主要有两种:天线指标直接测定和基线测量相对测定。天线指标直接测定法在微波暗室通过精密可控微波信号源测量天线接收信号的强度分布来确定天线电气中心,计算天线相位中心偏差。基线测量相对测定法,采用载波相位观测值、天线间基线矢量测定天线不同方向的相位偏差。这种方法也是我国国家行业标准 CH 8016—95 规定的方法,具有操作简单、方便、成本低等特点,被广泛采用。

上述方法适合于普通的天线相位中心校准,而针对阵列天线可采用自校准处理方法,以实现使用过程中的在线校准,维持相位中心的稳定。

天线阵元的相位方向图、阵列一致性数据等事先测定并存储,供日后长期工作校准使用;通道之间的一致性以及零值变化等数据依靠在线标校设备获得。测试数据可通过收发终端信号处理来内置校正。两类数据配合使用即可完成数字多波束天线相位中心在线自校准。

6.4　系统零值标校技术

数字多波束系统零值的准确度和稳定度直接影响星地双向时间同步结果的准确度和稳定度。在星地时间同步业务中,星地双向测量结果包含系统零值(上行链路测量结果中包含发射系统零值,下行链路测量结果中包含接收系统零值)。因此,需采取零值在线标校补偿措施,在线保持系统零值稳定度。

6.4.1　系统零值影响因素

影响数字多波束天线系统星地时间同步零值的因素包括收发设备时延零值和收

发天线相位中心位置差异引入的时间同步修正量等。

1）收发设备时延零值

收发设备时延零值主要由发射/接收阵列天线的相位中心偏差和发射/接收通道零值构成。零值标校时需要将相位中心的校准结果（在不同方位角、俯仰角下天线相位中心偏差的存储记录）和发射/接收信道整体零值集中管理,生成对应不同方位、俯仰的网格化"二维时延零值表",应用时需要根据条件查表修正发射/接收系统零值。

2）相位中心位置差异引入的时间同步修正量

相位中心位置差异引入的时间同步修正量的产生原因在于发射与接收天线位置分置带来的收发波束相位中心存在差异,该偏差可通过收发天线精确位置标定来修正。

6.4.2　系统零值标校方法

数字多波束测量系统零值标校按照被测通道信号的获取方法,可分为有线标校和无线标校两种体制。有线标校在功放和阵元天线间通过开关或耦合器将被测通道信号送到标校设备,并与参考信号比较,完成对信号的幅度、相位和时延的测量,获取每个通道的标校数据并送往本地监控计算机。最终所有的标校数据送入系统的波束生成计算机,根据测得的每个通道的标校数据,控制和调整各路通道的工作参数,完成对每个通道的在线校正。

无线标校以偏馈天线方式将阵元输出信号引出,对每路的功放到天线信号的输出幅度、相位进行比较,从而实现对每个信号通道进行校正,如图6.9所示。这种方法的最大优点是无须设置多路的校正测试电缆和耦合器,从而可以大大简化标校连接关系。但是需要另外设置室外检测设备,并且要考虑减小多径、外部干扰等因素的影响,以便降低测试误差。

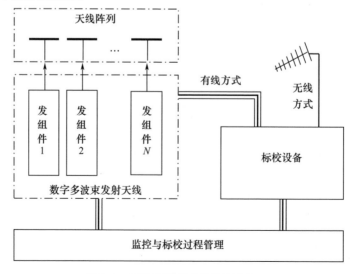

图6.9　系统零值标校体制原理框图

以上两种标校体制都可满足数字多波束天线零值在线标校需求。实际应用中考虑到有线标校控制精确、不易受外界干扰,所以要完成高精度在线通道标校任务,通常选择使用有线标校模式。标校过程中标校通道的性能变化同样会影响整体的标校效果。

6.4.3　系统零值溯源与传递

系统零值溯源用于确定基准通道参考值的正确性、科学性和可信性,基准通道自身存在的误差引入的是系统误差,因此,系统零值溯源精度将直接决定系统参考通道的绝对精度。在系统参考通道的绝对精度测定过程中,需要将基准参考源、基准通道的零值等参考值向更高精度的基准系统或标准仪器溯源。

系统零值溯源一般采用经过专业机构计量的高速数字示波器作为可信标准仪器,通过射频直接采样技术对基准信号进行射频采样,经数字信号处理和时延计算,得到基准参考源、基准通道的真实时延值。

系统零值传递用于将参考通道的绝对精度向被测通道进行零值传递,从而实现所有通道均具有准确、科学的零值。实际应用中,一般采用"基准参考源"法对被测通道进行零值标校,从而实现系统零值的传递。

该方法准确地解决了基准参考源及基准通道的绝对时延测定问题。通过组合测量比较,可以将该测量值向被测系统进行传递。

6.5　数字多波束测量优化校准技术

无论是确定性误差,还是随机性误差,系统标校实际上都是采用后期补偿方法来降低系统测量过程各种误差,使得系统的总体测量误差尽量小的过程。系统需要标校的参数主要有通道一致性、相位中心、系统零值。数字多波束形成校正技术就是要最大限度构建降低系统各种误差的条件,进行针对性改进设计,以达到提升数字多波束测量系统测量精度的目标。

6.5.1　时频信号与基准源稳定性优化方法

1)时频信号稳定性优化

时频信号是系统测量的基本参考信号,时频信号的漂移会影响整个系统信号链路的稳定性。针对时频信号稳定性,通常需要通过试验,对比多种元器件和多种电路设计方案的时延稳定性性能,从中选取最优实现方案,同时还要考虑电源系统对时频信号稳定性的影响。

2)基准源稳定性设计

基准源被赋予了设备时延稳定性标准的地位。多通道时延、幅度、相位等参数标定需要以基准源为参考,基准源信号的漂移将直接影响多通道一致性标校的精度。

而且,基准源时延测量结果代表了整体时延,其漂移直接影响系统零值的稳定性。基准源通过设备高稳定性设计、环境稳定性精密监测与控制等措施,使其零值稳定性得到有效保持。

6.5.2 系统标校通道稳定性优化方法

系统标校通道的相位、幅度漂移会影响波束形成的精度,标校通道的时延漂移会影响波束零值的稳定性,所以必须对标校通道的稳定性进行优化。

标校通道的稳定性优化设计的主要措施包括:

(1)标校通道置于恒温环境,元器件选型和电路设计采取温度稳定措施;

(2)标校终端设计考虑电路温度稳定性设计和优化布线设计;

(3)本振设计通常采用集中式本振与无源分路器相结合的方案,可保证各通道本振信号相位的一致性。

通过系统标校通道稳定性优化设计可有效降低标校通道的信号幅度、相位、时延等参数的波动,从而提升各个通道的稳定性和一致性。

6.5.3 波束修正与补偿优化方法

通常单元天线在作用空域的辐射特性不是等增益的,波束合成处理也存在量化误差和校准误差,这些误差会影响不同扫描角度波束的指向和电平精度。工程实现中希望将工作空间中任意方向波束的指向误差和电平误差限制在一定范围内,需要进行指向误差修正、相位中心修正和波束电平补偿。

1)指向误差修正

根据波束指向的实测结果,可以获得波束设置指向与实际指向之间的对应关系。将数字多波束天线作用空域以一定间隔网格化,构建一个关于波束设置指向和实测指向的修正表,在波束合成权值计算时通过查表法实现对波束指向的修正。修正表的采样间隔可以根据天线指向精度的指标要求、波束的扫描范围、实测结果的偏差程度确定,对于网格点之间的波束指向修正数据可以通过内插方法计算得到。

2)相位中心修正

阵列天线相位中心的位置会随着波束扫描发生改变,对于精密测量应用领域,这种影响是不能忽视的,相位中心的修正同样可以采用构建修正表的方法完成。在测试阶段,对系统的测量精度进行整体标定,利用测得的相位中心随波束指向的偏差数据,构建相位中心修正表。在系统工作时,根据波束的指向实时查表计算得到相位中心的修正数据,提供给系统的数据处理程序使用,减小相位中心变化对测量结果的影响,从而提高系统的测量精度。

3)波束电平补偿

与指向误差的修正方法类似,波束电平补偿也可以通过构建修正表的方法来实现,对每一个网格点,事先测得波束电平的误差值,通过波束合成器对相应指向的波束电平进行补偿,使波束在扫描范围内的辐射功率(或接收电平)一致。

参考文献

[1] 王金华,韦欣荣. 数字多波束天线测试研究[J]. 无线电工程,2007(7):37-40.

[2] 尹继凯,蔚保国. 数字多波束天线精密测距精度分析[J]. 无线电工程,2012,42(13):27-30.

[3] 王渊. 相控阵天线的幅相误差校正算法及工程实现[D]. 西安:西安电子科技大学,2013.

[4] 王志永,刘磊浩,高杰. 一种低轨卫星接收的相控阵天线校准方法[J]. 无线电通信技术,2019,45(13):301-304.

[5] RADAR S T X,SEKER I. Calibration methods for phased array radars[J]. Radar Sensor Technology XVII,2013:8714.

[6] 李杰,高火涛,郑霞. 相控阵天线的互耦和近场校准[J]. 电子学报,2005,33(1):119-122.

[7] 尹继凯,蔚保国,徐文娟. 数字多波束天线的校准测试方法[J]. 无线电工程,2012,42(2):42-45.

[8] 焦禹,陈文俊. 有源相控阵天线的近场校准[J]. 电讯技术,2016,56(4):453-457.

[9] 陈黎,管吉兴,鲁振兴,等. 一种直线阵列接收通道校正技术[J]. 无线电工程,2017,47(10):22-24.

[10] AUMANNH M,FENN A J,WILLWERTH F G. Phased array antenna calibration and pattern prediction using mutual coupling measurements [J]. IEEE Transactions on Antennas and Propagation,1989,37(7):844-850.

[11] YAO Y,LIU M,CHEN W,et al. Analysis and design of wideband widescan planar tapered slot antenna array[J]. Iet Microwaves Antennas & Propagation,2010,4(10):1632-1638.

[12] GAO T,WANG J,et al. Large phased array antenna calibration using mutual coupling method [C]// International Conference on Radar,Beijing. 2001:223-226.

[13] 高铁,王金元. 大型有源相控阵校准的MCM法及其误差分析[J]. 微波学报,2002,18(1):6-10.

[14] PRASAD T R,PATRA A K,ANANDAN V K,et al. Employment of new techniques for characterizing indian MST radar phased array [J]. IETE Technical Review,2016,33(6):1-12.

[15] NATERAA S M,RODRIGUEZ-OSORIO M R,ARIET D H L. Calibration proposal for new antenna array architectures and technologies for space communication [J]. IEEE Antennas and Wireless Propagation Letters,2012,11:1129-1132.

[16] KOJIMA N,SHIRAMATSU K,CHIBA I,et al. Measurement and evaluation techniques for an airborne active phased array antenna [C]//IEEE International symposium on Phased Array Systems & Technology,Boston,1996:231-236.

[17] YONEZAWA R,KONISHI Y,CHIBA I,et al. Beam-shape correction in deployable phased arrays [J]. IEEE Transactions on Antennas and Propagation,1999,47(3):482-486.

[18] 刘明罡,冯正和. 分组旋转矢量法校正大规模相控阵天线[J]. 电波科学学报,2007,22(3):380-384.

[19] LIU M G,FENG Z H. Combined rotating-element electric-field vector (CREV) method for nearf-ield calibration of phased array antenna [C]//International Conference on Microwave and Millimeter Wave Technology,2007:1-4.

[20] 耿新涛. 相控阵发射系统中幅相校准方法研究[J]. 无线电通信技术,2008,34(1):59-61.

[21] LI L S. Design and implementation of an active array antenna with remote controllable radiation patterns for mobile communications[J]. Antennas and Propagation,2014,62(2):913-921.

[22] CHEN P,ZHANG H,CHEN J X,et al. Virtual phased shifter array and its application on Ku band mobile satellite reception[J]. IEEE Transactions on Antennas and Propagation,2015,63(4):1408-1416.

[23] 曾乐雅,许华,王天睿. 自适应切换双模盲均衡算法[J]. 电子与信息学报,2016,38(11):2780-2786.

[24] 韩双林,翟江鹏,魏海涛. 数字多波束发射终端的通道一致性研究[J]. 无线电工程,2016,46(9):73-75,79.

[25] 谭述森. 卫星导航定位工程[M]. 北京:国防工业出版社,2010.

[26] 袁建平,罗建军,岳晓奎. 卫星导航原理与应用[M]. 北京:中国宇航出版社,2003.

第7章　数字多波束系统测试技术

针对数字多波束测量系统功能复杂、精度要求高的特点,需要建立专用的内外场测试环境,形成一整套专业的测试方法,解决系统级、场站级、模块级的指标验证,满足数字多波束系统设备研制、装备定型生产、日常维护等过程中所要求的试验、测试和评估需求。

本章从数字多波束系统测试总体设计入手,建立了数字多波束系统指标体系,介绍了数字多波束发射和接收系统的测试原理,从桌面联调、暗室测试、外场测试三个阶段分析了数字多波束系统测试的环境需求,并给出了指标测试方法及步骤。

◢ 7.1　数字多波束系统指标体系

数字多波束系统具有同时多目标测量,保障多测量任务执行不干涉、相互影响低,系统性能好等优点,多波束测量性能够达到系统的设计指标,需要在增益、波束宽度、旁瓣电平、指向精度和功耗等方面做出规定。本节以卫星导航数字多波束系统为例,介绍其核心功能指标和性能指标体系。

7.1.1　功能指标体系

数字多波束系统功能指标体系涵盖时频信号功能、信号收发功能、设备时延测试功能、多业务场景功能、数据处理功能、设备监视控制功能、软件管理功能、系统维护功能等,具体指标含义如表7.1所列。

表 7.1　数字多波束系统功能指标含义

功能指标	指标含义
时频信号功能	数字多波束设备所需的时频信号自主生成,并与时频系统保持时间同步,以时统系统提供的时频信号为基准分配产生所需的时频信号
信号收发功能	系统信号收发要具备收发天线跟踪、发射信号生成、发射小环闭环检验、接收信号采样输出、接收设备抗干扰等功能
设备时延测试功能	时间同步精度和设备时延标定对定位精度是一个重要的影响因素,要具备设备时延实时监测、时延突跳自动修正功能

(续)

功能指标	指标含义
多业务场景功能	系统具备多种业务场景选择功能,要具备上注信息发送处理、业务及工况数据收集转发、控制指令接收执行功能
数据处理功能	数据处理功能要具备数据接收存储、数据管理分析功能
设备监视控制功能	设备监视控制功能,要具备统一监视控制、监视信息可视化、故障诊断、运行状态评估等功能
软件管理功能	软件管理的功能,要具备工作参数配置保持、软件伴随升级验证、软件版本查验管理功能
系统维护功能	系统维护功能,要具备重启后快速恢复数字多波束收发系统的工作能力、模拟测试、预留信号测试点功能

7.1.2 性能指标体系

数字多波束系统性能指标体系涵盖波束性能、信号电性能、测距性能、跟踪性能、抗干扰和安全性能等,具体指标含义如表 7.2 所列。

表 7.2 数字多波束系统性能指标含义

性能指标	指标含义
波束性能	波束性能是指系统发射波束性能(发射波束数量、第一旁瓣电平、轴比、3dB 波束宽度、指向精度)、接收波束性能(波束接收数量)和天线跟踪性能
信号电性能	信号电性能是指发射 EIRP 能力、发射 EIRP 控制、发射信号调制质量、发射信号输出质量、接收信号功率、失锁重捕时间等
测距性能	测距性能涉及钟差、距离、设备时延、观测时刻等多个量,要实现伪距测量不确定度和设备时延稳定性的精确评估
跟踪性能	天线多目标进行跟踪时,波束扫描、波束交叉过渡及信号频率等因素对系统跟踪精度的影响
抗干扰和安全性能	抗干扰和安全性能是指接收链路抗干扰、接收设备抗电磁冲击、发射机房内微波辐射强度等的能力

◢ 7.2 测 试 原 理

7.2.1 数字多波束发射测试原理

数字多波束发射系统是一种相对复杂的电子系统,它在技术体制、设备组成、设备布局、性能指标测试等方面,与传统的地面站设备相比,均有着非常特殊的异样性。它的调试、试验和测试需要天线旋转以适应波束电扫后保持地面设备与空间目标(信标塔)之间的波束对准要求。数字多波束技术体制,发射测试系统主要由测试机房、测试转台、测试天线、接收天线及测试设备等组成。

数字多波束发射系统测试原理为：安装在测试机房内的发射设备产生多路射频信号经电缆送至转台上的被测天线的阵元天线；被测多波束天线发射信号，产生空间波束；根据测试项目调整测试转台，接收天线接收信号后送入测试设备，并进行测试数据分析，测试原理框图如图 7.1 所示。

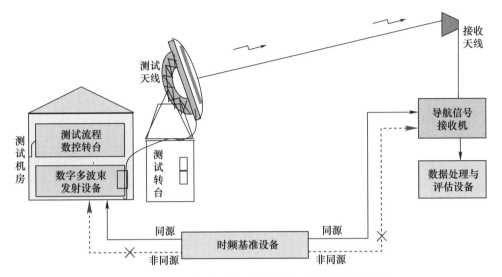

图 7.1 数字多波束发射系统测试原理框图（见彩图）

从数字多波束发射设备完成波束扫描的机理来看，采用传统的两轴转台完成发射波束方向图等指标测试的方法已不适用，如果按照常规的天线方向图测试方法进行方向图测试，只能测试其某一切割面的方向图，不能完成立体方向图的测试，更不能完成多个波束方向图的测试。为了完成数字多波束发射波束的测试，需要利用三轴天线测试转台，建立无线数字多波束发射天线测试系统，用"切瓣"方法进行测试，该测试系统不仅可以完成常规天线方向图的远场测量，而且可以完成数字多波束发射天线立体方向图、多波束方向图的测试[1]。

7.2.2 数字多波束接收测试原理

数字多波束接收系统测试同发射系统，它的调试、试验和测试也需要大型的三轴天线测试转台。数字多波束接收测试系统主要由测试机房、测试转台、测试天线、发射天线及发射设备等组成。

数字多波束接收系统测试原理为：发射设备输出的导航模拟信号经电缆线传输到发射天线发射，测试天线接收发射天线发出的导航信号后进行信号处理，完成对被测设备的测试。根据测试要求，控制测试转台的转动，完成对测试天线的全面测试，测试原理框图如图 7.2 所示。

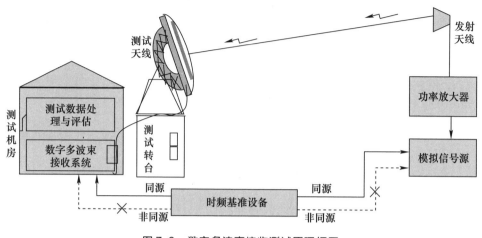

图7.2 数字多波束接收测试原理框图

7.2.3 设备时延测试原理

设备时延测量方法[2]通常有示波器法、矢量网络分析仪法、时间间隔计数器法和时延传递法[3-5]等,下面对这几种方法进行介绍和分析。

1)示波器法

目前,高端的示波器都是高速存储示波器,具有高带宽、高采样率、高存储深度、通道一致性好等特点,非常适合时延测量。高带宽可以准确保持时频信号的上下沿特性,设备时延的起始位置定位准确;高采样率可以分辨出更小的时延间隔,高存储深度可以在高采样率下获得更长时间的信号;通道一致性好(幅度、相位、时延特性)可以保证时延测量的精度。

示波器法是目前唯一可以测量两个不同信号特性时延的方法。测量时,示波器一个通道接入时频信号(1PPS),另一个通道接入导航射频信号(BPSK信号),以时频信号为触发信号,设定合适的触发电平,通过输出信号的相位翻转点,即可得到设备的时延值。

2)矢量网络分析仪法

矢量网络分析仪通过测量被测对象的相位-频率特性曲线测量时延。矢量网络分析仪只能测量两端口网络的时延,而不能测量信号产生和接收设备的时延,并且只能工作在单载波状态,不能在调制状态下测量设备时延,部分高端矢量网络分析仪能够测量输入与输出频率不同的变频两端口网络。在卫星导航系统中,矢量网络分析仪主要用来测量射频电缆的时延,且是测量电缆单频时延最精确的仪器。

3)时间间隔计数器法

时间间隔测量仪器对时间间隔进行计数,利用两个相互独立的通道,分别输入开门信号和关门信号,通过设置两个通道的触发沿、触发电平,通过计算开关门信号的开关闭闸门时间测量两个通道的时延误差。

4）时延传递法

设备时延测量是一个复杂的过程,仅通过以上三种方法并不能完成所有的时延测量。时延传递法是通过精确地测量发射设备时延和组合时延,来得到其他设备的时延,可用于测量单通道的绝对时延和不同通道的相对时延。对于接收设备,首先需要得到发射设备时延,然后得到发射与接收设备的组合时延,组合时延减去发射设备时延,才能得到接收设备时延。不同接收设备的相对时延则是通过分别与相同发射设备组成链路,求得各自组合时延,做差求出相对时延。

时延传递工作是指通过统一的基准设备,在地面可比设备之间通过测试试验完成零值以及相关组合时延量的计算和比对,最终实现地面设备零值和组合时延在同一个基准条件下的统一校准、管理和维护。通过时延传递系统与各部分设备的对接试验和数据处理,并依据单向零值、组合零值的各项定义来完成各种零值的计算和时延的传递。

7.3　测 试 体 系

数字多波束系统测量体系分为桌面联调测试、暗室联调测试和外场联调测试三部分,如图 7.3 所示。

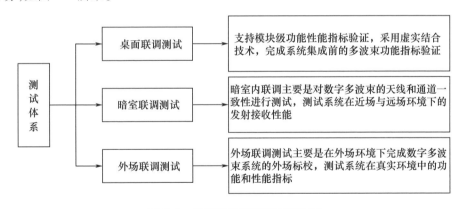

图 7.3　数字多波束系统测试体系

桌面联调测试主要解决各分机模块的测试、分系统链路测试,保证各分机模块、分系统性能符合性能要求,为设备集成打下基础。分机模块联调测试、分系统链路联调测试是设备联调工作的基础,是必须进行的基础性工作。

暗室联调测试主要解决设备各通道的诊断校准,完成设备的初步集成联调测试工作。数字多波束设备具有设备量大、连接关系复杂、通道数量多等特点,要完成各个通道向空间辐射信号的线性诊断和校准,必须采用微波暗室近场/远场测量系统进行测试。

外场联调测试主要解决设备形成波束的高精度测量问题。微波暗室近场测试系统对数字多波束发射阵列天线的测试是通过远近场转换完成的,测量精度较低。要完成数字多波束设备波束空间性能指标的高精度测量,必须依靠外场无线联调测试环境来完成。

7.3.1　桌面联调测试

数字多波束系统桌面联调测试主要侧重在数字多波束系统集成前对各个功能模块的测试,桌面联调阶段主要采用虚实结合的方式实现数字多波束系统功能模块的测试验证。通过"虚"仿真模型解决系统不完整,通过与实物相连的方法解决系统在整体集成之前功能模块的指标测试问题,各个功能模块结合各种仿真验证方法构建一个闭环测试环境,用于在各室内桌面联调阶段实现数字多波束系统的测试验证。

1)设备的功能检验

按照数字多波束测量系统的构成和承担的业务种类,功能检验主要完成设备的单项功能、组合功能等检验。功能检验方法是经人工目测检查、人工综合判断后进行确认。

2)设备的指标测试

设备的指标测试不进行无线链路部分测试,而是对单机设备指标和链路设备指标的有线测试,通过采用导航信号模拟器、监测接收机、通用测试仪表、辅助设备等,使被测设备处于工作状态,读取测量数据并进行相关的处理,检验各设备指标是否达标。

3)设备的环境试验

在桌面联调测试阶段,可进行数字多波束测量系统高低温等环境试验。由于是室内设备,且工作于密集的桁架结构,着重进行单机设备的高温工作试验以及桁架设备的通风散热试验。

7.3.2　暗室联调测试

数字多波束阵列天线设备规模大、构成复杂,测试精度要求高,其集成调试和性能测试等需要在微波暗室中借助近场和远场天线测量系统来完成。暗室测试环境(包括近场和远场测量系统)完成单通道、多通道、阵元天线、发射和接收阵列天线的集成、调试、校准、测试和评估等工作。利用微波暗室的内场测试环境,可以保证设备在频谱纯净的环境中进行连续测试,提高工作效率。

近场测量系统具有高精度的阵列天线测试能力以及性能指标分析处理能力,可以提供全天候的测试试验环境。远场测试试验可在受控的微波暗室环境内完成单元天线、小规模阵列天线的性能测试,是完成天线一致性筛选的必要手段。针对精密测距的要求,通过高精度测试转台,可解决单元天线和阵列天线相位中心测试标定、精密测角修正表的测量和标定难题。

暗室联调环境组成:微波暗室、近场测量系统、远场测量系统和精密时频系统

（安装在暗室外,通过连接线为暗室内的测试设备提供精准时频信息）,如图 7.4 所示。

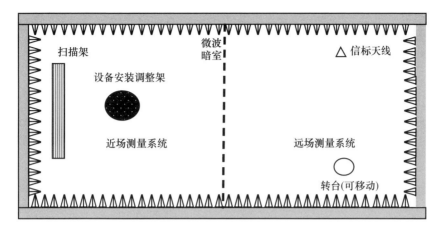

图 7.4　暗室联调环境结构图

7.3.2.1　微波暗室

微波暗室能够有效屏蔽外界电磁波,为室内测量系统提供接近自由空间、全天候的试验环境。为保证测量精度,全部装贴吸波材料,配备空调和送风设施来确保暗室内温湿度的控制范围。考虑设备安装以及人员工作,暗室内需配置必要的设备吊装、安装、调整、固定设备,以及供配电、监控和消防等附属设施。

7.3.2.2　近场测量系统

近场测量系统可完成发射系统的安装、调试及性能测试,包括单通道、多通道、阵元天线、阵列天线的集成、调试、校准、测试和评估等工作。近场测试试验环境[6]由平面扫描系统、激光校准设备、微波探头、可移动平台、测试接收机、时间基准、被测天线移动平台、测试控制与数据处理控制设备及软件等设备组成。

在近场测量中,数字多波束发射天线安装在一个竖直的支架上,阵列天线与大地垂直,通过调整天线支架的方位角,可实现扫描架与阵列天线的平行度。通过控制平面扫描系统的运动,利用微波探头在天线口径进行空间采样,获取空间辐射场的数据,通过近场-远场转换算法,对阵列天线的近场空间采样数据进行处理,完成对阵列天线性能的测试。

7.3.2.3　远场测量系统

远场测量系统可完成阵元天线性能测试、阵元天线相位中心标定、多通道标校测试等,并兼顾接收阵列天线的联试和性能测试。

远场测量系统由微波暗室、模拟信号源、信标天线、测试转台、信标天线与被测天线轴向对准装置（自准直光管）、测试控制与数据处理控制设备及软件等组成。其中,自准直光管可辅助完成指示天线与被测天线精确的轴向对准,能有效地提高测试精度;转台设备由方位轴、俯仰轴、极化轴、三坐标位移装置、上极化轴以及转台控制系统组成。

模拟信号源输出的导航信号经电缆线传输到微波暗室中的信标天线发射,数字多波束接收设备接收信标天线发出的导航信号后进行接收处理,完成对被测设备的测试。测试控制单元可根据测试要求,控制测试转台的转动,以便完成对数字多波束接收设备的全面测试。

7.3.2.4　精密时频系统

精密时频系统为内场测试平台(近场测量系统、远场测量系统)中的被测设备提供所需的全部时频信号。由原子钟、时频信号产生及分配网络、设备监控计算机等设备组成。其中,时频信号产生器产生的时频信号,由信号分配网络送给近场测量系统和远场测量系统使用。

7.3.3　外场联调测试

数字多波束外场测试试验环境的建设充分考虑了数字多波束系统的工作环境条件,包括发射测试机房、接收测试机房、信标塔、监控机房、时频基准、数据传输网络、高精度标校设备等设施。数字多波束外场测试试验组成示意图如图7.5所示。

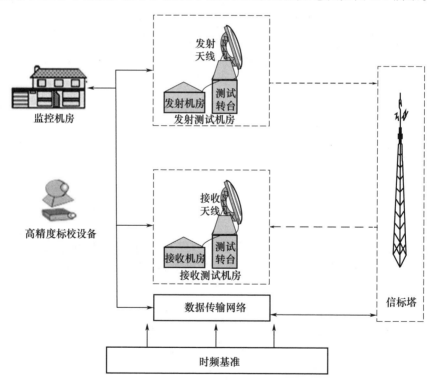

图 7.5　数字多波束外场测试试验组成示意图

7.3.3.1　发射测试机房

发射测试机房包括发射机房、测试转台、转台伺服设备、天线测试系统等。数字多波束发射设备安装在发射机房内,从组件桁架上方输出的多路射频信号与组件输出——对应的等长线缆送至转台上的阵元天线。在线缆连接中一定要注意:室内组件桁架中的组件输出与室外平面阵列天线阵元天线的——对应关系,它和发射系统的各发射通道的波束权值是对应的关系,否则会对波束的空间合成产生不利影响。

1）发射机房

数字多波束发射设备是多通道的并行发射设备,发射机房内放置数字多波束发射天线系统的组件桁架、各种分配网络桁架、标校设备、监控与数据处理设备、天线转台控制、天线自动测试系统等。

2）高精度转台

高精度测试转台建设是完成天线测试的必要条件,没有测试转台,无法完成天线电性能测试。

天线测试转台常用的为两轴(即方位轴和俯仰轴)转台,可完成天线两个切割面的方向图测试,不能完成天线立体方向图的测试。对于导航系统的数字多波束设备,要测试天线的空间分布,完成天线空间立体方向图测试以及不同波束天线的零值指向测试,必须由三轴天线测试转台来完成。因此高精度三轴测试转台是数字多波束发射系统测试的必备条件。三轴转台按照转动方式划分由方位转动机构、俯仰转动机构、极化轴转动机构组成。主要包括方位底座、方位转盘、俯仰驱动齿轮、极化轴转盘、过渡平台、驱动机构等组成。

发射天线测试系统与传统的天线测试系统一样,也是测试天线的二维方向图,高精度转台在使用时结合转台上极化轴的旋转,综合处理数据后才能进行立体方向图的测试。数字多波束设备系统工作的前提条件是通道的一致性,为完成通道的一致性标校,系统标校设备要紧邻发射阵元天线,只有这样,通过系统标校的各通道一致性才能得到保证。

7.3.3.2　接收测试机房

接收联调试验环境是为接收设备联调试验需求而专门建设的。接收测试机房环境包括接收机房、高精度转台、转台伺服设备、天线测试系统等。其中,接收测试机房的高精度测试转台设计同发射测试机房高精度测试转台。

数字多波束接收信道设备安装在接收联调机房内,接收阵列天线和射频前端电路安装在天线转台上,从射频前端输出的多路射频信号经等长线缆送至室内机柜。在线缆连接中一定要注意:室内接收通道的序号要与射频前端、接收阵列天线阵元天线的——对应关系,否则会对波束的合成产生不利影响。

其中,接收机房内的设备包括接收机柜、接收监控与数据处理设备等。为方便对数字多波束接收设备的整体性能进行测试验证,在接收机房的顶部,建设与场站实际安装环境相一致的接收阵列天线安装接口,可以对空间的卫星进行实际测量和数据接收。

7.3.3.3 时频基准

时频基准是外场测试试验环境的重要组成部分,用于给被测数字多波束系统(发射和接收)以及场内试验设施提供统一的时频基准信号。确保数字多波束系统能够完成设备联调、指标测试等。

根据数字多波束外场测试试验环境的建设布局,时频基准分为两个组成部分,试验站时频和信标塔时频。两个部分通过卫星导航授时接收机实现同步,以确保试验站与信标塔之间的钟差在设定的范围内。时频信号产生器产生的时频信号,经放大分路后送给发射测量系统和接收测量系统使用。标校塔时频基准主要是给工作于固定平台或升降架平台中的"接收信号处理设备、发射信号模拟设备(相当于导航卫星模拟器)"等提供独立的时频信号。

◸ 7.4 测试方法及步骤

7.4.1 功能测试方法及步骤

7.4.1.1 多波束天线发射功能

数字多波束发射系统设备测试框图如图 7.6 所示。

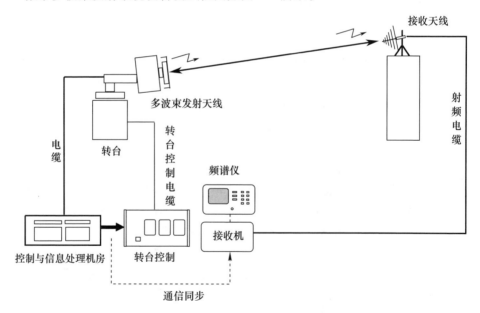

图 7.6 数字多波束发射系统设备测试框图

发射系统的功能测试包括发射信号生成功能测试和发射小环闭环检验功能测试两个方面。

(1)发射信号生成功能测试:在系统控制调度下,使数字多波束发射设备产生多个不同波束,利用外场测试环境,依次对每个波束进行大环测距和电文解调。

（2）发射小环闭环检验功能测试:检查数字多波束发射系统的误码率统计测试。

7.4.1.2　多波束天线接收功能

数字多波束接收系统测试框图如图 7.7 所示。

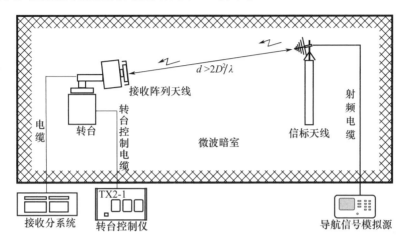

图 7.7　数字多波束接收系统测试框图

信号接收处理功能测试共包括四个方面,分别为:

（1）信号接收处理功能测试:检查数字多波束系统能否根据规划完成对指定信号接收、伪距测量及电文解调任务,接收单元是否同时具备对波束信号的处理能力。

（2）接收设备抗干扰功能测试:检查数字多波束接收设备能否在有一定干扰环境下,完成对指定信号的接收、伪距测量及电文解调任务。

（3）接收设备载噪比估计功能测试:检查数字多波束接收设备在接收指定信号时,是否具备实时输出接收信号载噪比的功能。

（4）接收设备抗电磁烧毁功能测试:分时在数字多波束设备的场放输入端输入连续电磁波和电磁脉冲信号,检查数字多波束接收设备是否具备自动关闭设备、没有被烧毁。

7.4.2　共性指标测试方法及步骤

7.4.2.1　设备时延稳定性检测

1）发射系统设备时延稳定性及监测

（1）稳定性拷机测试[7]。

通过对接收机捕获的工作波束无线信号进行无线伪距数据处理,分析发射系统设备的时延稳定性,具体测试步骤如下:

① 利用标校终端进行发射多波束天线的在线标校,校准 n 个组件的幅度、相位和时延;

② 设置发射多波束天线产生单个工作波束,设置天线发射扩频信号;

③ 调整测试转台,使波束指向信标天线;

④ 设置接收机工作参数,捕获工作波束无线信号,记录无线伪距测量数据。

(2)单波束时延实时监测不确定度测试。

在波束稳定性拷机的基础上,多次改变波束方向,进行单波束时延实时监测不确定度测试,具体测试步骤如下:

① 利用标校终端进行发射设备的在线标校,校准 n 个组件的幅度、相位和时延;

② 设置发射多波束天线在固定方向产生单个工作波束,设置天线发射扩频信号;

③ 调整测试转台,使工作波束指向信标天线;

④ 设置接收机工作参数,捕获工作波束无线信号,记录无线伪距测量数据;

⑤ 多次改变波束方向,重复步骤并记录数据。

(3)多波束时延实时监测不确定度测试。

数字多波束发射系统同时产生多个波束发射扩频信号,接收机捕获工作波束的无线信号对各个波束进行伪距测量并分析,具体测试步骤如下:

① 产生多个波束,波束发射扩频信号;

② 选其中一个作为被测波束,控制转台使被测波束指向信标天线,并接收波束信息;

③ 记录工作波束伪距测量值,重复步骤对每个波束进行伪距测量。

2)接收系统设备时延稳定性及监测[8]

该指标测试包含基本测试、动态测试、电平适应性测试等步骤,其中除基本测试外所有测试均在固定指向波束上完成,且除电平适应性测试外,其余项目的测试均在接收灵敏度电平下进行测试,通过数字多波束接收系统捕获的长时间多波束无线信号,进行无线伪距测量数据分析,具体测试步骤如下:

① 进行接收多波束设备在线标校,校准 n 通道的幅度、相位和时延;

② 设置接收天线在法线方向产生单个工作波束,设置导航模拟源发射扩频信号;

③ 调整测试转台,使工作波束指向信标天线;

④ 设置接收机工作参数,捕获工作波束无线信号,记录无线伪距测量数据。

3)波束时延实时监测不确定度数据处理

在各种应用条件下测量采集伪距测量数据 y_i,导航信号源和接收机的设备时延漂移量 τ_{fvi} 和 τ_{svi},空间距离变化 τ_{dvi}(转台转动等引起的),理论星地距离值 l_i 可根据导航信号源的设置参数计算得到或由信号源实时输出。记

$$Z_i = y_i - (\tau_{\mathrm{fvi}} + \tau_{\mathrm{svi}}) - \tau_{\mathrm{dvi}} - l_i \qquad (7.1)$$

Z_i 为伪距测量数据扣除理论星地距离、时延漂移项、空间距离变化后的残差,主要包括设备时延初值和测量误差,若没有测量误差 Z_i 应该为一恒定值。通过对测量

误差 Z_i 的数据曲线分析其不确定度。

7.4.2.2 波束方向图测试

传统天线方向图测试一般采用二维的方法进行,即测量出天线方位面和俯仰面的方向图,其基本点是波束指向的法线方向与天线口面固定不变,波束方向的改变依靠天线机械运动来实现。

数字多波束天线波束指向的法线方向与天线口面是不固定的,波束方向的改变是依靠各阵元天线辐射信号在空间的相位合成来实现的。由于数字多波束天线的波束数量多、波束指向要用三维空间特征来表示,因此数字多波束天线方向图的测试要更复杂。目前常用方法[9]有:①在微波暗室中,利用天线近场测量系统来完成天线方向图的测量;②在自由空间测试场,采用远场法完成多波束天线方向图的测量。

近场测量时通过测量天线近场的幅度和相位分布,由近场测试数据推算出天线的远场性能。该方法具有干扰少、工作效率高、不受天气条件限制等优点。

远场测试法是指利用三轴测试转台和信标天线完成数字多波束天线立体方向图的测试,首先使阵列天线的法线方向与信标天线对准,从信标天线接收并记录信号的幅度数据,旋转转台即可获得一个切面的方向图信息,切割剖面如图 7.8 所示,旋转极化轴后重复上述测试过程,即可获得不同切面的方向图数据,经事后数据处理即可得到多波束天线的三维立体方向图,如图 7.9 所示用二维坐标表示,测试剖面越多,立体方向图测试精度越高。

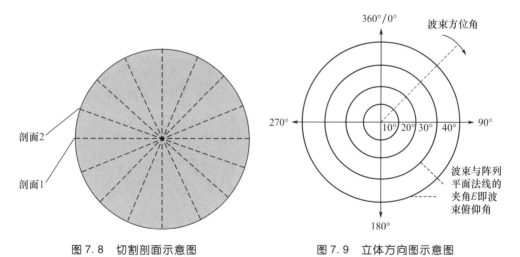

图 7.8　切割剖面示意图　　　　　图 7.9　立体方向图示意图

7.4.2.3 天线相位中心不确定度测试

目前测量天线相位方向图常用的方法有远场法、近场法和紧缩场法,利用实测相位方向图,确定天线相位中心位置常用方法有移动参考点法[10]、关键点法(通常三点法或五点法)和曲线拟合法(也称最小二乘法)。由于数字多波束发射接收天线口径大,天线比较重,不适合采用移动参考点确定天线的相位中心;而关键点法是通过天线典型切割面(通常 0°、45°和 90°)的相位方向图确定天线某一切割面的相位中心,不是整个天线的空间相位中心;而利用测量数字多波束整个空间的相位方向图,可求解天线的相位中心。

(1) 发射天线相位中心标定不确定度[11]。

数字多波束发射天线的相位中心就是相对于接收点而言的视在相位中心,该相位中心在进行距离测量时,可以看成是数字多波束发射信号的起点,也是发射设备时延(或零值)的终点。由于数字多波束天线是一种波束扫描天线,其扫描波束是通过对电信号控制实现的,天线本身在工作过程中是保持不动的,因此数字多波束设备在不同指向上的波束都是不同的。从这个意义上出发,数字多波束天线的相位中心是以波束的方位和俯仰角为参数的变量。

进行发射设备阵列天线相位中心标定的基本原理为:生成某个指定波束的辐射信号,获得被测天线在此方向的等相位面,拟合出该等相位面的球心,从而获得该天线在此方向的视在相位中心。

实际标定过程中,测试得到的等相位面由如下部分组成:

$$P(A,E) = p(A,E) + \Delta l(A,E) \tag{7.2}$$

式中:(A,E) 分别为波束指向方位 A、俯仰 E,根据数字多波束设备的工作范围确定的 A、E 的取值范围;$P(A,E)$ 为测得的阵列天线等相位面参数(以 (A,E) 为参数的变化量);$p(A,E)$ 为真实的阵列天线等相位面参数(以 (A,E) 为参数的变化量);$\Delta l(A,E)$ 为转台转动带来的空间距离变化(以 (A,E) 为参数的变化量),当消除了 $\Delta l(A,E)$ 带来的空间距离偏差后,就可获得真实的阵列天线等相位面,由此即可得到在方向上的天线相位中心。

对于数字多波束系统,相位特性是天线的重要指标,天线相位中心会随波束方向的改变而改变,因此,数字多波束设备相位中心的测定精度会直接影响到系统的测距精度,阵列天线相位中心的校准测量必须在远场测试转台上完成。通过转台角度和波束指向调整,完成发射阵列天线作用空域的全部波束测距性能测试。

(2) 接收天线相位中心标定不确定度。

数字多波束接收天线的相位中心测量可以通过数字多波束接收测试环境完成。该测试将数字多波束天线的几何中心等效为阵列天线的相位中心。将天线的几何中心放在天线转台的旋转中心,保证整个转台以天线几何中心为旋转点,通过调整天线空间位置,利用伪码测距原理,对作用空域内的各个方向波束进行时延测量,将测量结果作为等效几何中心的相位误差表,利用该表完成各个接收波束的相位中心修正[12]。这样,保证了接收天线相位中心的固定,能够完成设备安装与测量,同时能够根据波束不同的空间位置进行整个天线相位中心的修正,并将接收天线的几何中心作为整个接收系统的设备零值起点。

(3) 相位中心复核。

相位中心的复核主要是对测量获得的相位误差修正表的真实性进行验证。相位中的复核采用两种方法进行。

① 正交验证法。该方法主要是用采样空域的方位俯仰的划分来复核相位中心的真实性。相位中心的测量采用固定天线俯仰,步进调整方位的方式来实现;相位中心的复核采用固定方位,步进调整俯仰的方式进行验证。这样可以从方位与俯仰两个方向去检核相位中心修订的真实性。

② 随机抽取法。该方法主要是采用空域任意抽取的方式,对整个相位中心的误差修订进行验证。随机验证空域中任何一个波束的相位中心的真实性与误差范围。

综上,相位中心标定的方式不是完全找到数字多波束天线的等相位面和等相位面的球心,而是采用等效转换的方式,将天线的相位中心转换到相对于天线几何中心的相位变化。采用该方法能够给整个系统的设备零值起点一个明确的定位,为设备时延测量及设备安装定位提供了很大的方便,同时,能够将所有修订进行打包,保证了整个系统的精度。相位中心标定的结果是提供整个阵列天线的相位中心相对于天线的几何中心的时延变化修订表。该修订表是以波束的方位和俯仰角为参数的时延变化量,覆盖了整个空域范围。通过将时延变化量随波束的空间变化对伪距测量进行实时修正,来实现天线相位中心的标定。

7.4.2.4　天线跟踪范围测试

(1) 发射天线跟踪范围。

通过信标塔天线系统捕获和跟踪发射天线波束进行判断,具体测试步骤如下:

① 在远场测试环境中,转动转台,使待测天线指向信标天线;

② 旋转发射波束转台,设置对应波束权值,形成指向信标天线的波束,检验接收天线是否收到正常捕获并跟踪信号;

③ 重复试验,判断在天线覆盖范围内能否形成波束。

(2) 接收天线跟踪范围。

通过接收天线系统捕获和跟踪其覆盖范围内的波束进行判断,具体的测试步骤如下:

① 在远场测试环境中,转动转台,使入射信号满足待测波束指向;

② 通过设置相应的波束权值,使形成波束指向入射信号方向;

③ 启动接收终端,检查接收终端能否正常捕获并跟踪信号;

④ 根据信号入射角转动转台,重复测试,判断在天线覆盖范围内能否形成波束。

7.4.3　多波束天线发射指标测试方法及步骤

7.4.3.1　发射波束数量

发射波束数量测试具体步骤如下:

(1) 连接系统及测试设备,将信标天线接收的发射无线信号环回至发射机房的测试接收机;

（2）控制发射系统在空域范围内形成多个独立的互不重叠的波束,转动转台观察波束指向和数量是否与设置值一致;

（3）设置波束分别携带扩频信号;

（4）用接收机捕获跟踪和解调信号,验证波束信号是否正常。

7.4.3.2　发射 EIRP 能力

设置数字多波束设备发射单载波波束信号,接收数字多波束发射信号并通过射频电缆送至频谱仪进行测量。

1）单波束 EIRP 能力测试

单波束 EIRP 能力测试步骤如下:

（1）连接设备后,在法线方向形成单波束,对准标校天线;

（2）通过波束管理软件设置 EIRP;

（3）转动转台,使得波束对准信标天线,记录频谱仪读数、计算 EIRP 测量值;

（4）改变波束指向,重复测量不同方向波束的 EIRP。

2）多波束 EIRP 能力测试

通过控制波束输出能力,测试多种组件同时失效模式下多波束 EIRP 能力,测试步骤如下:

（1）连接设备后,形成多个波束;

（2）通过波束管理软件设置各个波束的 EIRP;

（3）控制转台,使各波束分别对准信标天线,记录频谱仪读数、计算 EIRP 测量值;

（4）改变波束指向,重复测量不同方向波束的 EIRP。

7.4.3.3　发射 EIRP 控制

1）多波束对 EIRP 影响

多波束对 EIRP 影响具体测试步骤如下:

（1）同时产生多个波束,控制转台使被测波束指向信标天线;

（2）设置被测波束产生单载波,其他波束数量、EIRP、指向,测量被测波束的 EIRP;

（3）重复步骤完成对各个波束的 EIRP 测试,记录并对其进行分析。

2）通道失效对 EIRP 影响

通道失效对 EIRP 影响具体测试步骤如下:

（1）在指定方向产生被测波束,测试其 EIRP;

（2）按照失效模式表加入各种失效模式后,再次测量该波束的 EIRP;

（3）重复步骤,记录并对其进行分析。

3）EIRP 稳定度

EIRP 稳定度具体测试步骤如下:

（1）在指定方向形成单波束,对准信标天线,测量并记录功率计功率值;

（2）改变 EIRP 设置,观察功率估计值的变化。

（3）连续长时间记录 EIRP 测试数据,对数据分析处理判断其稳定度。

7.4.3.4　指向精度修订

指向精度测试原理如图 7.10 所示,数字多波束发射和标准接收天线的位置已知。调整转台,使多波束发射天线法线方向对准标准接收天线的电轴中心。

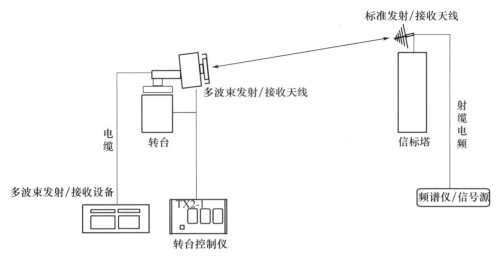

图 7.10　指向精度测试原理

指向精度具体测试步骤如下:

（1）在指定方向产生多个波束;

（2）设置转台方向,使被测波束对准信标;

（3）控制转台方位轴转动,同时使用频谱仪记录波束的方向图数据;

（4）处理方向图数据,得到波束的实际指向;

（5）重复步骤记录实际指向与设置指向。

根据波束指向的实测结果,可获得波束设置指向与实际指向之间的对应关系。将数字多波束天线作用空域内网格化,构建一个关于波束设置指向和实测指向的修正表,在波束形成权值计算是通过查表过程实现对波束指向的修正[13]。

7.4.4　多波束天线接收指标测试方法及步骤

7.4.4.1　接收波束数量

接收波束数量测试具体步骤如下:

（1）连接设备后,设置导航信号模拟源发射 n 颗卫星的导航信号;

（2）接收天线按照预设的方向同时形成 n 个波束;

（3）转动转台,使其中一个波束中心对准信标天线;

（4）通过对接收终端进行参数设置,接收设备进行捕获跟踪和信号解调;

(5)重复实验,直至 n 个波束指向测试完毕。

7.4.4.2 最低接收信号功率

最低接收信号功率测试原理如图 7.11 所示。

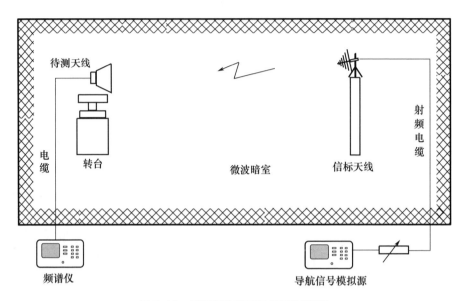

图 7.11 最低接收信号功率测试原理

最低接收信号功率具体测试步骤如下:

(1)设置导航信号模拟源输出单载波信号,同时将衰减器置 0dB;

(2)把信标天线对准待测天线,用待测天线接收信标天线发出的单载波信号,同时利用频谱仪观测接收信号电平;

(3)利用观测信号电平去推算天线口面的信号功率,调整可调衰减器,使天线口面信号电平达到指标要求;

(4)设置导航信号模拟源输出导航信号,设置数字多波束接收设备接收导航信号模拟源输出的导航信号,观察接收处理工作是否正常。

7.4.4.3 接收链路抗干扰

接收链路抗干扰具体测试步骤如下:

(1)搭建数字多波束接收系统测试环境后,旋转转台,使信号入射角为法线方向;

(2)设置导航信号源初始距离,并产生静态模拟信号;

(3)使用多体制干扰源分别输出窄带干扰信号、脉冲干扰信号和带外干扰信号;

(4)将信号源的信号与多体制干扰源的信号进行射频合路,输出给信标天线;

(5)通过本地监控计算机设定接收终端参数和干扰源数量,启动接收处理工作,用数字多波束接收处理捕获跟踪和解调信号,验证在不同干扰状态下接收终端接收是否正常。

参考文献

[1] 郝青儒. 有源多波束天线方向图测试方法研究[J]. 无线电通信技术,2008(5):39-42.

[2] 尹仲琪,彭静英,黄凯冬,等. 时延测量方法的分析与比较[J]. 电讯技术,2006(6):213-216.

[3] 魏海涛,蔚保国,李刚,等. 卫星导航设备时延精密标定方法与测试技术研究[J]. 中国科学:物理学 力学 天文学,2010,40(5):623-627.

[4] 张金涛,易卿武,王振岭,等. 卫星导航设备收发链路时延测量方法研究[J]. 全球定位系统,2011,36(06):25-27.

[5] 韩春好,刘利,赵金贤. 伪距测量的概念、定义与精度评估方法[J]. 宇航学报,2009,30(6):2421-2425.

[6] 李勇,傅德民,李焱明,等. DBF天线的近场测量与模拟分析[J]. 电子测量技术,2009,32(5):141-144.

[7] 韩双林. 卫星导航数字多波束测量系统发射通道时延的调整方法:ZL201611079831.8[P]. 2016-11-30.

[8] 魏海涛. 一种卫星导航接收机设备时延标定方法:ZL201310471015.1[P]. 2013-10-03.

[9] 尹继凯,蔚保国,徐文娟. 数字多波束天线的校准测试方法[J]. 无线电工程,2012,42(2):42-45.

[10] 唐璞,李欣,王建,等. 计算天线相位中心的移动参考点法[J]. 电波科学学报,2005,20(6):725-728.

[11] 翟江鹏. 卫星导航数字多波束发射阵列天线相位中心的标定方法:ZL201210579693.5[P]. 2013-04-24.

[12] 董建明,魏亮,易卿武. 卫星导航测量型天线的相位中心标定[J]. 无线电工程,2014,44(6):47-50.

[13] 蔚保国. 卫星导航数字多波束发射阵列天线指向偏差修正方法:ZL201210579692.0[P]. 2012-12-28.

第8章 结构场站布局与环境控制技术

数字多波束测量系统作为一个大型复杂电子系统,由多个功能和性能不同的分系统构成,各个分系统联合完成系统各项业务工作,为了保证数字多波束测量系统的精度和可靠性,需在场站布局、结构安装、设备散热、安全防护、电磁屏蔽、日常维护、在线维修等方面进行针对性设计,以构建适于系统稳定运行和快捷维护的机房环境。

本章基于数字多波束系统的一般构成,介绍了结构场站布局、工作环境精准控制、维护维修方式等通用设计。结构场站布局方面包括蜂窝式组件桁架、全分散式机房设备一体化、系统电磁兼容设计、三防设计及综合布线设计等;工作环境精准控制方面包括热设计、电应力设计、防雷击、发射机房屏蔽等设计;维护维修方式方面包括蜂窝组件桁架维修、沉降标定维护、除雪风机维护、散热系统维护、天线罩维护等设计。这些设计可保证系统稳定运行及便捷维修。

◢ 8.1 设 计 原 则

系统结构场站布局与环境控制以收发分置、机电协同、自动运行、三化设计为总体设计原则。

(1)场站电磁兼容原则:无论收发同频还是收发异频,无论收发分置还是收发一体,收发系统之间的电磁兼容问题始终是工程实现的核心主题。要特别注重系统收发设备的隔离问题。通常,将发射、接收系统分开布置,从空间距离上提高了系统收发隔离度,提高了系统电磁兼容性。收发分置后收发设备互不影响,也提高了系统维修的方便性以及系统可用性。

(2)工作与维修相互兼容原则:对于24h连续运转的关键设备,通常不允许停机维修。因此,相应的机房设备结构等要遵循边工作边维修的理念设计,以提高系统的在线维修能力。

(3)设备布局与系统散热协同设计原则:大型发射阵列设备散热量大,要将设备散热设计与安装布局综合考虑,既要使设备安装布局合理、易于实现、电性能最优,也要满足系统的散热需求。将机房设计、设备安装、系统散热等协同设计,保证设备布局与散热的兼容性和可实现性。

(4)重量载荷均布原则:大型数字相控阵收发系统设备量大,既要适应阵列天线与射频组件一体化安装需求,又要均衡设备布局,采用以组件为中心、分配网络周边均匀分布的原则,均衡设备重量载荷分布,降低对机房承载的要求,也方便人员对设备的维修更换。

（5）散热载荷均布原则:统筹兼顾设备布局与系统散热设计,使设备散热载荷均衡分布,减少设备工作温度差异,满足设备使用环境的舒适性,提高系统测量性能的稳定性和工作的可靠性。

（6）天线沉降测量与机房协同设计原则:大型收发阵列天线作为高精度无线电测量设备,其相位中心的变化必须能够监视测量,设备安装后不允许拆机测试,机房设计时要设立与相位中心变化等效关联的沉降标识点。沉降标识点要与机房建筑统一设计且具有关联特征和可测试性。

（7）安全防护原则:数字多波束发射系统作为大功率发射设备,基建设计时要做必要的安全辐射设计和隔离屏蔽设计,以满足室内/外工作人员的安全防护,不能对人员产生微波辐射伤害。

（8）三化设计原则:数字多波束系统复杂,设备及结构设计要按照通用化、模块化、系列化、组合化的原则开展设计,使复杂设备简单化、积木化,有利于设备生产、调试测试及集成安装。

8.2　结构场站布局与环境控制相关问题

数字多波束测量系统复杂度高、设备量大、技术先进、工程实现难度大,长期处于在线运行状态,系统的日常运行、维修维护等均对系统结构场站布局与运维环境提出了较高的要求,系统的结构场站布局与运维环境将直接影响系统的服务能力。

数字多波束测量系统作为一套高科技复杂电子系统,具有其专有的技术特征,在系统的结构场站布局、工作环境控制、维护维修设计等方面均提出了特殊的要求。采用更加科学优化的场站布局和结构设计可有效简化系统架构、降低结构设计难度、优化系统的维修维护方式。采用合理有效的工作环境控制手段可有效保证系统的可用性和可靠性。便捷高效的系统维护维修方式可有效降低系统的维修时间间隔、提升系统的可用度。

数字多波束测量系统的安装场地位置应考虑供电、供水、交通方便,避开易燃易爆物品场所,远离强电场、强噪声、强震源等的影响。

8.2.1　结构场站布局的科学合理问题

结构场站布局主要涉及设备机房布局设计、收发设备电磁兼容、系统内部布局及布线等方面。

（1）设备机房布局设计。

数字多波束测量系统的技术体制和设备组成不同于传统的信号收发系统,系统的设备机房布局需要综合考虑设备的电性能指标、结构安装、设备散热、使用维护、安全防护和在线运维等各种要素,既要满足阵列天线安装在房顶、收发组件距离阵列天线要近的需求,又要解决收发阵列的多通道结构布局、组件外围信号分配网络布局、系统内部各功能模块布局、系统内部设备连接关系以及系统散热、综合布线、方便维护等问题。数字多波束收发系统采用"平面阵列 + 收发分置"技术体制设计,需要"机房、电气、设备、结构"综合一体化设计[1]。

(2)收发设备电磁兼容。

数字多波束测量系统包括发射设备、接收设备、数据处理与监控设备等设备。发射阵列天线向空间辐射的功率很大,接收阵列天线接收信号的灵敏度又很低,必须从收发天线间距、收发天线隔离方面考虑系统收发设备间的电磁兼容问题。另一方面,数字多波束发射设备为并行发射通道,阵列天线在空间功率合成后对单阵元发射支路的影响也是需要考虑的问题,因为,阵列天线空间合成信号与单阵元发射支路的工作信号频率相同,隔离设计不好时会产生信号反馈自激。所以,应对系统设备的电磁兼容问题进行科学合理的计算分析和针对性的设计。

(3)系统内部布局及布线。

系统收发链路设备均为并行的有源通道,每个通道从天线至后端设备都连接有射频线缆,同时每个组件还有电源[2]、标校[3]、时频[4]、本振[5]、监控[6]等信号输入。鉴于收发阵列天线安装在机房顶部且要求后端设备距离天线要近,系统设备布局和走线应立体有序、层次分明、来龙去脉清晰、便于设计安装维护。要尽量缩短发馈线的线缆长度,以减少馈线插损,提高系统发射功率。室内地板下要设立频率信号、脉冲信号、动力等线缆专属走线槽。室外跨机房线缆传输要走线缆沟,线缆沟应满足线缆间距隔离、保温、敷设及人员行走等使用或维护需求。

8.2.2 工作环境控制的精准控制问题

按照数字多波束测量系统的组成及设备安装方式,在工作环境控制方面主要涉及组件散热、机房设备工作环境温度控制,同时也要注重设备电源适应性和场站防雷等方面的设计。

(1)组件设备集聚且散热量大。

发射组件是数字多波束设备的核心设备,空间布局紧凑且发热量大,组件散热问题成为工程设计的重要环节,组件散热效果的好坏直接影响着发射设备的稳定性和可靠性。组件散热设计要和组件在天线下方的紧凑布局要求统一兼顾设计,既要满足组件空间布局又要满足散热效果,同时还要兼顾组件的维修便捷性。发射组件是线性电路,随输出功率的大小变化其散热量也有所不同,因此组件的散热设计需要具备一定的温度调控功能,要把组件工作温度控制在较小温度范围内,只有组件工作温度基本保持稳定,才能保证组件时延基本不变,有利于系统测量精度的保持。

(2)机房环境温度控制。

数字多波束测量系统设备均安装在机房内部。系统的测量精度及稳定度也与这些设备的工作稳定性相关,上述设备工作稳定则系统测量精度及稳定性好,反之就会影响系统测量性能。

为保证系统的测量精度,数字多波束发射系统采用"机房、系统、设备"三级散热方式,要建设精密空调机组、组件散热系统、组件热散风道、室内散热出/回风道通等设施,使机房设备的工作环境温度控制在比较恒定的温度范围之内。为保证系统的测量精度及可靠运行,收发机房配置的精密空调设备、组件散热系统要具有自动化控制、运行、监控等智能化运行的能力。

8.2.3　维护维修的简便快捷问题

系统维护维修设计主要涉及系统故障诊断定位、维护维修、地基沉降、防风除雨雪等方面。

（1）系统复杂度高、故障诊断要求高。

运行与维护设计是为确保系统正常运行,监视设备工作参数、监测定位故障,预防各类故障发生所采取的各项措施。良好的运维设计可保障系统正常、连续工作,降低对运维人员的技术要求和数量要求,提高系统的自动化运行程度。

（2）系统组件量大、维护维修要求高。

对一体化发射组件等模块化设计的整机或部件,尽量采取"热拔插"、快卸、快装结构设计,保障设备连续工作的结构形式。设备的操作应进行"开放式"设计,设备面板面向操作人员,力求维护过程简单化、方便化、人性化。在设备故障定位后,维修人员通过对故障通道进行"关机、拆卸、维修、安装、开机、恢复"这样一个相对简单而快速的流程即可完成维护任务。发射机房一体化发射组件安装在接近机房顶部的位置,为保证维修方便和安全,需要在组件桁架上设计维修平台,使设备安装与维护更具良好的可达性、安全性和可操作性。

（3）系统测距准确度高、相位中心漂移敏感。

系统的测距精度除依赖设备的测距性能外,天线相位中心的改变也是一个重要因素。在天线基础的外围设置沉降观测点,并与天线相位中心的变化等效关联。定期对天线沉降观测点进行精密测量,折算出多波束收发天线相位中心的坐标漂移,并将新的坐标数据修正到系统中,以消除相位中心变化对系统测距精度的影响。

（4）系统不间断连续运转,防风除水要及时。

对数字多波束天线加装玻璃纤维天线罩,满足阵列天线的防尘、防风、防雨雪要求。在天线罩外围安装除雪风机,在雪天开启,自动吹走落在天线罩上的积雪,消除积雪对射频信号的影响,确保阵列天线正常运行。

8.3　结构场站布局设计

在进行设备结构场站布局设计时,要把握以下原则:

（1）在满足数字多波束系统需求的前提下充分利用现有场区的保障条件；

（2）数字多波束系统建设不能影响场站内其他系统的正常运行；

（3）数字多波束收发系统需要"机房、电气、设备、结构"综合一体化设计。

8.3.1　机房设备一体化设计

数字多波束系统设备布局安装维护与机房基建设计密切相关，机房内设备布局直接关联机房设计方案。基建设计直接或间接地影响着设备信号传输路径、设备集成方式、系统散热、设备维修维护、电磁防护等诸多方面。必须将设备布局、机房基建设计纳入体系设计中进行统一设计。通过将机房、天线桁架、天线罩及除雪、设备桁架、散热系统、电磁屏蔽、综合布线等进行一体化设计，优化系统内部各功能模块的空间立体布局，解决数字多波束测量系统在设备布局、信号传输、系统布线、系统散热以及电磁防护等工程化实施方面的难题。

1）阵列天线安装

阵列天线采用骨架式结构形式，阵列天线骨架安装在阵列天线的安装模板上。阵列天线安装模板要与房顶建筑进行一体化设计。为保障阵列天线的空间精度，阵列天线的安装基础要整体满足沉降要求。处在机房房顶的发射阵列天线和接收阵列天线，要满足作用空域要求和收发隔离要求。除空间距离隔离外，必要时要在收发机房的房顶建设屏蔽女儿墙或吸波材料隔离墙来保证系统的收发隔离。为保障数字多波束收发天线的全天候工作，需要在接收、发射阵列天线顶部覆盖安装天线罩。根据设备地点气候条件，必要时要在天线罩周围设立除雪风机、风管等除雪设施。

2）机房布局

通常，发射和接收设备安装在两个独立的机房内，机房间距要满足收发设备正常工作的电磁兼容要求。

在收发机房室内，对应天线几何中心的下方，要尽可能地缩短天线和收发组件的安装距离，减少收发馈线的长度，以降低馈线差损。在发射组件的周围或下方区域，安装组件所需的外围信号设备。每种组件外围信号设备的结构形式可采用机柜式安装或架高桁架式安装方式。对于接收设备，可在接收组件下方采用机柜式安装方式。一般情况下，大型发射阵列设备通道数量大，采用架高桁架式安装方式，既保证了天线与组件设备的短距离连接，又方便了组件与外围信号设备的连接。

为保证设备工作环境温度，在设备机房的侧部房间安装精密空调，精密空调和设备间通过送/回风管道连接，可完成设备间的环境降温，以保证设备机房内设备的工作环境温度。

8.3.2　系统电磁兼容设计

8.3.2.1　电磁兼容概述[7]

随着现代科学技术的飞速发展，各种各样的电气及电子设备层出不穷，其数量及种类的不断增加,使空间的电磁环境日益复杂和恶化。在这种环境下,如何减少电气及电子设备相互之间的电磁骚扰,使各种设备能够保持正常工作,是一个亟待解决的问题;另一方面,恶劣的电磁环境也会对人类及生态产生不良的影响。

1)电磁骚扰

人们很早以前就已发现了电磁干扰(EMI)问题。研究电磁骚扰的历程如下:

(1)1831 年法拉第发现了在变化的磁场中的导线会产生感应电动势;

(2)1864 年麦克斯韦发现了变化的电场将激发出变化的磁场,并由此得出存在电磁波的预言,为电磁骚扰的存在奠定了理论基础;

(3)1881 年英国科学家希维赛德发表了《论干扰》的文章;

(4)1887 年柏林电器协会成立了"全部干扰问题委员会";

(5)1888 年赫兹在实验室证明了电磁波的存在,同时也指出了各种打火系统会向空间辐射电磁骚扰,从此开始了对电磁骚扰问题的实验研究;

(6)1889 年英国邮电部门研究了通信骚扰问题,同年美国《电子世界》杂志也刊登了电磁感应方面的有关论文;

(7)1933 年有关组织在法国巴黎举行了一次特别会议,研究探讨了如何处理国际性无线电骚扰问题,与会者认为需要在无线电骚扰的测试方法和限值方面制定一个统一的国际标准;

(8)1934 年 6 月 28 日至 30 日在巴黎举行了国际无线电干扰特别委员会(CISPR)第一次正式会议,从此开始了世界性有组织的对电磁骚扰及其控制技术的研究。

电磁骚扰是指任何可能引起装置、设备或系统性能降低,或者对生命或无生命物质产生损害作用的电磁现象。电磁干扰是指电磁骚扰引起的设备、传输通道或系统性能的下降。电磁骚扰是客观存在的一种物理现象,电磁干扰是由电磁骚扰引起的后果。

2)电磁兼容

电磁兼容研究是在有限的空间、时间和频谱等条件下,各种电气及电子设备可以共存,不会引起性能降级的一门科学研究,它的含义有以下三方面:

(1)电磁环境是可预期的或给定的;

(2)各种电气及电子设备产生的电磁发射不应超出标准或规范所规定的限值;

(3)各种电气及电子设备的电磁敏感性或抗扰度要满足标准或规范所规定的要求。

形成电磁干扰必须具备以下三个条件:

(1)电磁骚扰源是指其发射的电磁能量,能使共享同一环境的人或其他生物受到伤害,或使其他设备、分系统或系统发生电磁危害,导致性能降级或失效的任何形式的自然或电能装置;

(2)耦合途径,即传输电磁骚扰的通路或媒介;

(3)敏感设备是指当受到电磁骚扰源所发射的电磁能量的作用时,会受到伤害的人或其他生物,以及会发生电磁伤害,导致性能降低或失效的器件、设备、分系统或系统。许多器件、设备、分系统或系统可以既是电磁骚扰源又是敏感设备。

3）电磁兼容设计的目的和目标

电磁兼容设计的目的是使所设计的电气及电子设备能在预期的电磁环境中实现电磁兼容，能够在预期的电磁环境中正常工作，性能不降低或失效，同时也不会成为所处环境的一个电磁骚扰源。

电磁兼容设计的目标是实现电磁兼容指标要求并通过电磁兼容试验和认证。

4）电磁兼容设计的基本内容

在电气及电子设备的研究设计开发中，要充分考虑设备所处的电磁工作环境，采取正确合理的预防手段，减少设备本身的电磁发射。

电磁兼容设计主要是对系统间、系统内部的电磁兼容性进行识别、分析、预测、控制、消除、评估，实现电磁兼容和最佳效费比。

系统间的电磁骚扰控制主要是对有用信号的控制、人为骚扰的控制和自然骚扰源的管理。对有用信号的控制包括对频率频谱的优化管理、发射功率的管理、发射波束指向和极化的管理、天线间距的管理、使用时间地点的管理等方面。对人为骚扰的控制包括发射信号谐波和乱真发射、高压输电线、周围其他工业科研医疗电子设备等，这些设备要用电磁兼容的相关标准来控制。对自然骚扰源我们无法控制，只能在系统设计时加以规避，采取适当的方式方法来解决。

系统内部的电磁兼容控制主要是采取避让设计、元器件选型、滤波、屏蔽、布线、设备合理布局以及良好接地等措施。

5）电磁兼容设计的效费比

在设计之初，进行良好的电气电路设计和电磁兼容并行设计，能有效消除和抑制电磁骚扰源的产生和危害，有效率可达90%以上，为系统电磁兼容奠定良好的基础。反之，在系统设计定型完成后再进行整改，就会花费很大的代价，效费比如图 8.1 所示。

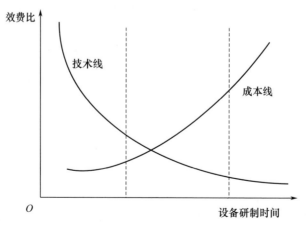

图 8.1 效费比

6）电磁兼容设计的方法

电磁兼容涉及电磁能量的传递、辐射和接收，电磁干扰源向外辐射能量，通过一定的耦合途径被敏感设备接收，电磁干扰源、耦合途径、接收敏感设备是构成电磁兼容问题的三个根本因素。只有三个因素同时存在，才能产生电磁兼容问题，解决电磁兼容的方法就是通常所用的滤波、隔离、屏蔽和良好接地。因此，在解决电磁兼容问题时，要结合产品特性进行分析研究，从电磁干扰源、耦合途径、接收敏感设备着手，分析如何有效削弱干扰源的能量、消除或者削弱干扰耦合途径、提高接收敏感设备的抗干扰能力，需要结合设备的状态、所处环境，采取适当有效的措施，消除三个因素中的一项或多项。

电磁兼容设计的基本方法为：①进行指标分配；②进行功能分块设计。

（1）明确系统的电磁兼容性（EMC）指标。所设计的系统在多强的电磁干扰环境中应能正常工作；控制系统干扰其他系统的允许指标。

（2）在了解所设计的系统干扰源、被干扰对象、干扰的耦合途径的基础上，通过理论分析将这些指标逐级地分配到各分系统、子系统和单元电路上。

（3）根据实际情况采取相应措施抑制干扰源，隔断干扰途径，提高电路的抗干扰能力。

（4）通过实验来验证是否达到了原定的指标要求，若未达到则进一步采取措施，循环多次，直到最后达到原定指标为止。

EMC 试验的分类如图 8.2 所示。

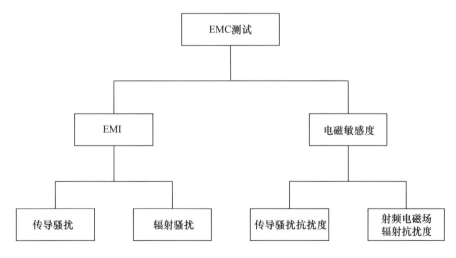

图 8.2　EMC 试验的分类

8.3.2.2　电磁兼容的内涵

对 EMC 的定义：设备、分系统、系统在共同的电磁环境中能够一起执行各自功能的共存状态。包括以下两个方面：

（1）设备、分系统、系统在预定的电磁环境中运行时,可按照规定的安全冗余度设计工作性能,且不因电磁干扰而受损或产生不可接受的降级。

（2）设备、分系统、系统在预定的电磁环境中正常地工作且不会给环境(或其他设备)带来不可接受的电磁干扰。

随着电子技术、电子信息领域的快速发展,各种性能先进的电子技术被广泛应用到航天测控、卫星导航等军事和民用领域,然而电子设备的大量应用也使电磁环境逐步恶化,各种电磁设备增多给电子设备正常工作带来了巨大的威胁,这对设备的电磁兼容设计提出了更高的要求。

8.3.2.3　电磁兼容在工程设计中要考虑的因素

电磁兼容设计是保障系统、电路元件在规定工作环境中能按要求正常工作的重要环节。任何电路或设备不允许因电磁干扰而造成失效或性能恶化,也不允许因辐射或传导而对其他设备造成有害干扰。

对于数字多波束测量系统而言,在进行场站布局设计时,首先要考虑系统内部、场站内系统间的电磁兼容问题。除要对设备内部的收发信号进行电磁兼容计算外,还要与场站内的其他设备进行电磁兼容计算。依据计算结果并采取相应的措施后,才能使数字多波束测量系统互不影响,数字多波束系统与场站内的其他设备互不影响。

在工程中要考虑的电磁兼容因素主要包括以下八个方面:

1）收发同频干扰

收发同频干扰是指场站内所有的发射信号发射频谱中包含的、与接收频率相同的频谱成分或热噪声对接收设备的干扰。

对于扩频发射信号,其发射频谱的频率成分很丰富,随经射频滤波器、中频滤波器、数字滤波器等频率选择手段进行滤波,但在发射频谱中还或多或少地包含接收频率成分。对于数字多波束收发系统来说,系统的收发频率很接近、相差只有几十兆赫兹,发射功率大、接收灵敏度电平很低,基于这样的现状,进行收发同频干扰计算就显得尤为重要。

2）收发异频干扰

收发异频干扰是指场站内所有的发射频率被接收天线接收后,被接收机场放放大,对接收机造成的干扰。

数字多波束发射设备的波束形成是空间功率合成、波束指向改变是电扫描、发射功率很大,其发射功率除在天线主瓣方向向空间卫星辐射外,也通过天线副瓣向场内的接收天线辐射,该辐射功率被接收天线接收后,虽经空间衰减、场放前预选滤波器滤波,但仍有发射功率落入接收机场放被放大,对接收机造成干扰。这种干扰的容忍条件是:不使场放饱和、场放工作在线性状态。

3）收发天线隔离

在完成数字多波束收发系统设备设计后,设备本身对场站的收发同频干扰、收发异频干扰的抑制需求就基本确定了,该抑制需求的满足主要靠设备设计的抑制性能和拉开收发天线间距、增加收发天线空间隔离来保证。

4）女儿墙隔离

数字多波束天线不同于传统的抛物面天线设备,为满足波束向空间的电扫描,其安装部位均在设备机房的房顶上。基于机房建设规范,机房房顶必须要建设女儿墙来保护房顶人员工作安全、在女儿墙上布设防雷带来满足建筑物的防雷安全。

基于机房建筑物的建设规范,如果在房顶女儿墙内布设屏蔽材料,使其满足一定的屏蔽性能,就为收发天线的隔离贡献了一份力量,这是一举两得的有效措施。

5）室内人员防护

数字多波束发射设备为多通道并行发射,发射通道的功放模块安装在发射组件内部,发射组件又安装在室内。数字多波束发射设备工作时,众多功放会向机房内泄漏微波辐射,这些微波辐射对室内人员的伤害也是要考虑的问题。

6）场站内人员防护

数字多波束发射设备发射功率大,除在天线主瓣方向向空间卫星辐射功率外,也通过天线副瓣向场站内进行辐射,这就有可能会对场站内人员进行伤害。

7）室内设备隔离

数字多波束发射设备组成复杂、设备众多、发射功率大,要特别注意设备间的相互干扰,尤其是集中布放、含有功放模块的多通道发射组件,它们之间的相互干扰是要重点考虑的问题。

8）安全防护

为防止发射天线发射的大功率电磁波泄漏到发射机房内、对室内/外工作人员产生微波辐射伤害或对室内设备产生干扰,发射机房应设计为屏蔽机房。

在上述几个因素中,收发同频抑制和收发异频抑制除去设备本身的抑制性能外,只能靠拉开收发天线的空间距离来满足;女儿墙隔离是房顶女儿墙体的设计屏蔽性能,是一个不变因素。在进行设备天线布局时,在分别完成收发同频抑制、收发异频抑制所需的空间距离后,取最大距离值即可。

8.3.3　场站收发隔离计算方法

根据场站内各系统设备的天线增益、工作频率、发射功率、接收灵敏度电平等参数,可计算它们相互之间的最小安全距离,满足设备的电磁兼容即可。

设备间的电磁兼容计算分为两部分:一是接收天线接收的来自发射天线辐射的发射信号,不要使接收信道的场放饱和(即异频干扰);二是接收天线接收的来自发射信号中含有的接收频率成分或热噪声信号(即同频干扰),不要影响接收机的性能指标。

收发天线的增益按标称值计算。

在设备机房设计中,为降低多波束发射设备对周围接收设备的干扰、多波束接收设备受到周围发射设备的干扰,采取了在多波束收/发天线周边加女儿墙隔离的措施,女儿墙与大地相连,如图8.3所示。

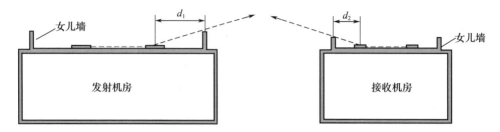

图8.3　天线女儿墙结构示意图

女儿墙的高度以不影响收/发天线最低仰角的工作为准。随它们与天线距离(d_1和d_2)的增大,其高度可增加。

8.3.3.1　异频干扰计算方法

梳理场站内发射设备的工作频率、发射功率、发射天线增益方向图;梳理场站内接收设备的工作频率、接收天线增益方向图、接收灵敏度、场放前的馈线插损,收发天线间距等数据。

设接收信道场放输出电平为P_0,则

$$P_0 = P_1 - G_1 - R_1 + G_2 - L_1 - G_3 + G_4 \leqslant P_{-1} \tag{8.1}$$

式中:P_1为发射天线在接收天线方向的发射 EIRP;G_1为收发女儿墙隔离增益;R_1为空间隔离距离;G_2为接收天线在发射天线方向的增益;L_1为接收馈线插损;G_3为接收信道预选器的抑制;G_4为场放增益;P_{-1}为场放电平。

则满足抗异频干扰的发射/接收天线的空间隔离为

$$R_1 = P_1 - G_1 + G_2 - L_1 - G_3 + G_4 - P_{-1} \tag{8.2}$$

上述计算中的各参数单位均为 dB;收发女儿墙隔离增益(G_1),收发都有时取20dB,单发(收)时取10dB。

根据上面计算出所需的空间隔离值后,利用公式:

$$R_1 = 32.4 + 20\lg R + 20\lg f$$

式中:R为发射/接收天线的空间距离(km);f为信号频率(MHz)。反算出R即可得到满足异频干扰的最小设备间距。

8.3.3.2　同频干扰计算方法

数字多波束接收天线设备工作在室温条件下,按照常温计算,其场放入口热噪声为-205dBW/Hz,接收机带宽为B(MHz),则接收机场放入口的热噪声电平$P_n = (-205 + 10\log B)$dBW。

数字多波束接收天线口面信号电平为$P_{口面}$(dBW),阵元天线增益为$G_{阵元}$(dB),接收信号到达场放入口的信号电平$P_收 = P_{口面} + G_{阵元}$。

比较P_n和$P_收$的大小,可看出数字多波束接收信号的信噪比是正信噪比还是负信噪比。在进行同频干扰计算时:如果是负信噪比,则同频干扰到达数字多波束接收场放入口的电平要比 P_n 低 10dB 为宜;如果是正信噪比,则同频干扰到达数字多波束接收场放入口的电平要比 $P_{收}$ 低 10dB 为宜。

假如数字多波束接收为负信噪比,为保证系统的接收灵敏度,同频干扰到达数字多波束接收场放入口的电平取比噪声电平低 10dB,即为 $P_n - 10(\text{dBW})$。

则同频干扰到达数字多波束接收场放入口的电平

$$P_n - 10 = P_2 - G_1 - R_2 + G_2 - L_1 \tag{8.3}$$

式中:P_2 为发射频谱中包含的同频干扰在接收天线方向的发射 EIRP;G_1 为收发女儿墙隔离增益;G_2 为接收天线在发射天线方向的增益;L_1 为接收馈线的插损。

则满足抗同频干扰的发射/接收天线的空间隔离距离 R_2 为

$$R_2 = P_2 - G_1 + G_2 - L_1 - P_n + 10 \tag{8.4}$$

根据需求得出所需的空间隔离值后,利用

$$R_2 = 32.4 + 20\lg R + 20\lg f \tag{8.5}$$

反算出 R 即可得到满足同频干扰的最小设备间距,其中:R 的单位为 km;f 的单位为 MHz。

(1) 数字多波束设备的发射信号为扩频信号,基带输出的原始扩频信号在接收频带附近的频谱分量要比主谱低。在发射信道设计中,发射终端输出端、上变频器输出端、功放输出端均加有相应的滤波器,用来抑制同频干扰,发射信道对同频干扰分量的抑制记为 $A(\text{dB})$,因此,式(8.4)中 P_2 的取值为发射信号在接收天线方向的发射 EIRP(P_2)与 A 之差。

(2) 上述计算中的各参数单位均为 dB。

(3) 收发女儿墙隔离增益(G_1)根据经验取值。

综合 8.3.3.1 小节和 8.3.3.2 小节计算出的 R_1、R_2 值,按其中的最大距离值布放数字多波束收发天线,即可避免系统内部产生同频/异频干扰。

如果场站内还有其他无线电信号收发设备,数字多波束设备与它们之间的干扰计算可参照同样的方法进行计算。

8.3.3.3　人员安全计算

(1) 数字多波束室内微波辐射。

数字多波束发射设备的参数如下:单通道功放输出功率为 $P_{功放}$;功放屏蔽盒、微波射频电缆的屏蔽效果为 A;为形成一体化发射组件散热通道而形成的封闭式金属静压箱的屏蔽效果为 B。则单通道功放发生的微波辐射

$$P_{单辐射} = P_{功放} - A$$

单通道功放在静压箱处发生的微波辐射

$$P_{单压辐射} = P_{功放} - A - B$$

数字多波束发射设备共有 N 通道,按最坏的同频同相考虑,N 通道的微波辐射增益为 $20\lg N$,则 N 通道功放在静压箱处发生的微波辐射为

$$P_{N压辐射} = P_{功放} - A - B + 20\log N \qquad (8.6)$$

考虑路径损耗的影响,并加入修正因子 S,求得距离发射组件设备静压箱外 R 处的最大辐射功率为

$$P = P_{功放} - A - B + 20\log N - 32.4 - 20\log(R) - 20\log(F) + S \qquad (8.7)$$

式中: F 为辐射频率; $S = -10\log\dfrac{\lambda^2}{4\pi}$。

取 P 为国家规定的微波辐射安全标准(室内电磁辐射 $\leqslant 0.3\,\mathrm{W/m^2}$),反算出距离 R,即可得到在距离发射组件设备静压箱 R 处以外的地方均为室内安全区域。

在上述计算中,注意全部数值的单位为 dB。

(2) 数字多波束天线室外微波辐射。

数字多波束发射天线的微波辐射参照抛物面天线计算方法,假设数字多波束发射天线等效抛物面天线口径为 A(m),如图8.4所示。

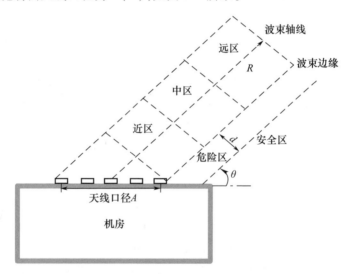

图 8.4　数字多波束发射天线安全区

数字多波束发射天线辐射场的特性与距天线口面的距离有关,并与工作频率、偏轴角度、主副反射器结构、场地环境等相关。辐射区内的通量密度一般采用经验公式做近似计算:

(1) 近区:满足 $R \leqslant 0.283D^2/\lambda$ 时为近区,通量密度 $\phi_1 = 3.93P\eta/D^2\,(\mathrm{mW/cm^2})$。

(2) 中区:满足 $R \leqslant 2D^2/\lambda$ 时为中区,通量密度 $\phi_2 = 0.0785P\eta/D^2\,(\mathrm{mW/cm^2})$。

(3) 远区:满足 $R \geqslant 2D^2/\lambda$ 时为远区,通量密度 $\phi_1 = P\eta G/(10\pi R^2)\,(\mathrm{mW/cm^2})$。

其中: P 为天线馈源的辐射功率(W); D 为天线口径(m); η 为天线效率; R 为轴向距离(m); G 为天线轴向增益(dB)。

设数字多波束发射天线的增益为 G,天线口径为 A,波束仰角为 θ,天线效率为 η,则 $P = \mathrm{EIRP} - G$, $D = A\sin\theta$。

根据数字多波束发射设备的工作频率,算出波长 λ 带入上面经验公式,即可得到近区、中区、远区的距离和通量密度,从而得到数字多波束天线室外微波辐射的安全区域。

(3) 数字多波束发射天线管状波束外安全区计算。

管状波束外,离轴功率密度按每半径 r 衰减 12dB,则

$$\varphi_d = 3.93 \times \frac{P}{D^2} \times K_r \eta \times 10^{-\frac{2.4d}{D}} \quad (\text{mW/cm}^2) \tag{8.8}$$

式中:φ_d 为管状波束外的离轴功率密度;d 为观察点至圆柱体波束边缘处距离(m);P 为天线馈源的辐射功率(W);D 为天线口径(m);η 为天线效率;$K_r = 0.32$。

根据式(8.8),以微波辐射标准 0.3W/m^2 为目标值,即可得到安全的距离值 d。

8.3.3.4　其他电磁兼容措施

对于低仰角波束变宽的数字多波束发射系统,除采取严格的场站、人员电磁兼容计算外,在机房设计中还要采取一系列的屏蔽措施来保证系统的安全工作。

1) 机房屏蔽

发射机房采用整体屏蔽设计,出入门采用屏蔽门,信号出入口采用光电转换过渡,供配电采用穿墙滤波器。机房屏蔽方法可采用钢板屏蔽或在水泥墙内埋设多目金属网,无论采用哪种方式,都要满足屏蔽要求,并且机房屏蔽体要与建筑物的大地接地网良好连接。

2) 房顶女儿墙屏蔽

机房女儿墙结构为水泥墙内夹多目金属网或钢板,金属网或钢板应与机房室内屏蔽的顶面屏蔽体良好连接,并与建筑物的大地接地网良好连接。

3) 防雷接地

发射和接收机房顶部要实施避雷措施,避雷针采用玻璃钢管支撑带金属引下线方式,金属引下线与建筑物的大地接地网良好连接。避雷针可选择安装在导航卫星出现概率最低的方向,避雷针高度、与天线的距离要设计合理,尽量减小对波束信号传输的影响。机房设备的交流供电、安全保护、防雷接地等措施要完善,且要良好地接地。

4) 结构及布线电磁兼容性措施

(1) 在设备布局时,在保证整体安装效果合理的情况下,尽量增大可能产生相互干扰设备之间的距离。

(2) 信号传输电缆,要采用屏蔽性能好的电缆。

(3) 设备电缆敷设时:收/发线缆、传输频率相近的电缆尽量增加间距;对易受干扰或需要发射屏蔽的线缆,必要时增加防波套;避免电源电缆和信号电缆相互接近或处于同一线扎中;电源线应尽可能短。

(4) 机柜电源要加电源滤波器后再给设备使用。

(5) 系统中的硬件设备和终端设备,采用机柜、机箱、屏蔽盒三级屏蔽设计,以减

少设备间的干扰。

(6) 信道射频模块采用铝板铣削加工,增加盒体与盖板连接螺钉密度,提高结合面表面粗糙度,最大限度地减小微波泄漏缝隙;对于电磁兼容要求高的设备屏蔽盒,可采用盖板与盒体之间加导电橡胶等措施来提高屏蔽性。

(7) 对于如变频器设备、由两个以上功能模块单元组成的屏蔽盒,盒体采用分腔结构,减少单元之间的信号串扰。

8.3.4 系统三防设计

为保证系统设备在要求的环境下能正常工作,应对组成设备的所有结构件进行表面镀涂和化学处理。选用合适的零件材料,设计合理的零件结构,利用成熟的镀涂工艺技术来满足系统设备的三防要求。

对于机房室内工作的设备,由于环境条件较好,利用成熟的镀涂工艺技术就能很好地解决三防问题。

对于室外设备,影响设备使用寿命的主要因素是锈蚀问题。应针对设备安装在我国不同地区,气候条件相差较大的情况,对设备的温度、湿度、防风、防沙、防雨、防雷等环境适应性做出针对性的设计,满足设备三防要求。

8.3.5 综合布局布线设计

数字多波束发射设备无论采用机柜式设计还是桁架式结构设计,由于设备数量众多,连接关系复杂,就对系统综合布局布线提出了更高的要求。

8.3.5.1 时频信号线缆布局布线

数字多波束系统对外接口中,包括场站提供的时频信号,由地面站送来的高精度时频信号是保证数字多波束设备正常工作的必要条件。

按照传统的场站布局走线方案,时频信号的传输方法为:时频信号从场站时频系统输出,经地沟送至机房设备的时频总节点;时频总节点的时频分配设备对信号进行放大分路后,经防静电架空地板下的走线槽送到使用设备。

8.3.5.2 电源系统线缆布局布线

传统的场站设备供电方案为:场站电源系统送出的动力线缆经室外动力线缆沟送至机房内的配电柜;室内配电柜分路引出的供电线缆,通过防静电地板下的电源线缆屏蔽走线槽送至各用电设备下方后,供设备使用。

8.3.5.3 设备线缆布局布线

数字多波束发射设备为并行多通道发射设备,在结构布局上要求发射功放距离天线单元要近,以减少发射馈线的插损,提高系统发射效率,减少系统耗电量。鉴于此需求,数字多波束发射系统的设备布局和基建建设需统一考虑,采用"分散式"桁架设备布局、采用机电一体化设计理念来安排设备布局和机房建设。

在进行设备走线时,要遵循以下两个原则:

（1）注重组件设备与外围设备的对应关系,每种信号线缆尽量走在一起,并做好标识,使整个系统走线在总体上具备种类清晰、立体有序、分组明确、来龙去脉清楚,便于线缆的安装、查找和维修测试。

（2）数字多波束系统所需的信号种类多,除高低频信号线缆外,还有脉冲、网线、电源、监控等线缆。在线缆布设时要做到走线横平竖直、高低频线缆分开、频率与脉冲分开、电源线尽量单独布设,尽量避免线缆间信号的串扰和相互干扰。

8.3.5.4　散热设备线缆布局布线

发射组件集中安装在组件桁架上,结构紧凑,并且在工作时会产生较大的热量,为保证设备的正常工作以及设备零值的稳定性,必须要把组件功放产生的热量散出去,使之工作在一个相对恒定的温度环境下。

一体化发射组件散热系统包括落地安装的散热控制和电源机柜、多个安装在组件桁架上的散热风机组和散热控制计算机。

散热控制和电源机柜为安装在组件桁架上的多个散热风机提供电力和转速控制信息,多个散热风机均分在组件桁架的两边。散热机柜与组件散热风机采用线缆连接,从散热机柜输出的线缆穿地板走线孔后引到地板下的地面走线槽,走到组件桁架立柱处后向上,穿地板走线口、沿组件桁架立柱向上到散热风机处,再沿水平方向前行并逐一分叉连接到每个散热风机。两台散热控制计算机与两个散热机柜的连接线缆为连接,其连接线缆布线按照传统的地板下走线方式布设。

8.4　工作环境精确控制设计

安装场站条件包括高寒、高湿、高温、高盐及多雷地域,数字多波束测量系统环境适应性设计的优劣将直接影响着系统能否连续稳定可靠运行,影响其工作的可靠性。

充分考虑设备运行的温湿度、防风、耐雨、抗震、防尘、抗盐雾等环境要求,尤其对于高寒、高湿、高温、高盐、多雷等环境,要采取诸如安装防护罩、采用宽温电缆、增加散热模块、表面防腐蚀处理等相应的防护措施。

8.4.1　热设计

温度控制设计是军用电子设备环境适应性设计的重要内容,温度试验也是设备可靠性试验的重要项目。在数字多波束测量系统中,大部分功耗都以热能形式散发出来,会引起设备内部温度的升高,根据 10℃ 法则可知:环境温度每增加 10℃,可靠性降低 50%。因此,设计时首先需要分析系统中各子系统、各分机的设备安装、结构布局,了解设备各组成单元的允许温升、设备内部的热流密度以及温度场的分布情况,以此来确定设备所需采用的温度控制方法与措施。

1）发射组件热设计

发射组件是系统散热主体,必须采取有效的散热措施,才能保证组件的长寿命和高可靠。在散热方式上可选择风冷和液冷。液冷方式需要在组件结构上构建液冷导通及回流槽,需要有液体流动才能把热量导出去,如果液冷流通回路出现泄漏,则容易造成设备腐蚀;采用风冷方式,没有漏液隐患,但要设计散热风道,会使设备的布局比较松散。

一般对于要求连续24h工作的大型阵列系统,采用风道式风冷散热。功放模块在具体设计时可将功率管直接固定在底板或散热器上,热量传至散热器后由冷却风带走,在风道设计上以行(或列)作为一个整体来设计散热通道,可利用热分析软件建模[8-10],对其进行计算机仿真热分析,力求优化工程设计。

对于不要求连续24h工作的大型阵列系统,由于具备空闲维修时间,也可采用液冷散热。功放模块在具体设计时将功率管直接固定在底板或散热器上,热量传至散热器后由冷液带走,这样设计可使设备的体积小些,便于系统集成设计和车载式安装。

2)射频前端的热设计

通常射频前端体积小,且其热耗散功率较小,在配置精密空调的室内环境中,利用自然冷却的方式进行散热即可满足需求。

3)其他电气单元的热设计

可以利用软件进行热分析仿真,从而优化工程设计。针对不同情况可采取相应的结构热设计措施,包括:采用换热器、导热条等散热技术;对发热量大的机箱不装侧板;将发热量较大的元器件或组件均匀分布,避免间隙过小,影响空气流通;合理设计风道,合理开散热孔;对关键部位的器件散热进行热分析仿真,配置小型风扇等强迫风冷。

8.4.2　电应力设计

电源系统安全可靠的运行是确保系统正常运行的首要条件,因此要求电源系统在部分设备发生故障时仍能保证供电不中断。为了确保系统可靠供电,一般采取双市电加油机的供电配置。首先,可采用市电供电,双市电配置进步提高了市电供电的可靠性;其次,可采用市电与油机互为备份,当双市电不正常时,要求油机自动启动。对于重要设备,还要采用UPS供电,加适量的后备电池,以保证设备不断电。

对于外部供电条件(UPS,220V,50Hz),数字多波束测量系统各级设备均应实施相关的设计措施,以保证供电条件在合理的变化范围内仍能正常工作。另外,系统设备自身应设计有一定的断电保护手段,使得外部供电条件变化超出正常范围时,不致损伤系统设备自身。

系统电应力设计主要考虑电源过压、过流、接地、防静电等内容。主要措施如下:

(1)供配电入口需设置过压、过流保护装置,在各机柜电源中串入电源滤波器、漏电保护器、熔断丝等保护装置;

(2)所有设备需采取可靠接地措施,使设备与电源地、安全地等电位连接;

(3)系统地需用导电性能好、宽厚比大的铜带或铜丝编制带,并牢固地搭接在接地极上,确保地线跨接电阻小,地线在机房内呈开放式布置;

(4)信号地、电源地、避雷地在末端连在一起,以避免通过地线耦合引入干扰,通

常信号地接地电阻不大于 1Ω,电源地接地电阻不大于 2Ω,避雷地接地电阻不大于 4Ω;

（5）机房内地板采用防静电地板设计,机房入口设置人员静电释放装置,避免人体产生的静电对设备产生危害。

8.4.3　防雷击设计

按照 GB 50689—2011《通信局(站)防雷与接地工程设计规范》[11]进行设计,充分考虑直击雷和感应雷的设备防护要求,采取安装避雷针、联合接地、加装浪涌保护器(SPD)等相应防雷措施。设备机架机壳应完全接地,电源线应具有接地线。

8.4.3.1　雷击危害

雷电对电气设备的影响主要由以下几个方面造成:

（1）直击雷。直击雷蕴含极大的能量,电压峰值可达 5000kV,具有极大的破坏力。如建筑物直接被雷电击中,巨大的雷电流沿引下线入地,会造成以下三种影响:

① 巨大的雷电流在数微秒时间内流入地下,使地电位迅速抬高,造成反击事故,危害人身和设备安全;

② 雷电流产生强大的电磁波,在电源线和信号线上感应极高的脉冲电压;

③ 雷电流流经电气设备产生极高的热量,造成火灾或爆炸事故。

（2）传导雷。远处的雷电击中线路或因电磁感应产生的极高电压,由室外电源线路和通信线路传至建筑物内,损坏电气设备。

（3）感应雷。云层之间的频繁放电产生强大的电磁波,在电源线和信号线上感应极高的脉冲电压,峰值可达 50kV。

（4）开关过电压。供电系统中的电感性和电容性负载开启或断开、地极短路、电源线路短路等,都能在电源线路上产生高压脉冲,其脉冲电压可达到线电压的 3.5 倍,从而损坏设备。破坏效果与雷击类似。

（5）地电位反击。直击雷电流在数微秒时间内经过接闪器、引下线、接地装置而泄放入地,使地电位迅速抬高,高电压由设备的接地线引入电子设备,造成反击事故,危害人身和设备安全。

8.4.3.2　防雷措施

1）供配电及信号线防雷

低压电源经电缆引入室内低压配电柜,配电柜连接浪涌电源防雷器,用以防止供电回路的过电压对设备造成损坏,对设备进行一级防护。

对于交流分配电,在 UPS 前端加装防雷模块,对设备进行二级保护。

对于重要通信设备、与室外设备相连的设备,在信号输入端加装信号防雷器。

SPD 是一种具有非线性特点的,用以限制瞬态过电压和引导泄放电涌电流的一种防护器具,通常可以在以下部位根据实际情况考虑加装:

（1）在电源输入端口加装电源 B + C 级 SPD;

（2）在控制线缆输入端口加装两级保护信号 SPD;

（3）在中频信号线缆输入端口加装信号 SPD；

（4）在射频信号输入端口加装 SPD。

2）防雷接地

室内所有设备防雷接地线接到共用接地排上，接地排与站内接地网相连接（焊接）。

接地系统是影响信息系统稳定、安全、可靠运行的一个重要环节，为了设备的稳定工作，需要有一个接地参考点。接地系统基本分为两种形式：一是独立接地；二是与其他接地系统共用。独立接地的优点是可以避免干扰和引入高电位；缺点是容易产生电位差而造成反击事故，对接地电阻值有明确要求。共用接地的优点是避免产生电位差而造成反击事故，可以忽略对接地电阻值的要求；缺点是容易产生干扰和引入高电位。

机房一般具有以下几种接地：交流电源地、安全保护地、信号地、防雷保护地（处在有防雷设施的建筑群中可不设此地）。

随着建筑物面积和高度的增大，功能性地与保护性地的分离已越来越困难，同时使用多个接地系统必然在建筑物内引进不同的电位差导致设备出现故障或损坏，共用接地系统已为国际标准采用，将机房的交流工作地、安全保护地、静电泄漏地进行综合接地（即等电位联结）。机房的防雷在机房的进线柜处设浪涌防雷器，不做专门防雷接地。

等电位连接形式主要分为 S 型（单点接地）和 M 型（多点接地）两种形式，特殊情况可以形成 S、M 混合形式。

1）S 型接地形式

S 型接地形式是指在一个线路中，只有一个物理点被定义为接地基准点（ERP），应避免使地线构成回路。适合于低频设备系统（3MHz 以下）。

当采用 S 型等电位接地形式时，信息系统的所有金属组件，除等电位连接点外，应与共用接地系统的各组件有大于 10kV 的绝缘。S 型等电位连接网络可用于相对较小、限定于局部的系统，而且所有设施管线和电缆宜从 ERP 处进入该信息系统。S 型等电位连接网络应仅通过唯一的一点，即接地基准点 ERP 组合到共用接地系统中去形成 Ss 型等电位连接。

2）M 型接地形式

M 型接地形式是指某一个系统中，各个接地点（EPP）都直接接至距它最近的接地平面上，以使接地引线长度最短。当采用 M 型接地形式时，设备内部就存在许多接地回路，要求接地系统的质量要高。在多点串联的接地系统中，串联的顺序尽可能由小信号电路单元向大信号电路单元移动，这样可以避免大信号对小信号的影响。

当采用 M 型等电位连接网络时，系统的各金属组件不应与共用接地系统各组件绝缘。M 型等电位连接网络应通过多点连接组合到共用接地系统中去，并形成 Mm

型等电位连接。M 型等电位连接网络宜用于延伸较大的开环系统,而且在设备之间敷设许多线路和电缆,设施和电缆从若干点进入该信息系统。

8.4.4　发射机房屏蔽设计

发射机房屏蔽的主要作用是防止天线发射电磁波泄漏到室内,对室内工作人员产生微波辐射伤害,同时也防止外界强电磁场的干扰。要求机房建设采用机电一体化设计,室内区域要满足国家电磁辐射安全要求(室内电磁辐射 ≤ 0.3 W/m²)、发射天线泄漏到室内的信号不要影响设备的正常运行。

要按照相关的国家电磁辐射标准、机房屏蔽标准来进行机房整体屏蔽设计。

屏蔽机房主要由屏蔽壳体和内部装修组成。屏蔽壳体可采用型钢和钢板搭建的六面封闭结构,并为内部装修和机房辅助设备提供安装基础;内部装修为墙面、吊顶、防静电地板等,为工作人员和设备提供必要的工作环境;机房辅助设备为机房提供电气、暖通、消防、通信等功能;内部装修和机房辅助设备的安装不能破坏屏蔽主体的屏蔽性能。

机房屏蔽的设计要求如下:

(1)发射机房的屏蔽要保证配供电与照明系统、通风系统、空调系统、视频监控系统、火警系统、接地系统、屏蔽门、波导管、滤波器等运转正常;

(2)屏蔽壳体要选用优质材料和先进的焊接工艺,确保屏蔽性能和结构安全,能够承载屏蔽层和装饰装修等所有负荷;

(3)屏蔽壳体六面结构要求全部采取防腐保护措施,保证机房内设备寿命周期内满足屏蔽性能要求;

(4)所有进入屏蔽机房的电源线和电话线均需经过滤波器的滤波处理,滤波器的插入损耗性能符合指标要求;

(5)进入屏蔽机房的视频监控设施和网络信号过壁宜采用专用光端机;

(6)出入屏蔽机房的线缆要保证不破坏机房的屏蔽性能,需穿镀锌管或过微波暗箱。

8.4.5　天线罩设计

天线罩的作用是在天线周围形成一个封闭的空间,使天线免受大气环境的直接作用。由于天线罩的保护,天线系统可不受风、沙、雨、雪、冰雹的侵袭,同时天线罩还可以缓解因气温骤变、太阳辐射、潮湿、盐雾等对天线系统的影响,大大简化和减轻天线系统的日常维护修理工作,延长天线的使用寿命。

8.4.5.1　天线罩设计原则

根据数字多波束天线的口径尺寸大小、使用场合不同,天线罩的形状一般为半球形(或多半球形)或扁平形。半球形(或多半球形)天线罩比较适用于立体阵或球形阵列天线,扁平形天线罩比较适用于平面阵列天线。

（1）在天线罩电性能设计方面，要根据要求选择夹层结构的最优厚度及天线罩结构形式，罩壳设计要接近均匀薄壳结构，增加罩壳的稳定安全度。要按极限风速和抗雪要求对整罩进行结构设计校核，确保整罩的结构性能，保障罩内天线的安全。

（2）在天线罩工艺设计方面，要选用质量均匀的蒙皮材料以及闭孔泡沫，采用抽真空加压工艺，确保原材料的均匀性、单元件制作过程中受力的均匀性，使夹层结构紧密结合，无分层和气泡，有助于增加罩壳的强刚度。

（3）在确定天线罩结构形式及结构尺寸后，要用适合的结构计算软件进行有限元建模并计算，再结合各种工况参数及荷载要求，进行天线罩的应力应变指标和强度校核。

（4）天线罩除雪设计有电加热和风机除雪两种方式。通常，天线罩除雪设计为离心风机鼓风除雪方案，在罩体左右各设置几台离心风机，风机通过玻璃钢通风管鼓风来起到除雪作用。

8.4.5.2 天线罩指标体系

天线罩设计需要考虑的主要指标如表8.1所列。

表 8.1　天线罩主要指标

链路参量	定义
工作频率	波束信号的频率带宽范围
天线罩尺寸	满足天线防护要求的天线罩尺寸
插入损耗	由天线罩蒙皮和夹层材料引起的天线口径波能量损耗
插入相位误差	天线口径波在透过天线罩后，在不同的入射角和夹层厚度公差条件下，引起的相位不一致性
波束指向误差	天线加罩后，由于等效口径面上奇对称的相位分布引起的波束指向误差
天线罩副瓣抬高	天线加罩后，由于等效口径面上奇对称引起的副瓣加高
圆极化轴比恶化	由于天线罩对水平极化电压和垂直极化电压的透波率不同，引起的轴比恶化

8.4.5.3 球形天线罩指标计算

增加天线罩后，会对波束的 EIRP 带来插损，会使波束的指向、轴比、副瓣特性恶化，会对波束合成的相位一致性造成影响。上述影响与波束穿过天线罩的入射角有关，入射角即电磁波入射方向与天线罩表面法线的夹角。

根据不同的使用要求，天线罩在形状、材质、厚度、拼接方式、安装方式等方面存在不同，需要进行针对性的设计。在进行天线罩设计时主要针对下列指标进行设计计算：

（1）插入损耗；

（2）插入相移；

（3）波束指向误差；

（4）副瓣特性；

（5）轴比恶化。

8.5　维护、维修高效便捷设计

1）蜂窝组件桁架维修设计

为使数字多波束测量系统具备良好的在线维护能力，方便数目众多的组件进行单个或模块化更换维修，在设计蜂窝组件桁架时要考虑维修的方便性。

（1）桁架结构：要进行模块化设计，以实现单个或多个组件的维修，在维修时对系统产生影响最小为宜。

（2）发射组件：作为系统的重要模块，功放模块由于工作温度高、输出功率大，是系统的易损件，在进行组件设计时要考虑其维修的方便性。

（3）散热风道：组件作为密集发热设备，需要通畅的散热风道来满足散热要求，散热风道结构设计上要适宜散热，降低发射组件热应力失效风险。

（4）外围设备结构：对于外围信号，在设计布局时除满足线缆连接的方便性外，还要考虑线缆布放、维修、检测的适宜性和可达性。

2）沉降标定维护设计

定期对建筑物沉降进行测量以实现对多波束收发天线相位中心的坐标观测，并将新的坐标数据更正到系统中，以保障系统的测量精度。

3）除雪风机维护设计

天线罩可有效隔离风、沙、雨、雪、冰雹、气温骤变、太阳辐射、潮湿、盐雾等对天线的影响。

天线罩一般采用除雪风机除雪，通过玻璃钢风管将风引到天线罩上表面附近，下雪天气开启除雪风机，通过强劲的空气流动将天线罩上的积雪吹走。但要注意对鼓风机的润滑和保养。

4）散热系统维护设计

散热系统的维护主要是发射机房在日常运行过程中的定期巡检工作。系统设备日夜不停地自动运行，定期巡检可以掌握散热系统及机房精密空调的运行情况，能够及时发现并排除故障。

5）天线罩维护设计

天线罩的密封性需要进行不定期检查，在特大暴雨、冰雹等天气过后或在机房设备定期巡检时要注意观察天线罩有无漏雨、机房有无漏雨等情况，如有问题要及时进行维修。

参考文献

[1] 孟凡娟,蔚保国,王缚鹏,等. 一种带有标定装置的数字波束阵列机房:CN202970025U[P]. 2013-06-05.

[2] 陈涛,郝青儒,尹继凯,等. 一种电源分配网络装置:CN202978733U[P]. 2013-06-05.

[3] 宋海涛,蔚保国,易卿武,等. 适合卫星导航数字多波束阵列的标校分配网络装置: CN103245958[P]. 2014-10-15.

[4] 戴群雄,蔚保国,王缚鹏,等. 一种适合卫星导航数字波束阵列的脉冲信号分配网络装置: CN202978863U[P]. 2013-06-05.

[5] 张磊,易卿武,郑晓东,等. 一种基于卫星导航多波束系统的本振功分网络设备: CN202978898U[P]. 2013-06-05.

[6] 高东博,蔚保国,尹继凯,等. 一种适合卫星导航数字波束阵列的监控分配网络装置: CN203193671U[P]. 2013-09-11.

[7] 林福昌,李化. 电磁兼容原理及应用[M]. 北京:机械工业出版社,2009.

[8] 陈洁茹,朱敏波,齐颖. Icepak在电子设备热设计中的应用[J]. 电子机械工程,2005, 20(1):14-16.

[9] 刘摇恒,张学新,陈正江. 基于Icepak的通信电子设备热设计及优化[J]. 通信技术,2014(9), 47(9):1104-1108.

[10] 任恒,刘万钧,黄靖,等. 基于Icepak的密闭机箱热设计研究[J]. 电子科学技术,2015(11), 2(6):639-644.

[11] 国家市场监督管理局. 通信局(站)防雷与接地工程设计规范:GB 50689—2011[S]. 北京: 中国计划出版社,2012.

第9章　工程应用与未来展望

随着我国航天及电子信息领域的快速发展,大型综合电子信息系统通过多专业技术的融合使系统性能得到了提高和拓展,其中数字多波束系统以其优异的性能和灵活性获得了快速发展,在诸多专业领域逐渐成为系统装备的主流形态,不仅在雷达领域脱颖而出,而且在移动通信、航天测控、卫星导航等领域的工程应用中均表现出了优良的性能。从本质上讲,数字多波束系统的多通道合成以及多站集群协同特性,也符合电子信息系统一体化、综合化、智能化的总体发展趋势。可以预见,随着未来数字化水平的不断提升以及网络化技术的发展,数字多波束技术将会发挥更加重要的作用。特别是航天卫星领域近年来呈现出井喷发展之势,商业航天的活跃催生出大量低轨卫星星座,以美国星链计划为代表的超大型星座(上万颗卫星)对传统星座测控管理也提出了新的挑战,以未来数字多波束为代表的多目标测控技术也将面临更为复杂的局面。

复杂星座的多星测控技术的未来在哪里?这是每一位从事航天测控与卫星导航事业的科技工作者关心的事。做出精准的技术预测是困难的,这取决于未来航天任务需求、航天卫星技术发展趋势、工业化技术和产品发展进程、基础共性元器件能力、人工智能理论方法与技术的突破、先进网络与无线电通信测量技术的进步等诸多因素的综合演进,具有一定的不确定性。尽管影响未来走向的因素众多,但基于航天领域的发展规律以及先进电子和先进网络的技术发展趋势,未来航天卫星测控管理发展演进的主体脉络和目标是可以预测的。复杂星座高精度测量技术的未来发展将呈现出如下四个特点。

(1)未来先进数字波束技术向集群化管理、收发一体化、软件定义方向发展。

首先,随着世界航天卫星领域的快速发展,空间卫星星座、编队卫星群不断增多,地面测控管理任务日益繁重,这将驱使地面测控网向集群化多波束发展,集群网络数字多波束技术成为主流,从而提升地面测控资源的利用率和可靠度,最大程度应对更多卫星目标的测控管理。其次,大量低轨卫星星座的入轨应用,使得频率轨道资源日益匮乏,频率协调问题变得十分突出,这就需要发展同频同时全双工技术,节约频率资源和天线数量,地面收发异频数字多波束技术将转向收发同频同时全双工数字多波束技术。再次,为更好适应多种不同类型卫星的测控管理任务,提高地面系统资源的复用率,发展软件定义阵列技术刻不容缓,此类阵列将能够动态加载不同业务,大幅提高单站数字多波束系统的通用性和业务综合能力,从而实现软件无线电定义的数字波束阵列,真正成为"智能天线"系统。

(2) 未来多星测控系统将向时空信息统一、分布式测量网、云服务平台方向发展。

未来多星测控系统将面临规模更大、类型更多、多种轨道混合的星座，其测量管理业务性能要求更高，覆盖范围更远更广，这就使得多星测控系统必将呈现为广域分布的网络化形态，即"网络化星座测量系统"。这种网络化系统相比传统的集中式系统具有更为强大的测量、传输、处理、管控能力。由于系统网络广域化分布，首要的保证高精度分布式测量的技术基础是全网时空信息统一，这为网络内不同节点（站点）间的协同测量以及同一站点内不同测量链路的时空频同步提供了保障。同时，分布式测量网可灵活支持网内节点（站点）的任务调度分配（任务动态加载）、任务协同（多站点信号空间合成和信息汇聚）、任务备份（同一任务在不同节点间的备份），将大幅提升地面对复杂星座测量的任务可用度。另外，未来网络化星座测量系统建立在开放的云架构和云服务之上，云平台的数据存储、虚拟计算、并发调度管理等能力将支撑网络化星座测量系统的任务重用组合管理以及数据深度挖掘，从而全面提升网络化星座测量系统的并发多目标管理能力以及高精度信息处理和服务能力。

(3) 未来天地一体化应用向标准化、网络化、节点最优化、故障自处理方向发展。

随着未来先进电子信息网络技术的快速发展，新一代星座测量系统将逐步实现高度的自动化、集成化、网络化、智能化，未来将逐步在天地一体化信息网络中获得广泛应用，其中重要的原因是卫星通信、测控、遥感、管控等多种业务的一体化，牵引星座测量系统也将多功能业务集成一体提供服务。因此，该系统在天地一体化信息网络应用中将以标准化网络节点形式发挥作用，具备通导遥一体化（多种业务综合协同）、节点最优化（根据业务特点和资源条件寻求节点的动态最优化配置）、故障自处理（故障的本地和远程自动诊断与健康管理）等应用特点，从而支持整个系统实现无人值守情况下的自动化高可用运行和维护。

(4) 未来空间测量科学将面临网络协同聚能和博弈进化能力牵引的理论方法挑战。

未来星座高精度测量系统技术与装备发展的背后是智能空间测量科学的支撑。综合电子信息系统向智能化方向发展几乎是必然的趋势，而空间测量科学的追求是不断提升准确性、稳定性和测量精度，如何在复杂环境条件下实现高精度测量，需要加强对环境的感知、认知以及基于环境资源库的辅助测量业务处理。同时，信息几何理论以及人工智能理论方法融入空间测量领域，将带来网络化条件下测量资源的网络协同聚能和系统博弈进化能力的理论方法创新挑战。网络协同聚能理论方法主要指导牵引网络化星座测量系统，在网络信号级和信息级如何实现设定空间范围内多节点合成测量和传输效能的提升；博弈进化理论方法主要指导牵引网络化星座测量系统，在网络拓扑协议、测量传输一体化业务、网络管理调度算法等方面如何实现自我学习、自我修正、自我提高的系统能力进化，都将是未来面临的重要课题。

9.1　数字多波束技术工程应用

数字多波束技术已广泛应用于现代工业的方方面面,雷达领域、移动通信、航天测控、卫星导航等领域都是其核心应用方向,下面就四方面的发展状况进行简要介绍。

9.1.1　数字波束阵列雷达应用

从 20 世纪 80 年代开始,相控阵雷达取得了长足的发展,为数字波束形成技术应用奠定了坚实基础。随着世界各国研究的不断深入,数字波束形成技术成为雷达系统中最有发展前景的技术之一[1-2]。

(1) 与传统相控阵雷达相比,数字多波束阵列雷达优势明显[3-6]。

① 动态范围(DR)较大。很多情况下目标往往会淹没在较强的杂波中,为了能在强杂波环境中检测出目标,要求雷达接收机必须具有较大的动态范围,而相比于传统相控阵雷达,数字阵列雷达的动态范围更大。

② 可以形成多波束。对于空间探测等情况,采取数字多波束技术的相控阵雷达能最大程度地利用能量,还可以同时满足精度、搜索速度以及数据率等要求。

③ 低角度测高时精确度高。可以实现对不同距离波束数目和波束指向的灵活控制,使得波束交叠处电平较低,这样可在低角度范围保证信噪比高的波束供测量目标高度,提升目标的测量精度。

④ 比较容易实现天线方向图的校正。与传统通过功率分配器和移相器重新配置射频信号幅度和相位的校正方法相比,数字波束形成技术可以在基带通过数字复加权的方式实现幅相误差的校正,在消除系统误差的同时改善天线方向图质量。

(2) 数字波束阵列雷达领域应用概况。

国外从 20 世纪 80 年代以来就开始在雷达领域进行 DBF 系统实验。美国的 AN/FPS-118 超视距雷达,发射天线分 4 个子阵,每个子阵包含 12 个 T 型偶极子天线,天线波束宽度 10°左右,接收阵包括 137 个天线单元,其中有源天线 82 个,波束宽度 2.5°,采用了数字波束形成技术实现了 4 个接收波束。美国陆军司令部研制的新一代 DBF 雷达使用 64 个接收机组件,形成 64 个波束。美国 AN/SPY-1(宙斯盾)系统,上千个阵元组成 20 多个不同功能的子阵,可以同时产生 6~8 个波束。在美国军方支持下,英国 SRS 技术公司与佐治亚技术研究所协作进行一项关于空间防御和导弹防御的研发项目。该项目研究致力于开发宽带自适应波束形成技术,尤其是适用于弹道导弹防御中的大型宽带相控阵天线的自适应波束形成技术。美国已有诸多成型的 DBF 雷达军事装备系统,如美国伯克级驱逐舰的 AN/SPY-1 无源相控阵雷达、美国 AN/FPS-115“铺路爪”远程预警雷达、美国 F-22 战斗机的 AN/APG-77 有源相控阵雷达等都是数字多波束技术在雷达中的应用案例。俄罗斯的米格战机上也装载了 Zhuk-AE 有源相控阵雷达,提升了敌我识别和反隐身探测的能力。以色列埃尔塔公司在 S 频段、2500 个阵元阵列的单元级实现了数字多波束[7]。MW08 雷达是荷兰 Signal 公司研制的 G 频段三坐标中近程对空和对海目标截获与跟踪雷达,具有采用快速傅里叶变换的数字波束形成器,能够同时跟踪 160 个空中目标和 40 个海面目标[8]。中国电子科技集团公司也在数字多波束阵列雷达、双/多基地雷达 DBF 系统、自适应阵列等方面的研究和装备研制上取得了很好的成果。

9.1.2 移动通信智能天线应用

从技术发展的角度来看,智能天线系统可以认为是自适应天线在现代移动通信系统中的进一步发展。早在 20 世纪 60 年代,自适应天线就开始应用于诸如目标跟踪、抗信号阻塞等军事电子领域中。智能天线系统致力于提高移动通信系统的容量,这在无线电频谱资源日益拥挤的今天,具有十分重要的现实意义。智能天线的概念是 20 世纪 90 年代初由一些学者提出的,是在微波技术、自动控制理论、自适应天线技术、数字信号处理技术和软件无线电技术、数字波束形成技术等多学科基础上综合发展而成的一门新技术。

1) 智能天线在移动通信领域的技术优势

智能天线具备自适应匹配环境变化、动态抑制干扰和增强有用信号的检测能力,自适应调整波束合成方向,动态跟踪有用信号,抑制和消除干扰及噪声,从而保持系统性能在某种准则下最佳的特点。智能天线还能结合相关技术,使用有限频谱资源,降低一些复杂地形和高耸建筑物对通信系统的影响程度,还可有效解决因用户数量过多而导致的通信问题,另外还能有效解决同频干扰和信息质量严重下降的问题。

智能天线在移动通信中具有如下应用技术优势[9]:

(1) 多波束覆盖。智能天线可以通过多个平行波束形成用户区域覆盖。这些平行波数的宽窄和智能天线数量是呈现一定线性关系的。当用户使用移动通信终端在波束覆盖范围内移动时,使用智能天线可以自动调整使用户的移动通信处于最强信号的波束范围内,可有效降低因位置变换而导致移动通信受阻的概率,使移动应用更加智能化、快速化。无论何时何地,智能天线都能进行自动快速调整,对于提高移动通信质量和效率具有重要作用。

(2) 形成自适应波束。智能天线能够根据对波束形状做出改变而促进通信服务,这主要是因为智能天线具有对每个用户进行定位的功能,可以根据这个功能对用户进行监控,其位置一旦发生变化,就可以通过波束的改变来促进移动通信质量的改善。

(3) 构造动态小区。智能天线可以很好地利用波束的适应性,使得移动单元的形状可以根据服务需求而动态地改变。一方面,所属小区边界可以通过智能天线被改变;另一方面,所属信道可根据服务要求的变化被重新分配,并且实现动态信道分配的目标。

（4）智能天线在混合多输入多输出（MIMO）系统中的应用。智能天线能够直接应用到链路两端的 MIMO 系统之中。利用智能天线可以实现波束形成，提高空时编码，空间复用和关键技术，能够针对客户提高性价比和抗干扰性，促进移动通信速率的最大化。

（5）多天线技术。智能天线的多天线技术，可支持多用户波束智能整形，减少用户之间干扰，能够进一步提高无线信号覆盖性能，经过大规模无线信道的测量和建模，改进其反馈机制和基础研究问题，实现绿色节能和环保的整体覆盖面效果显著。

2）智能天线领域应用概况

国际上，日本最早开始智能天线在通信领域的应用研究，1987 年研究人员发现智能天线能够抑制信道衰落后，智能天线开始逐步在移动通信领域展开应用，其中，较早的有日本邮政电信部通信研究实验室的智能天线系统和 NTT-DoCoMo 公司研制的用于 3G 通用通信系统的宽带码分多址（W-CDMA）体制的智能天线实验系统。日本 ATR 光电通信研究所也研制了基于波束空间处理方式的多波束智能天线，天线阵元布局为间距半波长的 16 阵元平面方阵，射频工作频率是 1.545GHz，该天线能够将原来 2G 的通信容量提高 4 倍。欧洲通信委员会也开展了智能天线技术的研究，在 3G 移动通信中通过大量宏蜂窝和微蜂窝实验，验证智能天线系统在商用网络中工作性能和可行性。基于智能天线在无线通信领域良好的应用前景，美国和中国在第三代移动通信中也展开了智能天线的研究，ArrayComm 还研制出用于全球移动通信系统（GSM）、个人手持电话系统（PHS）和无线本地环路的 IntelliCell 天线，该天线在 3G 网络阶段已被多个国家的网络建设采用。此外，美国 Metawave、Raython 以及瑞典 Ericsson 都有各自的智能天线产品，这些智能天线系统都是针对移动通信开发的，用于 GSM、时分多址（TDMA）或者码分多址（CDMA）。中国提出的有自主知识产权的时分同步码分多址（TD-SCDMA）标准就明确规定要采用 3G 天线。

近年来，随着 4G 和 5G 技术的发展，智能天线技术可用来提升通信的频谱效率、降低系统功耗，其主要通过多天线发射接收 MIMO 技术实现，该技术可实现多路通信信号的同时收发、增益控制和波束复用，目前，MIMO 技术已经被长期演进技术（LTE）IEEE 802.11a 标准化。在应用方面，瑞典 Linkiping University、瑞典 Lund University 和美国 Bell Labs 在 2012 年合作开发了一种工作在 2.6GHz 的 128 天线阵列。该系统由一个圆柱形贴片阵列和一个线性阵列组成。4×4 共 16 个双极化贴片天线单元组成子天线面阵，最后将每个小型天线阵列放置在圆柱形表面上以形成圆柱形阵列，阵列天线一共包含了 128 个 RF 信号端口。华为在 5G 通信技术中也采用了 MIMO 的技术体制，早在 2012 年初，开始了面向 5G 应用的 MIMO 技术项目的研究与开发。在 2014 年属于"863"项目的 128 ～ 256 天线大规模 MIMO 技术研发启动。2013 年，IMT-2020 推进组建立了大型天线技术研究组。大规模的 MIMO 由于具备可支持更多通道灵活实时的波束调节，并支持高频段通信的能力，相较于传统 MIMO

能够有效提升 5G 网络在大带宽、高可靠、低时延、大连接等场景下的服务性能。

9.1.3　航天卫星通信测控应用

1）航天测控领域应用

近几年我国卫星测控水平有了很大提高，实现了多星全时在轨测控。地球同步卫星采用了全时段管理，低轨卫星的管理受测控站地理布局限制仍然采用每天升降轨测站的可见时段管理。自从 2008 年我国首颗中继卫星入轨后，我国卫星测控系统对 350km 以上的低轨卫星全天可见，因此整个测控系统对低轨卫星的测控覆盖率显著增强。与早期定时管理模式相比，为了满足卫星数量激增、管理要求提高和管理难度增大的需求，多星全时管理系统显著增强了自动化运行能力，卫星测控系统也采用了大中心、小测站的设计思想。在具体的技术实现上，通过设备远控平台实现了对测控设备的远程自动控制，通过卫星平台实现了卫星上行发令和注数的自动执行，通过故障诊断系统实现了卫星状态的自动检测，最终通过测控计划执行平台调度设备远控平台、卫星遥控平台和各类测控软件，完成设备控制、卫星发令和软件运行的自动流程控制[3]。

在卫星测控领域，美国的跟踪与数据中继卫星系统（TDRSS）中也采用了多波束技术，阵列数为 30，附加增益 14dB，天线增益 16dB，阵列天线总增益为 30dB，合成波束宽度 5°，生成多波束对准各个航天器。接收的各用户航天器送达中继星的反向信号，用频分方式将各阵元收到的信号并行地送往地面，由地面先将频分信号还原成各路阵元接收信号，送给终端进行多波束形成处理，同时完成各用户扩频码的捕获、跟踪和相应的解扩解调。可以看出，TDRSS 是采用星地配合完成多波束处理的。中国电子科技集团公司研制的 Ka 频段和 X 频段多波束测控系统已经应用于我国的探月工程，在嫦娥一号至嫦娥四号任务的航天测控中，研制的 S/C/L 频段多波束测量系统发挥了巨大作用。

在多星测控方面，美国空军在试验网格球顶相控阵天线（GDPAA）先进技术演示中，演示了与美国国防部卫星进行通信的先进能力。这套系统投入全面运行后的目标是与美国空军卫星测控网（AFSCN）连接，可用于实现标准 AFSCN 卫星的保障支撑。这类天线可为美国空军提供全空域的、更加灵活、及时响应和可靠的卫星遥测、跟踪与指挥，同时降低全寿命期运行成本。该试验相控阵天线已经与美国国家航空航天局（NASA）和美国国防部的低轨道卫星成功实现通信，由 6 块 10m 等效 GDPAA 天线组成，能够联通地球同步轨道卫星及中低地球轨道卫星。目前 GDPAA 已经完成初步体制试验，试验样机是 4 目标收发波束，发射频段为 1.75 ～ 2.1GHz，接收频段为 2.2 ～ 2.3GHz。系统收发组件采用双工器隔离，隔离度达到 150dB。收发组件都采用有源相控阵体制，由 4bit 的移相器完成相位控制。该系统 2017 年完成整个系统试验[4]。

国外在小卫星星座地面测控管理方面发展迅速，小卫星星座地面测控管理具有特殊性,每个测控站要同时管理多个不同的小卫星,因此需要测控站和应用站进行设备和功能的综合集成。为了在卫星以不同时间、不同地点进入测控区时,地面站都能自动计算卫星轨道,天线需预先对准卫星进入的方位仰角,处于待命工作状态,并有自动跟踪能力。新测控体制的特点是多星同时测控、卫星长期管理、覆盖率高、测控费用低廉[5]。

2)航天卫星通信领域应用

美国国防卫星通信系统中的 X 频段相控阵发射天线可同时发射 4 个波束,每个波束可独立赋形、独立控制,波束宽度改变范围在 2°~17°之间变化。德国宇航中心的 C 频段多波束阵列天线,接收采用数字波束形成技术,微带阵列,覆盖角度为方位 -60~60°,俯仰为 -30~30°,能同时产生 3~4 个波束。英国皇家军事学院的试验性多波束系统,采用微带阵元,6×7 阵列,能产生 5 个波束。美国空军研制的全空域多目标相控阵天线系统采用等边三角形的子阵拼接成半球型的结构,提升了多波束的全空域覆盖性能,降低了实现难度。该项目将同时对 4 个目标测控,为美国空军提供全空域范围内的卫星遥控遥测与跟踪能力,同时降低全寿命周期的运管成本。系统中的相控阵天线由五边形和六边形子阵构成,系统采用有源相控阵技术,利用 4bit 的射频移相器改变各路信号的相位以形成波束。

与美国的 GDPAA 类似,欧洲空间局(ESA)也在开发一种名为球面阵天线的相控阵测控系统。该系统最初设计用于接收星群下行信号,工作频段是 L 频段,中心频率 1700MHz,射频带宽大于 100MHz,天线可视角度是方位 360°、俯仰大于 5°。

在卫星通信领域,德国研制出一种适合未来卫星通信应用的数字波束形成模型系统。该系统由 25 阵元圆极化平面天线阵、25 个可实现向基带或其低频进行下变频转换的并行接收信道,以及一个配备高级 A/D 转换卡和处理接收信号的快速 PC 多路复用器构成。可实现不同数字波束形成算法的多种适用性测试,积累数字波束形成技术经验、研究和评估不同的波束形成算法,计划用于低轨卫星通信环境的性能演示。

在星基多波束领域,截至 2017 年 6 月,全球在轨、在研的具备数字多波束测控通信能力的卫星达到 50 颗,且数量仍在不断增加。比较有典型代表意义的有意大利的 Sicral-2 卫星,它具备三组可切换天线,能够产生 19 个点波束,其中 6 个波束可同时工作,具备全球覆盖的能力,可通过数字程序的控制,实现波束之间的灵活选择和切换,并可通过对波束合成零点位置的动态调节,使其具备动态抗干扰的能力。英国的 Hylas-1 卫星采用从单波束到多波束的映射方案,可实现波束宽度和方向的灵活控制,配合德国特萨特空间通信公司的灵活行波管功率放大器技术,实现了在轨功率灵活分配以及自适应调制编码技术,同时该卫星具备良好的雨衰对抗性能。"欧洲通信卫星-量子"是 ESA 和欧洲通信卫星公司合作开发的具备数字多波束灵活通信能力的卫星,该卫星采用数字多波束阵列实现了通信波束的灵活控制,能够同时产生 4 个水平极化和 4 个垂直极化的波束,并能够灵活改变形状和指向位置,采用空间时分多址接入的形式实现了业务覆盖区域的波束动态覆盖。美国的数据中继卫星采用数字相控阵实现空间多波束覆盖,采用多个子阵组合的形式实现空间多波束,但是由于卫星各方面成本限制,采用反射面的卫星多波束天线成为主流,MSV 公司是第一个将大型反射面多波束天线引入卫星商业应用的公司。美国跟踪与数据中继系列卫星[10],拥有一个 S 频段多址相控阵天线,30 个螺旋阵列天线,接收时形成 20 个波束,发射时用 12 阵元形成 1 个波束;美国第二代"跟踪与数据中继卫星"的 S 频段多波束相控阵天线阵元为微带贴片子阵,收发阵分开,星上模拟多波束形成,天线接收链路单元数为 32 个,波束为 6 个,返向数传速率提高到 3Mbit/s,天线发射采用 15 个阵元,前向波束为 2 个,传输速率为 300kbit/s。

总体而言,同智能天线和雷达数字多波束系统相比,面向航天卫星通信与测控领域的数字多波束测量与传输技术研究是一个新的研究领域方向,并正在得到大量应用。

9.1.4　卫星导航信号收发系统应用

卫星导航系统需要构建多星星座,采用数字多波束技术实现对在轨卫星的测控、测量与管理是行之有效的方法;而空间导航卫星既需要实现与地面站的信号收发,又需要播发多个频率的导航信号,还需要具备星星之间的星间测量与通信,因此采用星载数字多波束天线是一种较好的选择,可有效简化星载天线的规模;地面导航接收机采用数字多波束天线可实现导航信号的定向接收,并有效抑制干扰信号,有效提升接收载噪比。

1)导航系统多波束天线应用

导航系统地面站需要向空间卫星注入导航电文,同时对具备通信功能的卫星进行短报文转发。采用数字多波束天线可同时实现对多颗卫星的导航电文上行注入和下行信号接收。基于一定的自适应准则,配合自适应干扰抑制算法可以实现多路信号的正交发射,中轨道卫星可以采用透射式数字多波束天线,高轨道卫星,因对天线EIRP 要求较高,可以考虑采用反射式数字多波束天线[11]。

2)导航卫星星载多波束天线应用

现有卫星导航系统采用设置多个地面监测站的方式实现精密定轨,国内外大量学者研究表明,在卫星间引入星间链路进行星间测距可以显著提高导航卫星轨道测量精度。此外,导航卫星发射信号往往包括数个频点的导航信号和遥测信号,现有卫星因天线辐射效率问题需数套天线,采用 1 副天线完成数个频点信号的发射能极大地减小卫星重量。卫星天线设计是星间链路的关键,星间链路要求天线增益系数高且天线尺寸小、重量轻。美国空军的"面向移动用户系统"星间链路天线馈源为 61单元交叉偶极子阵,采用数字多波束形成技术,形成独立的 61 个初级照射波束,可实现对整个视场的蜂窝状覆盖或重点区域强信号覆盖。

传统天线采用机械跟踪技术保证天线信号辐射方向指向,天线的机械跟踪往往导致卫星中心改变,卫星需要采取相应措施补偿防止漂移或者姿态翻转。在数字多波束阵列天线基础上,考虑相控阵技术进行天线跟踪可以避免天线机械旋转对卫星姿态和轨道的影响,多波束 + 相控阵技术是保证未来导航系统星间链路可靠性的有效方案。阵列天线是实现一副天线辐射多个频点信号的高效方案,文献[12]给出了Galileo 系统 GSTB-V2 卫星导航信号发射天线,Galileo 系统 3 个频点的导航信号共用该天线。系统考虑采用阵列天线减少天线数量,可以有效地降低卫星质量。

3) 卫星导航终端抗干扰天线应用

由于卫星导航信号功率很低,面临着复杂恶劣的信道环境,易受到多种形式的有意或无意干扰,导致接收机定位性能下降。自适应空域滤波是对付这些干扰的有效措施,可通过波束赋形提升接收信号的天线增益,用低旁瓣对准干扰信号,达到提高信噪比的目的。由于干扰信号易出现在卫星信号来向附近,在空域或联合空时滤波零陷干扰信号的同时,卫星信号也会受到零陷影响而被大幅度衰减[3]。波束保形及线性约束最小方差等方法能较好地兼顾调零深度与主波束保形效果,但这些方法需要知道干扰位置的先验信息,要求系统拥有测向模块,这样无疑增加了系统的复杂度及成本,并且测向精度对后端的干扰抑制效果有直接的影响。

根据导航卫星分布在上半球面的特点,可采用基于多波束的干扰抑制方法[13],该方法不需要干扰位置的先验信息,可以进行盲干扰抑制,并且能够很好地兼顾调零深度与卫星信号增益的矛盾,达到既抑制干扰又增强信号的目的。随着波束数增加,其抗干扰后输出信干噪比增加,但当波束数增加至一定数目时,其性能随波束数增加提升缓慢。

9.1.5 卫星导航星座测量管理

大型复杂星座卫星数目众多,地面控制站同一时刻需要对多颗卫星进行组织和管理。星座的组网技术和星座管理方法是完成星座测控的重要内容。未来的卫星组网、星间通信将更加复杂,不仅有同类卫星的信息传递,还有不同卫星之间的信息传递,通信速率会更高。通过几十年发展,卫星导航系统建设已经比较成熟,而且根据需求还在不断地升级完善,在这个过程中形成了多站多波束星座在轨管理的模式,积累了丰富的经验。

我国经过北斗卫星导航系统连续三代的建设,也在大型星座在轨管理方面积累了丰富经验,形成了在轨分级管理、在轨异常处理、遥测参数管理和星座分级健康评估四种管理模式。任务规划与性能维持是导航星座运维管理的重要方面,任务规划包括了试验任务规划和任务并行规划两方面,试验任务规划包括试验任务的分类管理、存储维护以及更新管理;任务并行规划主要指参试设备及链路的高效规划。系统性能维持直接影响导航系统提供的服务性能和稳定性,性能维持包括系统性能维持和辅助性能维持。系统性能维持手段包括系统标校、链路监测与验证、星历信息的上行测控与更新;辅助性能维持是对导航星座运行的辅助地面系统的性能进行维持。

这都是以多波束收发作为基础支撑的。

9.2　未来先进数字波束技术

未来的数字多波束技术将在"网络化、一体化、软件化"方面持续发展演进和提高。本节将围绕集群网络数字多波束技术、收发同频同时全双工技术、软件定义多波束阵列技术等描述未来数字波束技术的发展趋势和动向,以及这些技术的特点和效能。

1)集群网络数字多波束技术

集群网络数字多波束技术是集群系统在多波束系统中的应用,集群系统是将独立运行的分布式系统通过有机结合的方式纳入统一的管理体系,可以达到更优的整体系统性能,且体现动态可重构、配置灵活的特点。集群数字多波束系统将应对更多目标卫星的管理职能,且适应各类型卫星管理的多样化需求。

目前,集群系统的研究主要集中在各类型通信系统在典型工作场景中的应用研究,探索提高集群系统管理效率的方法,如机场通信系统中通过多通道通信系统集群管理,可以有效提升各部门之间数据互联互通效率[14];在无人机集群系统中,通过分布式思想对无人机进行集群管理,使无人机之间进行充分通信,降低机群内部碰撞风险[15];在大规模用户管理系统中,通过集群式管理思想设计分布式自定义系统,可以提升多用户并行访问效率[16]。

对于集群数字多波束系统,影响其集群性能发挥的除管理策略外,更重要的是分布式系统间时空基准的统一。数字多波束系统进行空间波束的形成,离不开对各分布式通道的幅度与相位控制,尤其是对信号相位的控制,必须在统一的时空基准下进行操作。各通道间时空基准的一致性直接影响了多波束系统的波束形成能力。因此研究广域分布下,集群系统间的时空基准统一问题是未来集群数字多波束技术的重要发展方向,也是制约其应用的瓶颈所在。

2)收发同频同时全双工技术

收发同频同时全双工技术是指电子系统在相同的时间和频率资源上,同时发射并接收电磁信号。理论上来说,收发同频同时全双工技术可倍增现有的频率资源使用效率。收发同频同时全双工技术的难点在于发射支路的信号通过泄露或天线耦合的形式进入接收支路,会对接收信号造成强烈的带内干扰,严重情况下会导致接收支路无法正常运行。

随着对收发同频同时全双工技术研究的不断深入,在模拟信号直接对消[17-19]、新型天线设计[20-22]和数字信号对消[23-24]等多个研究层面,收发同频同时全双工技术的技术水平与工作效率也不断提升。2013年,斯坦福大学设计使用了单个天线进行同步接收和发射,提出了新的模拟和数字消除技术,可消除对接收机本地噪声的自干扰,从而确保接收信号不会降级[25]。2015年,研究提出的用于自干扰抑制的新型的天线方案,并提出了用于紧凑型 MIMO 全双工中继的数字自干扰消除算法,该天线设计建立在谐振波陷阱的基础上,提供了大约 60 ~ 70dB 的无源隔离[22]。2017 年,林肯实验室提出的基于数字相位阵列的信号同步收发结构设计,基于数字波束赋形和信号对消使相邻收发子阵列同时同频段工作而不会发生严重的性能损失,针对一个 50 阵元天线的仿真实验,实验中实现了在中心频点为 2.45GHz、带宽为 100MHz 信号条件下收发波束大于 160dB 的有效隔离度。

从目前的研究成果来看,收发同频同时全双工技术主要针对单一层面的问题进行研究,对于宽带通信系统、遥测遥感系统等复杂多变环境缺乏足够的适应能力,且在大规模阵列系统中的研究尚不成熟,距离工程化应用还有一段距离。

3）软件定义多波束阵列技术

软件定义多波束阵列技术源自软件无线电技术,其关键思想是构造一个开放性、标准化、模块化的通用硬件平台,而系统功能如频段、调制类型、电文编码等由软件控制完成,且可实时根据使用需求进行重新配置。软件定义多波束阵列技术是一种高度灵活的相控阵天线系统,其形成的每一个波束,配置每个波束加载的信息均可以选用不同的软件模块来实现。软件定义多波束阵列技术的软件可以不断升级更新,硬件组成也可以随科技的发展不断更新模块或升级换代。目前,软件无线电技术在各种通信系统中的应用有着广泛的研究基础,包括在无线通信系统中通过软件无线电技术进行系统模型研究[26],以及各种通信设备的软件无线电实现方式[27-28]。

软件定义多波束阵列技术未来的研究重点主要集中在两个方面:一是研究通用化的多波束阵列系统平台,通过将多波束阵列的系统架构标准化与模块化,从而兼容通信、遥测、侦察、干扰与抗干扰等多种不同的应用场景;二是开展各种应用场景下的系统信息特征图谱研究,形成可统一表征的一体化知识图像,从而为软件自定义系统提供全景输入要素,为各类型应用的软件加载创造条件。

9.3　未来复杂星座测量技术

本节围绕未来分布式测控网络 + 云平台处理的云端协同测量设施展开描述,针对兼容高中低各类航天器构建统一的业务可加载的集群分布式地面测控设施,说明其能力特点和工作模式。特别是天地一体的时空统一信息网络支持的广域网络化星座测量设施是未来主体形态。提升抗干扰能力以及机动测控能力,实现测控与对抗一体化,也是未来测量设施的特点之一。

1）时空统一信息系统技术

时空统一信息系统是实施跨平台信息分发、信息处理与信息应用的重要保障,是实现战场态势感知、多兵种联合作战、武器协同、精确打击、信息传输和信息对抗的基础,是信息化联合作战中武器装备、作战力量、指挥控制、作战行动一体化的重要支撑,是综合电子信息系统的基本要求,是实施网络中心战、形成体系对抗能力的前提。

完善的时空基准设施在军事活动中发挥着极为重要的作用,因此各国军队都非常重视时空基准设施建设。经过长期的建设,各国逐渐形成了比较完善的时空基准、服务系统、用户终端和应用系统。时空基准设施完善、多点分布、性能先进、具备高可靠性;时空基准传递手段多样,在传递精度、传递范围上有效互补,形成了广域内网状分布格局,为部队作战、训练等提供了可靠保障。

卫星导航的精确导航定位授时需要时间频率的测量具备较高的精度,除去原子频标需具备较高的精度外,还需要提升时频传输与同步的精度。最初,人们采用搬运时钟的方法传递时间,后来人们采用从低到高不同频段的电磁波来传递时间信号,伴随着航天技术的发展,人们又着手采用卫星来传递时频信号,从而衍生出很多时频同步方法[29],包括卫星共视法(CV)、卫星单向法和卫星双向时间频率传递法(TWSTFT)等,其中双向时间同步由于精度高得到广泛的应用[30]。近十几年来,随着光纤传输技术的突破,光纤传输具有损耗低、精度高和受外界电磁干扰影响较少的优点,成为目前时频传输的热点研究方向之一。

时空统一信息系统技术的难点在于:提供位置信息的设备具有的不同类型、不同精度,且由于分布在不同的平台上,通常选取的坐标系也不同,造成各设备所得到的目标观测数据也会有很大的差别。在提供目标合成位置数据时,首先是将不同平台的多个时空数据进行转换对准,将不同坐标系的不同设备的数据转换到同一坐标系下,统一度量单位,在空间和时间上进行统一。

在国民生活方面,在通信大地测量、金融和电力等方面都需要时频同步。例如,发电机接入电力网络中对外供电时,输出交流电的幅值、频率和相位分别与电网的相等或在一定范围内,从而使得在并网时,对电网的冲击较小。在国防建设方面,高精度时频同步同样发挥着不可替代的作用。高精度时空统一是实现精确定位、精确打击的保障,同时也是导航系统的核心。时空统一信息系统技术是未来复杂星座测量设施的基础技术,它能够实现未来广域网络化星座测量节点之间的时空频统一信息的同步,从而为网络内不同节点(站点)间的协同测量传输、管控处理以及不同测量链路的协同工作提供基础保障[31]。

2)分布式高精度测控网技术

分布式高精度测量网技术是指广域分布的网络化互联的多波束系统测量技术[32]。分布式高精度测量网技术在具体操作中,依靠控制、测控和通信网络来追踪航天飞行器,形成集追踪、遥控、测量、数据计算、运行管理和监控等多位一体的处理系统模式[33]。同时该技术由于具有网络化广域分布的特征,可灵活支持多站多波束节点间的波束任务调度分配和动态加载、多节点波束合成和任务协同以及不同节点的任务波束互备,将大幅提升地面对复杂星座测量的任务可用度。

目前,中国的航天测控技术体系得到了长足的发展,在体系设计、网络覆盖、测控站建造、跟踪监控和数据处理分析上都取得了不俗的成绩,多个航天事业发展项目迈入世界先进发展水平[34]。我国已具备了对来袭导弹高精度测量和卫星实时跟踪测控相结合的交叉测控能力,为我国航天测控和军事对抗提供充足的测控技术支撑。测控系统分为地基测控系统和天基测控系统两种实现形式,我国的航空监控系统主要由分布在全国各地的载波测控站与海外测控船(站)组成的地基测控系统为主,且已较为成熟。在未来的航天事业发展中,人类将迈向更远的深空,要求航天测控技术手段继续不断提升和探索。

随着深空探测的不断发展,传统的测控体制在以下几个方面存在不足:

(1)测距精度难以提高。统一载波测控系统的测距精度一般为 $20 \sim 30\mathrm{m}$,通过较高频率的侧音才能提高测距精度,使得设备的复杂性大大提高。而飞行设备上采用的窄带滤波器的时延稳定性不好,对提高测距也会造成影响。

(2)抗干扰能力差。统一载波测控系统虽然能够满足多种航天测控功能,但是不能同时进行遥控和测距功能。另外,当测控多个飞行器时,其信号易相互干扰,影响测控效果。

(3)多目标测控难度大。统一载波的测控体制只能采用频分或同时多波束的方法,频分频率选择复杂度大,同时多波束造成测控系统能量的分散,从而使测控能力下降。

针对以上不足,未来分布式高精度测量网将瞄准以下关键技术:

(1)网络化时空参数精密测量技术[35]。该技术的关键是解决分布式 TDMA 组网场景下,节点不能同时收发,相对运动会导致测量精度较传统双向时间比对链路恶化的问题。针对分布式测量网络中的高精度测量问题,通过对测距的过程进行误差分析,在考虑接收机测量误差、钟差漂移误差、星间相对测量时隙孔径抖动等误差项的基础上,该技术建立误差组合的数学模型,设计基于时分的测控数传一体化信道波形体制,采用高精度跟踪环路算法、载波辅助伪码测距以及测量间隔孔径抖动消除等技术,针对误差组合模型,在减少随机误差的同时控制误差中值的波动,可提升网络化时空参数测量效能。

(2)有限视场约束条件下的时空资源自主分配技术。在分布式高精度卫星测量网中,由于节点多且每个节点的通信对象都不断变化,所以需要设计合理的时空资源自主分配技术来满足不同节点的传输需要。本关键技术的要点具体包括:①利用星座轨迹的先验信息实现地理位置信息辅助,采用时分多址与频分多址相结合的混合多址接入方式、固定分配与动态分配相结合的时隙分配方法,基于链路数量对通信时隙进行划分;②固定时隙根据网络拓扑结构,结合天线波束的调度,充分利用空间复用性能为通信链路合理分配,满足控制面接入节点数量尽可能多的需求;③动态时隙遵循动态时隙资源分配原则,使用预约-应答的方式来分配时隙,以支持长业务的连续发送,减少"时隙碎片"的产生,尽量保障各优先级业务的服务质量。

(3)任务驱动的可重构分层路由技术。针对分布式航天器网络面向任务组网各任务场景下网络特性多变、网络中存在多类型业务的特点,以及分布式航天器网络中节点有限视场约束给路由协议带来的波束对准、路由开销大等问题,设计面向拓扑与任务的路由维护策略,从而保障分布式航天器网络各类型业务的及时高效传递。本关键技术具体包括:①根据分布式高精度测量网面向任务组网的特点,及网内不同任务场景下的网络规模、拓扑结构、任务需求等,设计面向拓扑与任务的路由维护策略;②利用星座轨迹的先验信息并联合动态更新的方式,设计构型支配节点的选取策略。

分布式高精度测量网技术将由海陆测控转向天地一体综合性测控网络[36]。当前阶段航天测控系统划分为两部分:一部分是追踪和数据中继卫星系统,是综合航空测控技术的系统展现;另一部分是导航定位体系,帮助航天飞行器和地上目标进行高精度的导航定位,有较强定时性能。我国的航天测控网络的建设需要发展数据中继卫星系统,运用各类定位导航来确定地面监控中心的分布,优化地面控制布局。在测控网络设置上逐渐从陆海基站测控网络转向以航天基站为主、天地结合一体化发展的综合型测控网络体系。根据数据中继卫星系统为重点建设的天地一体化测控体系,更为有效地提升了网络测控的覆盖程度、精准轨道定位、火箭全程测量值以及对于多个目标体的测控水平。

未来,分布式高精度测量网技术主要用于解决复杂低轨、中轨,复杂星座网的测量管理。在测控资源与成本合理优化的条件下,对进轨前和进轨后的卫星提供全面的测控,做到对多颗卫星的同时监控管理。

3)云服务管理平台技术

云服务管理平台可提供动态、易扩展的虚拟化网络化资源管理方式,用户既不需要熟悉云内部细节,也不需要专业知识或控制云服务平台,即可使用云服务管理平台的测控资源。云服务管理平台建立在云计算基础之上,含平台即服务(PaaS)、基础设施即服务(IaaS)及软件即服务(SaaS),采用网络服务的形式满足用户的应用需求[37-38]。

云计算技术已应用于移动通信云基站、遥感大数据处理、大规模地形数据处理等领域。除此之外,有关学者也在全球导航卫星系统云接收机、发射场云计算平台和测控云服务平台等领域进行了探索性研究。利用云计算技术,为航天测控站建立一个通用的信号处理平台,可将硬件资源虚拟化为资源池,实现资源统一管理调度,并具备容灾备份能力,而这都是云计算技术本身的优势所在。

随着未来星座管理任务的日趋复杂化、多样化,对测控的需求也日益繁重,为适应未来测控需求,迫切需要建立可灵活扩展、按需服务的复杂星座测控云服务管理平台。未来复杂星座测控系统要使其发挥效能,就必须与其他测控网络节点单元互连互通,实现信息互换[39-40]。

当任务需求超过本地基带处理能力时,可利用云服务管理平台调用其他测控站处理资源,来保证整个测控网的正常运行。新一代综合测控基带体系架构将以云服务管理平台技术架构为基础,以资源"池化"技术为核心,具备应用层、支持层、资源层三大层次,实现资源综合智能化调度。应用层通过友好的人机交互服务,为用户提供各种体制和要求的测控服务;支持层为实现用户需求开发部署了各类基础软件及应用接口,并通过资源调度与安全管理保证综合测控基带稳定可靠运行;资源层是综基带的物理实体,为各类应用及软件提供处理、存储和传输等保障。

云服务管理平台的关键技术主要包括资源虚拟化调度技术、海量数据分布式存取技术、大数据可视化及挖掘技术、综合智能运维技术[41-42]。

(1)资源虚拟化调度技术。可为云管理平台提供标准的资源访问接口,支持对多个集群的计算、存储、网络资源进行池化、调度,提供分布式存储系统,支持多种网络模型进行适配和管理。依托虚拟化平台为上层业务系统提供态势统计、计算、存储、网络资源统一管理及跨集群资源调度等功能,提供资源按需分配、系统托管和业务快速部署的能力。

(2)海量数据分布式存取技术。云数据中心为数据资源提供数据共享和交换服务平台,其需要组织和管理的数据资源类型多、规模大、分布广,传统的物理存储方式扩展性差,扩展能力已经难以满足大规模数据存储和处理的需求。该项技术能够充分利用分布式并发存取和处理技术,实现海量数据的高可靠性、高性能存储、计算和检索功能,并支持存储规模的按需动态扩展能力。

(3)大数据可视化及挖掘技术。数据可视化技术的基本思想是将数据中的每一个数据项作为单个图元素表示,大量的数据集构成数据图像,同时将数据的各个属性以多维数据的形式表示,可以从不同的维度观察数据,从而对数据进行更深入的观察和分析。通过标签云、集群图、历史流、空间信息流等多种可视方式,将海量数据结果以静态或者动态的图形展示出来,最终为指挥决策提供辅助。

(4)综合智能运维技术。可提供数据中心各类基础设施资源、数据库资源的统一监控、故障告警、事件分析与报表统计,提供基于人工智能的日志管理、问题与事件统计等运维服务管理功能,支持自定义阈值、资源自动发现、自定义监控对象、远程运行控制脚本与历史监控数据查询,并为云管理提供资源的运行状态、负载、告警信息等监控数据。

随着测控系统节点分布式组网,如何将各测控网节点综合利用和综合集成起来将是下一代航天装备需要重点考虑的问题。在卫星测控中心通过云计算模式中的各种虚拟化服务,可以很好地解决以上问题。可以应用的方面如下:

(1)数据存储。测控中心的各部门以及各个地面站将所需要的数据存储在云端数据库上,利用云计算提供的统一数据存储平台,进行数据管理与维护,这样可以减少数据维护的成本,也从一定程度上缓解了数据库服务器以及存储设备进行扩容的紧迫性。

(2)数据挖掘。针对测控系统长期累积的大量的测控设备、火箭、卫星等状态信息,以及人员操控、任务、气象等信息,采用频繁模式挖掘、关联和相关性分析、分类和回归、聚类分析、离群点检测等技术,从数据中发现有用知识。

(3)数据处理。未来可将流数据处理技术运用于卫星的下行图像、科学数据、工程数据处理。随着通用处理器性能提升和通用计算技术的发展,在通用计算设备上进行信号处理已成为可能。航天测控站内的数字信号具有高速、多通道、实时、无限等特点,是一种特殊的流式数据,利用流计算技术在云服务管理平台上进行数字信号处理具有一定可行性。

(4)统一接口。利用 PaaS 技术和平台虚拟化技术,进行应用开发过程中,操作平台和开发平台不会成为限定因素,可实现一种可以多平台共用的信息标准接口,来开发各类信息应用系统,避免了由于接口不一致造成的信息沟通不畅问题,减少了信息孤岛的产生。

9.4　未来天地一体化网络技术

本节围绕未来天地一体化信息网络中的天基骨干网、低轨接入网、地面管理网、机动应急网、深空探测网的标准化、集群化、网络化应用展开描述,介绍测量、通信、管理一体化应用以及无人化、自动化、高可用、故障自诊断自恢复、集群网络节点最优化应用模式。

1)测量通信管理一体化技术

测量通信一体化指的是从信号、设备及功能等不同角度实现测量和通信技术的融合,测量和通信之间能够实现功能上的互补和增强,即通过导航和通信技术间的联系,实现导航和通信技术间的相互支持、补充和增强。测量通信一体化意义在于通过技术的融合,在资源稀缺的环境中,最大化地利用可用技术资源提供高质量的测量和通信服务。

国外学者和研究机构对导航通信一体化的研究开展较早,C. J. Gramling 等探讨了利用已有航天器通信功能实现航天器的定轨问题。E. Cianca 等在其论文中阐述了利用高空平台(HAP)系统的通信和导航功能辅助卫星导航和通信的可能性,HAP 在一定程度体现了导航和通信的融合。美军数据链 Link-16,通过往返计时报文(RTT)实现网络各个参与单元之间的同步,并在同步的基础上实现各个参与单元之间的精确定位与相对导航,即通信导航一体化。

国内对测量通信一体化的研究较少,主要集中于卫星导航中的导航通信一体化,如利用星间链路能够实现导航星座卫星间的相对定位及数据交换等,实现短期内无地面支持条件下的导航星座自主运行,这在一定程度上体现了导航通信融合的思想,而对于面向天基骨干网、低轨接入网、集群化、机动应急和深空探测等应用的测量通信管理一体化技术研究较少。

测量通信管理一体化技术未来的发展将会集中在两个方面:一是基于天地一体化的测量通信一体化体制导航定位技术,主要集中在对深空定位、新一代卫星导航定位和天地一体化增强方面的新技术新方法研究,支撑卫星通信、对地观测和深空探测等任务的执行,为广大军民用户提供全天候、连续稳定的高精度时间位置服务;二是基于天地一体化信息网络测量通信体制的智能应用,及集中在移动网、地基网和天基网的集成服务方面的技术研究,使融合时空大数据、云平台和智能终端的数据,借助于天地一体化网络为用户提供覆盖全球的高精度、低时延天地一体化信息服务。

测量通信一体化未来可应用于不同飞机之间的相对定位、星编队相对导航技术和星间通信等,实现对空基作战目标低时延、高效能、高精度的支持,提升深空导航/测量和通信性能,解决未来对测量通信的新需求。

2)集群网络节点最优化技术

集群网络是天地一体化信息网络中一种全新概念的分布式空间集群系统,系统功能被分解为电源、姿态确定与控制、有效载荷、通信、数据处理等多个功能模块,每个模块在各自的轨道上运行或者在相应的位置上进行部署,通过无线通信网络将自由飞行的集群航天器组成一个完整的虚拟航天器,相互配合完成复杂的空间任务。天地信息集群网络是一个各类结点组成的动态网络,在优化拓扑结构建模时要充分考虑节点运动特性,同时也要增加系统模型中对能量平衡的描述。在集群网络的优化过程中,除了集群网络动态建模技术外,能量均衡技术和最短路径理论是必不可少的技术。

其所涉及的技术主要包括集群信息网络动态建模、集群信息网能量均衡、集群信息网优化路由等。集群信息网络能量均衡技术,就是动态更换能耗较高的主卫星节点,有效避免主卫星节点因能耗过高而过早死亡,从网络全局出发,平衡节点能耗负载。对于天地信息网络中资源有限的集群航天器,降低能量消耗是系统应用必须解决的关键问题。近年来,针对网络能量均衡的路由优化算法不断出现,对于网络能量的均衡优化问题的解决起到了积极作用,其中最短路径算法被美国火星探测器应用在着陆后的导航定位上,被谷歌地图应用在网络地图的导航定位服务上。

未来天地一体化信息网络具有以下特点:节点间链路切换频繁,网络拓扑随着时间的变化而变化,具有很高的动态性;节点类型多,因此网络拓扑的变化复杂;对网络的可靠性要求较高。对集群节点进行优化,可构建一个高效、稳定、可靠的通信网络,可对网络拓扑的自主管理和动态优化提供支撑,维护和支持集群网络内各节点科学数据的传递。

3)无人自动化高可用运维技术

无人自动化运维是面向过程化的框架,将天地一体化信息网事件添加到流程当中,时刻监控着系统,一旦系统出现问题就会触发相关事件,利用预先定义好的处理方法来进行问题响应处理,整个过程不需要人的参与。

目前无人化高可用运维普遍应用到 IT 行业,如安全性要求较高的大型金融企业和大型互联网企业,但仍然存在很多问题,实际上很多运维人员并没有从中真正解脱出来,原因在于目前的技术虽然能够获取网络节点的各类数据参数,甚至数据库的警告信息,但成千上万条警告信息堆积在一起,某些故障仍然需要人工干预处理。全天候自动检测与及时报警能实现计算机运维的"全天候无人值守",这极大降低了运维人员的工作负担,而且通过自动化诊断能最大限度地减少维修时间,提高服务质量[43-44]。

因此,对于越来越复杂的网络运维来说,无人化自动化管理是必然的发展趋势,尤其对于一体信息网络的无人自动化高可用运维更为重要,其计算集群规模大,系统运维面临越来越多的难点,包括服务器节点类型复杂、运维问题类型众多、问题发生不可预测等,运维的性能直接决定了网络是否能力常态化运行。其涉及的关键技术包括信息网络监测自动化、信息网络数据分析自动化、问题处理自动化等[45-46]。

未来的空间信息网实体承担着大量的数据传输和信息收集任务,但空间信息网的组成实体大都暴露在恶劣的外部环境中,容易受到自然雷电的干扰、电离层的变化和太阳黑子的电磁辐射与干扰,而且缺乏集中监控机制和明确的防护线,高度开放的分布式结构容易受到窃听、入侵、网络攻击和拒绝服务等安全威胁。任何一个实体的损坏都会导致网络性能的下降。因此对空间信息网,无人自动化高可用运维是必不可缺少的需求,可有效避免节点和链路的故障而造成的巨大损失[47]。

◣ 9.5　智能空间测量科学挑战

1)信号噪声一体化理论方法

信号噪声一体化理论[48-50]研究目前主要集中在两个方面:一是基于信噪一体化的安全传输技术,通过信噪一体化信号体制设计,提高测量通信链路的安全性和保密性。国内外学者开展了一系列研究,就不同传输信道的保密容量进行了理论计算,并通过结合人工噪声、低密度奇偶校验码(LDPC)、MIMO、协作通信、波束成形等技术手段提升保密传输能力[51-54]。二是基于信号噪声一体化理论,实现雷达/通信与干扰的一体化设计,进而在作战对抗条件下保证己方的测量通信能力的同时实现对敌方的干扰,获取不对称信息优势[55-57]。该方面主要面向军事领域,目前的研究集中在雷达/通信干扰一体化波形设计,以及一体化装备研制方面,并已经有相关装备投入应用。

总体来说基于信噪一体化的保密传输目前仍主要处于理论研究和探索阶段,随着信息安全的重要性日益提升,该方向目前也得到了更多关注;雷达/通信与干扰一体化技术,具有较强的应用需求,已有雷达-干扰一体化装备投入应用,该方向也符合当前以及未来作战装备一体化的发展趋势,因此得到各国的持续关注与投入,可预见的未来一体化设计维度将会进一步得到拓展,如雷达-测量-通信-干扰等装备的多重一体化设计,以获取信息对抗优势进一步强化。

2)网络协同聚能理论方法

网络协同聚能理论是基于信息几何理论实现网络节点效能协同增强的一种新型理论方法。信息几何是源于对概率分布流形的内在几何性质的研究而发展起来的一套理论体系,该理论将概率论、信息论和统计学中的许多重要概念视为概率分布空间中的几何结构,采用微分结合方法来研究其性质,从而将概率论和信息论中的基本问题几何化,赋予其内在的几何本质。直观来说,信息几何可以看作信息理论、概率论与微分几何的结合。通过将信息几何流形应用于地面站网节点的协同测量和通信,将有可能实现网络体系测量和通信的效能的协同增强[58-59]。

目前在基于信息几何的网络协同聚能理论方法研究方面,主要的研究方向是将信息几何理论与信号处理技术进行深度融合,目前在基于信息几何的网络协同雷达目标检测、网络协同认知无线电频谱感知以及网络协同目标跟踪等方面形成了技术突破和创新设计,通过该方法的引入,可以有效提升多基地雷达协同探测、多节点联合频谱认知等网络协同业务能力[60-62]。

面向未来的航天测运控技术发展,通过针对分布式定位、导航与授时(PNT)网络协同地面站信息,建立黎曼信息几何流形,开展分布式 PNT 网络下信息整合流形建模及干扰识别,基于信息几何的星地网络协同下的高速高可靠传输技术,在黎曼空间下进行星历数据融合并注入,将有望实现导航星座整体性能的进一步提升,这是实现未来卫星导航系统整体性能提升的核心技术方向之一。

3)业务能力博弈进化理论方法

业务能力博弈进化理论方法研究是面向提升航天测运控网络、无人集群网络的协同效能为目标而开展的,主要是将演化博弈基础理论与电子信息系统网络协同运行方法深度结合,以实现网络协同业务的自认知、自学习与自规划。作为该理论方法基础的演化博弈论,是针对生态现象解释时提出的,相比于传统的博弈方式,演化博弈更多从动力学角度、博弈个体理性程度、获取信息的过程以及个体作用域范围来研究演化特征而可以获得更好的群体博弈效果,因而在经济学、物理学以及复杂网络领域都得到了关注和应用[63-65]。

基于演化博弈的网络协同业务方法研究,目前集中在两个方面:一是基于演化博弈的网络协同理论研究,在博弈网络建模、博弈网络规则设计以及演化博弈网络架构设计等方面,形成了包括一系列演化博弈网络协同理论方法的创新成果[66-67];二是将演化博弈网络协同与具体的信息系统网络设计应用相结合,在基于演化博弈的测控业务协同、网络协同认知无线电,以及基于演化博弈的网络协同规划等方面形成了一些创新设计和突破[68-71]。目前对于该方法的研究应用仍然受到系统设计、网络能力、实时运算能力等诸多方面的限制,大量研究仍然处于关键技术攻关和技术验证阶段,随着新一代航天装备以及高速大容量天地一体化信息网络的建设,基于演化博弈的网络协同将会逐步走出实验室,迈向应用。

航天装备将持续朝网络化、智能化和一体化方向发展,基于众多地面站协同航天测运控网络需要具有更强的自主认知学习和自主规划能力,将网络协同博弈进化应用于航天测控网络运行管理,将有可能大幅提升系统测运控能力、效率以及自动化程度,其将是未来航天装备进一步发展的关键技术途径之一。

参考文献

[1] SKOLNIK M. Radar handbook[M]. 3rd ed. New York:McGraw-Hill Company. Inc. ,2008:5-13.

[2] 朱庆明. 数字阵列雷达述评[J]. 雷达科学与技术,2004,2(3):136-146.

[3] 刘力. 收发数字波束形成系统设计与实现[D]. 西安:西安电子科技大学,2014.

[4] 张新胜. DBF技术在雷达领域中的应用[J]. 雷达科学与应用,2004,2(5):267-283.

[5] WEI B M. Digital antennas[J]. Multistatic Surveillance and Reconnaissance:Sensor Signals and Data Fusion,2009(5):1-29.

[6] SKOLNIK M. Opportunities in radar-2002[J]. Electronics and Communications Engineering Journal, 2002,14(6):263-272.

[7] 董国英. 侦察阵列接收机数字波束形成和测向方法研究及其工程实现[D]. 西安:西安电子科技大学,2010:4.

[8] 王静. 某雷达数字波束形成系统的设计与实现[D]. 西安:西安电子科技大学,2009:5.

[9] 李文平. 智能天线在5G移动通信系统中的应用[J]. 计算机产品与流通,2018(11):43.

[10] 李靖,王金海,刘彦刚,等. 卫星通信中相控阵天线的应用及展望[J]. 无线电工程,2019, 49(12):1076-1084.

[11] 张婷,肖勇. 阵列天线在卫星导航系统中的应用现状与前景[J]. 现代导航,2013,4(6): 457-460.

[12] 党明杰. 自适应调零天线技术在组合导航抗干扰中的应用[J]. 全球定位系统,2008,33(3): 32-36.

[13] 张星,张昆,毕彦博,等. 卫星导航接收机中多波束抗干扰技术[J]. 全球定位系统,2012, 37(5):46-51.

[14] 张琼玲,李海彬,黄志辉. 集群系统在机场通信中的应用[J]. 电子技术与软件工程,2018 (23):37.

[15] 周宣吉,王薇,王磊,等. 基于分布式人工势场算法的无人机集群系统机间规避控制[J]. 科技与创新,2018,24:19-21.

[16] LI H,ZHANG X X,LIU Y H. ADSL based pressure test platform for broadband trunking system [C]//2016 First IEEE International Conference on Computer Communication and the Internet,Wuhan,2016.

[17] KIM M S,JUNG S C,JEONG J,et al. Adaptive TX leakage canceler for the UHF RFID reader front end using a direct leaky coupling method[J]. IEEE Trans. Ind. Electron. ,2014,61(4):2081-2087.

[18] KIM H,WOO S,JUNG S,et al. A CMOS transmitter leakage canceller for WCDMA applications [J]. IEEE Trans. Microw. Theory Techn. ,2013,61(9):3373-3380.

[19] WETHERINGTON J M,STEER M B. Robust analog canceller for high-dynamic-range radio frequency measurement[J]. IEEE Trans. Microw. Theory Techn. ,2012,60(6):1709-1719.

[20] KANG H,LIM S. High isolation transmitter and receiver antennas using high-impedance surfaces for repeater applications[J]. Electromagnetic Waves and Applications,2013,27(18):2281-2287.

[21] EVERETT E,SAHAI A,SABHARWAL A. Passive self-interference suppression for full-duplex

infrastructure nodes [J]. IEEE Transactions on Wireless Communications,2014,13(2):680-694.

[22] HEINO M,KORPI D,HUUSARI T. Recent advances in antenna design and interference cancellation algorithms for in-band full duplex relays [J]. IEEE Communications Magazine,2015,5:91-101.

[23] CHOI J Y,HUR M S,SUH Y W. Interference cancellation techniques for digital on-channel repeaters in T-DMB system [J]. IEEE Transcations on Broadcasting,2011,57(1):46-56.

[24] AHMED E,ELTAWIL M. All digital self-interference cancellation technique for full-duplex systems [J]. IEEE Transcations on Wireless Communications,2015,14(7):3519-3532.

[25] BHARADIA D,MCMILIN E,KATTI S. Full duplex radios[J]. Acm Sigcomm Computer Communication Review,2013,43(4):375-386.

[26] 徐敏. 软件无线电技术在通信领域的应用探究[J]. 科教文汇,2017(29):180-182.

[27] 吕幼新,雷霆,郑立岗,等. 一种基于软件无线电技术的中频数字接收机的实现[J]. 信号处理,2001,6:494-497.

[28] 孙丹丹,杨莘元,赵大勇. 数字下变频器在软件无线电接收机中的应用[J]. 信息技术,2002,7:2-4.

[29] 叶中付,吴涛,徐旭. 扩频通信系统的软件无线电实现结构及性能分析[J]. 电子学报,2001,1:120-123.

[30] 翟政安,吴斌. 我国航天测控网发展构想[J]. 飞行器测控学报,2000,19(3):7-12.

[31] 朱玺. 光纤时间频率同步网络技术及应用[D]. 北京:清华大学,2016.

[32] 吉波,巩莉雯,刘建平. 时空统一在作战中的应用[J]. 现代导航,2011(5):383-387.

[33] 杜伟,于爽,武宏伟. 我国航天测控技术的发展趋势与策略[J]. 电子技术与软件工程,2017,2:42-42.

[34] 张碧雄,巨兰. 2030 年前航天测控技术发展研究[J]. 飞行器测控学报,2010,29(5):11-15.

[35] 李婷,刘田,袁田,等. 分布式航天器系统的测控网络架构与关键技术[J]. 电讯技术,2018,58(8):885-889.

[36] 张健,赵洪利,朱俊鹏. 美军卫星控制网现状与发展[J]. 指挥与控制学报,2017,3(1):72-77.

[37] 周晖,黄英,吴海洲,等. 统一测控系统新一代综合基带设计研究[J]. 雷达科学与技术,2018,16(1):87-92,98.

[38] 闫迪,王元钦,马宏,等. 云环境下的航天测控信号处理平台[J]. 电讯技术,2018,58(5):493-499.

[39] 武新波. 基于 CUDA 的 GPS 软件接收机研究[D]. 北京:北京理工大学,2015.

[40] 韦顺军,蒲羚,张晓玲,等. 复杂轨迹合成孔径雷达后向投影算法图像流 GPU 成像[J]. 电讯技术,2016,56(8):879-886.

[41] 何锡点,马桂勤. 基于云平台的数据中心改造架构设计及关键技术[J]. 网络安全技术与应用,2018(12):73-75.

[42] 袁波,张明. 航天测控云计算应用设想[J]. 科技创新导报,2010(17):19.

[43] 曹乃森,赵敬,丁永强. Link16 数据链导航功能实现与改进[J]. 电讯技术,2011(5):11-16.

[44] 薛丹,战守义,李凤霞. 16 号数据链中导航与定位的同步方法[J]. 兵工自动化,2005(6):12-33.

[45] CARSTEN J,RANKIN A,FERGUSON D,et al. Global path planning on board the mars exploration

rovers[C]//2007 IEEE Aerospace Conference,MT,United States,2007.

[46] TERESCO J D. A Dijkstra's algorithm shortest path assignment using the Google maps API:poster session[J]. Journal of Computing Sciences in Colleges,2010,25(6):253-255.

[47] 韩平阳,罗五明,王志敏,等. 动态网络中的最短路径改进算法[J]. 军事运筹与系统工程, 2007(1):46-50.

[48] WYNER A D. The wire-tap channel[J]. Bell Syst. tech. j,1975,54(8):1355-1387.

[49] YUAN L,MITRPANT C,VINCK A J H,et al. Some new characters on the wire-tap channel of type II[J]. IEEE Transactions on Information Theory,2005,51(3):1222-1229.

[50] BASTANI PARIZI M,TELATAR E. On the secrecy exponent of the wire-tap channel[C]//Information Theory Workshop-fall. 2015.

[51] CHABANNE H,COHEN G,PATEY A. Towards secure two-party computation from the wire-tap Channel[C]//International Conference on Information Security and Cryptology. NY:Springer,2013.

[52] DAI B,YUAN L. An lmproved feedback coding scheme for the wire-tap channel[J]. IEEE Transactions on Information Forensics & Security,2018,14(1):262-271.

[53] JIAO H,ZHENG J,XIANG P,et al. Physical-layer security analysis of a quantum-noise randomized cipher based on the wire-tap channel model[J]. Optics Express,2017,25(10):10947.

[54] 杨志良,安建平,李祥明,等. 基于编码与信噪一体化的窃听信道模型研究[J]. 北京理工大学学报,2015,35(9):956-960.

[55] 苗利军,孙宝平,燕云平. 通信对抗与通信一体化便携设备研究[J]. 无线电通信技术,2010, 36(1):16-18.

[56] 吴龙文. 综合电子系统一体化技术研究[D]. 哈尔滨:哈尔滨工业大学,2014.

[57] 史田元,倪民生,王珏,等. 一种新的抗干扰噪声通信技术[J]. 电子信息对抗技术,2010, 25(4):17-20.

[58] 孙华飞,彭林玉,张真宁. 信息几何及其应用[J]. 数学进展,2011,40(3):257-269.

[59] 黎湘,程永强,王宏强. 信息几何理论与应用研究进展[J]. 中国科学:信息科学,2013, 43(6):707-732.

[60] 赵兴刚,王首勇. 雷达目标检测的信息几何方法[J]. 信号处理,2015(6):631-637.

[61] 刘俊凯,王雪松,王涛,等. 信息几何在脉冲多普勒雷达目标检测中的应用[J]. 国防科技大学学报,2011,33(2):77-80.

[62] CONT A,DUBNOV S,ASSAYAG G. On the information geometry of audio streams with applications to similarity computing[J]. Audio Speech & Language Processing IEEE Transactions on,2011, 19(4):837-846.

[63] 杨阳,荣智海,李翔. 复杂网络演化博弈理论研究综述[J]. 复杂系统与复杂性科学,2008, 5(4):47-55.

[64] 王龙,伏锋,陈小杰,等. 复杂网络上的演化博弈[J]. 智能系统学报,2007,2(2):1-10.

[65] 王元卓,于建业,邱雯,等. 网络群体行为的演化博弈模型与分析方法[J]. 计算机学报, 2015,38(2):282-300.

[66] 朱建明,宋彪,黄启发. 基于系统动力学的网络安全攻防演化博弈模型[J]. 通信学报, 2014(1):54-61.

［67］乐光学,李明明,丁辉,等. 无线 Mesh 网络中基于演化博弈的抗振荡信道分配策略［J］. 电子学报,2016,44(1):176-185.

［68］孙栋栋,董荣胜,余兴超,等. 时隙 Aloha 网络中基于演化博弈论的接入控制研究［J］. 计算机应用研究,2012,29(4):1543-1546.

［69］NIYATO D,HOSSAIN E. Dynamics of network selection in heterogeneous wireless networks:an evolutionary game approach［J］. IEEE Transactions on Vehicular Technology,2009,58(4):2008-2017.

［70］WANG B,LIU K J R,CLANCY T C. Evolutionary game framework for behavior dynamics in cooperative spectrum sensing［C］//IEEE Globecom IEEE Global Telecommunications Conference,2009.

［71］KOMATHY K,NARAYANASAMY P. Trust-based evolutionary game model assisting AODV routing against selfishness［J］. Journal of Network & Computer Applications,2008,31(4):446-471.

缩 略 语

1PPS	1 Pulse per Second	1 秒脉冲
ADC	Analogue-to-Digital Conversion	模数转换
AFSCN	Air Force Satellite Control Network	美国空军卫星测控网
BDS	BeiDou Navigation Satellite System	北斗卫星导航系统
BPSK	Binary Phase-Shift Keying	二进制相移键控
BW	Band Width	带宽
CDMA	Code Division Multiple Access	码分多址
CISPR	International Special Committee on Radio Interference	国际无线电干扰特别委员会
CV	GPS Common View	卫星共视法
DAC	Digital-to-Analogue Convert	数模转换
DBF	Digital Beamforming	数字波束形成
DDS	Direct Digital Synthesis	直接数字合成
DFT	Discrete Fourier Transform	离散傅里叶变换
DLL	Delay Lock Loop	延迟锁定环
DMI	Direct Matrix Inverse	直接矩阵求逆
DOA	Direction of Arrival	波达方向（估计）
DR	Dynamic Range	动态范围
DSP	Digital Signal Processor	数字信号处理器
EIRP	Equivalent Isotropic Radiated Power	等效全向辐射功率
EMC	Electromagnetic Compatibility	电磁兼容性
EMI	Electromagnetic Interference	电磁干扰
EPP	Earthing Point	接地点
ERP	Earthing Reference Point	接地基准点
ESA	European Space Agency	欧洲空间局
FFT	Fast Fourier Transformation	快速傅里叶变换
FIFO	First in First out	先进先出数据缓存器
FPGA	Field-Programmable Gate Array	现场可编程门阵列
GDPAA	Geodesic Dome Phased Array Antenna	试验网格球顶相控阵天线
GEO	Geostationary Earth Orbit	地球静止轨道

GLONASS	Global Navigation Satellite System	（俄罗斯）全球卫星导航系统
GNSS	Global Navigation Satellite System	全球卫星导航系统
GPS	Global Positioning System	全球定位系统
GSM	Global System for Mobile Communications	全球移动通信系统
HAP	High-Altitude Platform	高空平台
IaaS	Infrastructure as a Service	基础设施即服务
IF	Intermediate Frequency	中频信号
IGSO	Inclined Geosynchronous Orbit	倾斜地球同步轨道
INR	Interference to Noise Ratio	干扰噪声比
INS	Inertial Navigation System	惯性导航系统
IRNSS	Indian Regional Navigation Satellite System	印度区域卫星导航系统
JPL	Jet Propulsion Laboratory	喷气推进实验室
LCMP	Linear Constrained Minimum Power Beamformer	线性约束最小功率波束形成器
LCMV	Linearly Constraint Minimum Variance Criterion	线性约束最小方差准则
LDPC	Low Density Parity Check Code	低密度奇偶校验码
LMS	Least Mean Square	最小均方
LO	Local Oscillator	本振（信号）
LPF	Low Pass Filter	低通滤波器
LTE	Long Team Evolution	长期演进技术
MCU	Micro Control Unit	微控制单元
MEO	Medium Earth Orbit	中圆地球轨道
MIMO	Multiple-Input Multiple-Output	多输入多输出
MLH	Maximum Likelihood Ratio Criterion	最大似然比准则
MMSE	Minimization Criterion of Mean-Square Error	最小均方误差准则
MSE	Mean Square Error	均方误差
MSINR	Maximum Carrier to Interference Ratio	最大信干比准则
MSNR	Maximum Signal to Noise Ratio	最大信号噪声比准则
MSSL	Mean Square Sidelobe Level	均方副瓣电平
MVDR	Minimum Variance Distortionless Response	最小方差无畸变响应
NASA	National Aeronautics and Space Administration	美国国家航空航天局
NCO	Numerically Controlled Oscillator	数字控制振荡器
OCS	Operational Control System	运行控制系统
OCX	Next Generation Operational Control System	下一代运控系统
PaaS	Platform as a Service	平台即服务
PCV	Phase Center Variation	（天线）相位中心变化

PHS	Personal Handy-Phone System	个人手持电话系统
PLL	Phase Lock Loop	锁相环
PNT	Positioning Navigation and Timing	定位、导航与授时
PPP	Precise Point Positioning	精密单点定位
QPSK	Quadrature Phase Shift Keying	正交相移键控
QZSS	Quasi-Zenith Satellite System	准天顶卫星系统
RDSS	Radio Determination Satellite Service	卫星无线定位业务
RNSS	Radio Navigation Satellite Service	卫星无线导航业务
RTK	Real Time Kinematic	实时动态
RTT	Round Trip Timing Message	往返计时报文
SaaS	Software as a Service	软件即服务
SDMA	Space Division Multiple Access	空分多址
SINR	Signal to Interference Plus Noise Ratio	信号与干扰加噪声比
SIR	Signal to Interference Ratio	信号干扰比
SNR	Signal Noise Ratio	信号噪声比
SPD	Surge Protection Device	浪涌保护器
TD-SCDMA	Time Division-Synchronous Code Division Multiple Access	时分同步码分多址
TDMA	Time Division Multiple Access	时分多址
TDRSS	Tracking and Data Relay Satellite System	跟踪与数据中继卫星系统
TOA	Time of Arrival	到达时间
TWSTFT	Two-Way Satellite Time and Frequency Transfer	卫星双向时间频率传递
UHF	Ultra Hight Frequency	特高频
ULA	Uniform Linear Array	均匀线阵
UPS	Uninterruptible Power System	不间断电源
VCO	Voltage-Controlled Oscillator	压控振荡器
VSWR	Voltage Standing Wave Ratio	电压驻波比
W-CDMA	Wideband Code Division Multiple Access	宽带码分多址